環境工学の新世紀

社団法人　土木学会編

序

　本書「環境工学の新世紀」は，環境工学分野の研究・技術開発に携わる大学院生，若手研究者・技術者クラスを対象とし，以下の意図をもって企画されました．
1) 環境工学の歴史的な流れをその背景とともに説明し，衛生工学から環境工学へと展開した必然性を理解できるようにする．
2) これまでの重要な環境工学研究・技術の情報を整理して提示し，環境工学の意義を理解できるようにする．
3) 研究課題を提示し，これからの研究の方向を読み取ることができるようにする．

　21世紀の私たちは，これまでの方法，技術では解決しきれない複雑，多様で時間的・空間的スケールの大きな地球規模環境問題に，人類の生存をかけて立ち向かっていかなければなりません．すなわちこれまでの環境工学のベクトルを伸ばしても地球規模環境問題を解決できそうにはありません．しかし，過去に解決・改善を見た公害問題，環境問題のすべてが，当時は先の見えない困難な問題であったことでしょう．その解決に環境工学研究・技術開発はどのような役割を果たしたのか，本書で歴史的展開を学ぶことにより21世紀の環境問題に挑戦する勇気とヒントが得られることを確信しています．

　「環境工学の新世紀」の刊行は，執筆者のご協力の賜であり，ここに深甚なる謝意を表します．また，下水道問題年表の執筆では，西口泰夫様，日本下水道施設業協会のご協力を賜りました．深く感謝申し上げます．本書の完成は技報堂出版 小巻愼様，石井洋平様の支援があってこそであり，深くお礼申し上げます．また，本書は2003年1月24, 25日の両日，東京大学先端科学技術研究センターで開催された「環境工学委員会40周年記念シンポジウム 環境工学の新世紀」をきっかけに企画されました．

環境工学委員会（1999-2000 野池達也委員長，2001-2002 楠田哲也委員長，2003-2004 松井三郎委員長，2005-2006 大垣眞一郎委員長，2007- 渡辺義公委員長）には，温かいご支援，ご指導をいただき心よりお礼申し上げます．

2008年1月

土木学会 環境工学委員会
40周年記念出版小委員会
委員長　西村　　修
委　員　大原　利眞
　　　　島岡　隆行
　　　　長岡　　裕
　　　　米田　　稔

執筆者一覧

今村　　聡	大成建設技術センター土木技術研究所（地圏環境年表）
大島　　巌	港湾空間高度化環境研究センター（水環境年表）
大瀧　雅寛	お茶の水女子大学大学院人間文化創世科学研究科（3章執筆）
大原　利眞	国立環境研究所アジア自然共生研究グループ
	（7章執筆，7章編集，大気環境年表）
甲斐沼美紀子	国立環境研究所社会環境システム研究領域（8章執筆）
楠田　哲也	北九州市立大学大学院国際環境工学研究科（5章執筆）
栗原　英隆	全国都市清掃会議（ごみ年表）
島岡　隆行	九州大学大学院工学研究院環境都市部門
	（4章執筆，4章編集，ごみ年表）
須藤　隆一	生態工学研究所（5章執筆）
関根　雅彦	山口大学大学院理工学研究科（8章執筆）
田中　宏明	京都大学大学院工学研究科附属流域圏総合環境質研究センター
	（3章執筆）
津野　　洋	京都大学大学院工学研究科都市環境工学専攻（3章執筆）
長岡　　裕	武蔵工業大学工学部都市工学科
	（2, 3, 9章編集，水道年表，下水道年表）
西村　　修	東北大学大学院工学研究科土木工学専攻
	（1, 5, 8章編集，水環境年表）
野村　宗弘	東北大学大学院工学研究科土木工学専攻（5章執筆）
花嶋　正孝	福岡県リサイクル総合研究センター（4章執筆）
福島　武彦	筑波大学大学院生命環境科学研究科生命共存科学専攻（8章執筆）
藤吉　秀昭	日本環境衛生センター東日本支局環境工学部（ごみ年表）
船水　尚行	北海道大学大学院工学研究科環境創生工学専攻（8章執筆）
眞柄　泰基	北海道大学大学院創成科学共同研究機構（2章執筆）
松井　三郎	京都大学名誉教授，松井三郎環境設計事務所（1章執筆）
松尾　友矩	東洋大学学長（9章執筆）
森澤　眞輔	京都大学大学院工学研究科都市環境工学専攻（6章執筆）
米田　　稔	京都大学大学院工学研究科都市環境工学専攻
	（6章執筆，6章編集，地圏環境年表）
若松　伸司	愛媛大学農学部生物資源学科（7章執筆）

（2007年12月現在，五十音順）

目 次

1 衛生工学から環境工学へ ── 社会的背景と技術展開 ── 1
- 1.1 はじめに ── 2
- 1.2 衛生工学委員会発足当時の時代背景と組織的研究開始 ── 2
- 1.3 土木学会環境問題小委員会の発足 ── 6
- 1.4 70年代後半から80年代の研究 ── 8
- 1.5 80年代後半から地球環境時代の始まり ── 12
- 1.6 90年代 ── 地球環境時代の幕開け ── 13
- 1.7 21世紀の始まりと環境工学の課題 ── 18
- 1.8 環境工学と環境科学の融合 ── 20

2 上水道工学の展開 ── 25
水道年表 ── 26
- 2.1 健康な都市基盤施設としての水道 ── 29
  - 2.1.1 近代水道の意義 ── 29
  - 2.1.2 高普及時代の水道 ── 30
- 2.2 上水道工学技術の歴史と展望 ── 35
  - 2.2.1 水源施設 ── 35
  - 2.2.2 水輸送施設 ── 36
  - 2.2.3 浄水施設 ── 39
  - 2.2.4 高度浄水処理 ── 41
- 2.3 水質新時代における水道工学の展望 ── 45
  - 2.3.1 健康環境リスクによる水質基準 ── 45
  - 2.3.2 耐塩素感染性生物と膜ろ過技術 ── 51
  - 2.3.3 レダンダントな浄水技術 ── 52

3 下水道工学発展の歴史 ── 61
下水道問題年表 ── 62
- 3.1 下水処理技術の歴史と展望 ── 68
  - 3.1.1 下水道の役割の発展 ── 68
  - 3.1.2 下水処理技術の歴史 ── 70
- 3.2 今後の下水道技術の展望 ── 80
  - 3.2.1 『下水道施行令』の改正 ── 81
  - 3.2.2 『下水道法』の改正 ── 83
  - 3.2.3 省エネルギー，資源循環 ── 83
  - 3.2.4 有機性の環境微量汚染物質への対処 ── 84
  - 3.2.5 対処型下水道からサービス下水道へ（高度処理下水道から高規格下水道へ）── 85
  - 3.2.6 一元化下水道 ── 87
- 3.3 新たな上下水道システムの創造 ── 89
  - 3.3.1 上水道の認識 ── 89

3.3.2 下水道の認識 —— 90
3.3.3 上下水道システムの関連性 —— 91
3.3.4 上下水道システムの展望 —— 92
3.3.5 新しい上下水道システムの提案 —— 93

4 廃棄物工学の変遷と今後の展開 —— 99

ごみの戦後史 —— 100

4.1 廃棄物問題と対策の歴史 —— 107
4.2 廃棄物研究と技術の展開 —— 112
    4.2.1 中間処理 —— 112
    4.2.2 最終処分 —— 119
4.3 循環型社会に向けた研究・技術の展開 —— 128
    4.3.1 待ち受けている社会像 —— 128
    4.3.2 持続可能な社会に向けた廃棄物研究・技術の展開 —— 129

5 水環境の変遷と環境工学研究 —— 133

水環境年表 —— 134

5.1 水環境問題の現象把握,機構解明,影響評価研究の展開 —— 139
    5.1.1 水環境の定義 —— 139
    5.1.2 水環境問題の史的変遷と経験 —— 140
    5.1.3 水環境に関わる現在の問題と事例 —— 146
    5.1.4 水に関わる現象の把握と成果の利用 —— 153
    5.1.5 水環境の社会的評価 —— 156
    5.1.6 水環境にかかる今後の展開 —— 156
    5.1.7 水環境問題解決にかかる学問的課題 —— 157
5.2 水環境保全のための対策技術研究の展開 —— 159
    5.2.1 直接浄化技術 —— 159
    5.2.2 エコテクノロジーによる自然再生 —— 164

6 地圏環境研究の変遷と今後の展開 —— 173

地圏環境問題年表 —— 174

6.1 日本における地圏環境問題と対策の歴史 —— 179
    6.1.1 日本の地圏環境問題 —— 179
    6.1.2 地圏環境管理技術の展開 —— 182
    6.1.3 地圏環境の汚染修復フローと調査研究課題 —— 187
    6.1.4 地圏環境管理の技術システム —— 191
6.2 地圏環境の持続可能型利用と今後の展開 —— 193
    6.2.1 地圏環境を取り巻く状況 —— 193
    6.2.2 持続可能性を考慮した広域地下水資源管理 —— 194
    6.2.3 土壌汚染エキスパートシステム作成の必要性 —— 196
    6.2.4 土壌汚染は健康リスクから生態リスクへ —— 198

⑦ 大気環境研究の変遷と今後の展開 —— 205
大気環境年表 —— 206
- 7.1 大気環境問題と現象解明研究の変遷 —— 209
  - 7.1.1 過去半世紀の大気汚染問題 —— 209
  - 7.1.2 大気汚染物質 —— 212
  - 7.1.3 まとめと今後の展開 —— 218
- 7.2 大気環境保全対策の変遷と展開 —— 220
  - 7.2.1 はじめに —— 220
  - 7.2.2 大気環境問題と対策の歴史的変遷 —— 222
  - 7.2.3 大気汚染対策の概要 —— 226
  - 7.2.4 歴史的教訓と今後の展望 —— 230

⑧ 環境工学の展開への新たな手法の可能性 —— 235
- 8.1 環境シミュレーション —— 236
  - 8.1.1 はじめに —— 236
  - 8.1.2 生態系シミュレーション —— 236
  - 8.1.3 環境影響評価（環境アセスメント）モデル —— 240
  - 8.1.4 地球温暖化対策モデル —— 241
- 8.2 リスク評価手法 —— 244
  - 8.2.1 リスク評価とリスクマネジメント —— 245
  - 8.2.2 リスク評価と不確実性の評価 —— 246
  - 8.2.3 DALYを指標としたリスク評価 —— 248
  - 8.2.4 微量汚染物質の管理に向けて —— 249

⑨ これからの環境工学の課題と展望 —— 255
- 9.1 はじめに —— 256
- 9.2 理論水処理学へのアプローチ
  —— 概念的構造モデルからの問題提起 —— 257
  - 9.2.1 凝集フロックの密度と強度 —— 258
  - 9.2.2 フロック状固形物の強度の推定 —— 261
  - 9.2.3 フロックの構造と構成要素
    —— 活性汚泥フロックにおけるバクテリア群の構成 —— 264
  - 9.2.4 活性汚泥モデルにおける有機物分類の
    嫌気性分解への拡張に関わり生じる疑問 —— 266
- 9.3 おわりに —— 269

索　引 —— 273

Chapter 1

1 衛生工学から環境工学へ――社会的背景と技術展開

- 1.1 はじめに――2
- 1.2 衛生工学委員会発足当時の時代背景と組織的研究開始――2
- 1.3 土木学会環境問題小委員会の発足――6
- 1.4 70年代後半から80年代の研究――8
- 1.5 80年代後半から地球環境時代の始まり――12
- 1.6 90年代――地球環境時代の幕開け――13
- 1.7 21世紀の始まりと環境工学の課題――18
- 1.8 環境工学と環境科学の融合――20

1 衛生工学から環境工学へ——社会的背景と技術展開

1.1 はじめに

　土木工学環境工学委員会は，2004年に40年の活動歴史を迎えた。この際に歴史を振り返り，現在につながる糸を見出し，また未来への展望を試みることになった。筆者はその作業の適任とは言えない。何故なら，幅広く展開してきた環境工学の全分野を，正しく見守り，的確に評価する能力を持っているとは言えないからである。ただ，歴史の皮肉な巡り合わせで，40周年を迎えた時期に環境工学委員会委員長を仰せつかっていただけで，この回顧論文を記すことになった。筆者の限界ある能力と偏った私見で，重要な「展望」論文を記したことを，お断りしお許しいただきたい。

　土木学会衛生工学委員会の発足に伴い第1回衛生工学研究討論会は，1964年12月5日に土木学会講堂で開催された。その成果を第1回衛生工学研究討論会講演論文集として発行した。それ以来28年間活動を発展させ1991年に環境工学委員会に改名し，1992年12月10～12日に開催した第29回から環境工学フォーラムとして研究会の内容を充実した。その成果を環境工学研究論文集（査読付論文）と環境工学研究フォーラム講演集（無査読論文）として発表している。2005年12月1～3日開催された環境工学フォーラムは，継続して第42回になる。本稿は，衛生工学委員会から環境工学委員会までの40年を振り返り，環境の科学と技術の発展を社会的背景との関係で分析するものである。

1.2 衛生工学委員会発足当時の時代背景と組織的研究開始

　1950年代から60年代の日本は，産業公害と都市化に伴うさまざまな公害（当時，環境汚染という表現はされていない）が日本列島に広がり，水俣病，イタイイタイ病，カネミ油症，四日市喘息，大阪伊丹空港騒音等の人の健康，生命に関わる事件が続発した。土木学会はとくに都市問題，都市公害に早くから取り組んだ。土木工学の，とりわけ伝統的な技術分野は，古代ローマ土木技術に源流がある上水道技術であり，19世紀に始まる産業化革命と都市化を経験してきた欧州や北アメリカは，下水道分野を対象にsanitary engineeringを発展させていた。しかし後発の日本は，産業公害と都市化問題を激烈な形で，50年代，

1.2 衛生工学委員会発足当時の時代背景と組織的研究開始

60年代に進行させたことから，欧米が経験した問題を，短時間で多数の人の健康や場合によって生命を奪うまでに深刻化させて経験した。北海道大学，京都大学，東京大学で衛生工学科，都市工学科が1957年，58年，62年に発足した。「公害」という命名は，京都大学名誉教授・庄司光と滋賀大学元学長・宮本憲一が，岩波新書に『恐るべき公害』の出版をしたことから日本で広まった用語である。しかしその後，環境汚染，環境破壊のように広い概念の用語が使用されるようになり，「公害」は60年代，70年代の日本の特殊状況を示す用語となった。英語に「公害」を翻訳する時は，Industrial Pollutionと同義になり，都市公害はUrban Environmental Pollutionの用語を使って説明している。当時の水道，し尿処理，下水道の状況を概観すると，1950年の日本総人口8 500万人から70年の1億500万人に急増加し，水道人口普及率が3 000万人から1億人，し尿処理人口普及率が2 000万人から9 000万人，下水道人口普及率が700万人から1 000万人という時代であった。下水道普及率の低さは，都市河川汚濁の激化に現れていた。工場排水による河川汚染もひどい状態であったが，同時に都市衛生対策として下水道普及に期待する声が広がっていた。現在の発展途上国の都市化は，まさに日本の60年代から70年代の現象と共通するところが多い。

日本の特徴は，下水道普及に先駆け，清浄な水道給水とし尿処理普及が同時進行したころで，水系伝染病として当時繰り返されていた赤痢，腸チフス，パラチフスの感染は激減した。また脳脊髄性麻痺（ポリオ）の伝染も急激に減少し，乳児の死亡率減少が，日本人の平均寿命延長と，人口増加に大きな貢献をし始めていた。この経験と特徴は，途上国に正しく伝える必要がある。このような背景に日本の衛生工学研究が組織的に開始された。

表-1.1，1.2に第1回，第2回の衛生工学研究討論会講演論文集の目次を掲載している。当時アメリカ，イギリス，ドイツ，オーストリア等で先行している活性汚泥研究を日本に導入した最初の研究成果が示されている。活性汚泥研究は，微生物の生態系の機能解明と汚染処理技術開発に貢献し，現在でも環境工学研究の持続する研究テーマとなっている。北海道大学・神山桂一，京都大学・合田健，京都大学・宗宮功，荏原インフィルコ・井出哲夫，建設省土木研究所・杉木昭典等，活性汚泥研究は日本の組織的研究の開始を示している。栗田工業・関川等のリン酸根に着目した研究はきわめて先駆的で，その後，1970年代後半の生物学的脱リン型活性汚泥法開発につながるものであった。しかし，

当時はこの研究の芽を有効に発展させ，後に開発されるバナード法のような脱リン型活性汚泥法につなぐ視点が維持できなかったことは残念である。おそらく関川以外は，着目できなかったと思う。水道研究の分野では，凝集と沈殿が最も実際的でかつ理論を必要とするものであった。河川汚濁現象の解明，とくに拡散と曝気による溶存酸素補給とBOD指標による有機汚濁物の減少が，都市河川汚濁を改善する意味で最も焦眉の研究課題となっていた。日本の衛生対策の他国にない特徴は，独自に「し尿処理」を開始したことである。バキューム車でし尿を回収し，し尿処理専用プラントを建設運営したことは，独創的な技術開発につながった。欧米では，下水処理場の余剰汚泥を嫌気性消化し，天日乾燥の後，農業還元が実施されていた。し尿の嫌気性消化法は，最初に導入された技術である。しかし，尿中の高濃度アンモニアが消化メタン生成を抑制することから処理が安定しなかった。この点の解決として荏原インフィルコ・井出哲夫等のし尿の好気性処理に関する研究が始まっている。この研究を追って，日本のし尿処理は好気性処理法を急速に展開する。下水処理研究の目的がBOD削減に限定される時代に，いち早く窒素処理（し尿処理水放流先が，水田灌漑用水になり，稲の生育に窒素過剰になる問題が発生）方法を開発し導入していく。欧米で下水の脱窒素処理研究が始まった頃，日本では，し尿処理分野で脱窒素処理が研究され，下水道より先に実際に導入されるようになった。下水処理に付随する汚泥処理の最初の試みは，荏原インフィルコ・内藤幸穂のコンポスト研究である。京都大学教授・末石冨太郎の水質汚濁防止と下水道計画の最適化に関する研究は，その後の下水道建設時代への先駆的研究となっている。**表-1.1，1.2** に示された研究テーマは，その後の研究展開を見ると，すべて当時，重要な先見性を持ったものであったことが理解される。第10回衛生工学研究討論会（1974年1月）では，19編の論文のうち11編が活性汚泥に関するもので，他に，河川汚濁，富栄養化，水高度処理の研究が発表されている。まだ，全国的に見て下水道整備が着手されたばかりで，「流域下水道」反対運動が始まった時代背景がある。当時の時代背景に，水俣病，イタイイタイ病が大きな社会事件となり，日本の公害問題の原点となった。工場廃水対策が，衛生工学委員会の主要な研究テーマとなった。第3回衛生工学研究討論会講演論文集に，建設省土木研究所・柏谷衛，菅原正孝，小堀和夫，柳川富雄，長谷川清等の『皮革工場群からの排水の除害施設の設計に関する調査』が発表されている。クロムを含む排

1.2 衛生工学委員会発足当時の時代背景と組織的研究開始

表-1.1　第1回衛生工学研究討論会講演論文集（1964年12月5日）

1.	活性汚泥による生物化学的酸化過程の研究	北大・衛生工学教室　神山桂一
2.	活性汚泥の代謝特性	京大・衛生工学教室　合田健，中西弘，吉田作治
3.	下水の好気的処理におけるリン酸根の挙動	栗田工業　関川泰弘，西川正三，岡崎稔
4.	エアーレーションタンクにおけるスケールアップの問題	京大・工　宗宮功
5.	フェノール廃水の活性汚泥処理	荏原インフィルコ　井出哲夫，山内大学
6.	工場廃水を主とする下水の活性汚泥処理に関する実験的研究	建設省土木研究所　杉木昭典，柏谷衛，中川幸男
7.	散水ろ床の機能に関する研究	東北大・工　松本順一郎，長谷川信夫
8.	汚泥処理よりみたるコンポスティング	荏原インフィルコ　内藤幸穂

表-1.2　第2回衛生工学研究討論会講演論文集（1965年11月7日）

1.	2成分懸濁系の凝集とフロック成長	北大・工　丹保憲仁
2.	凝集に関する2，3の化学的要因について	東北大・工　松本順一郎，中村文雄
3.	傾斜板式遠心分離機による沈殿処理に関する2，3の基礎的研究	大阪府水道部　沢竹慶三，佐藤壮夫，日本水道コンサルタント　吉岡栄夫，保野健治郎
4.	沈澱地の基本現象に関する一考察——場の乱れと粒子の沈降	東京大学・都市工学科　石橋多聞，徳平淳，松尾友矩
5.	トレーサーによる河川汚染の解析について	京都大学・衛生工学教室　岩井重久，井上頼輝，寺島泰
6.	し尿の好気性処理に関する一考察	荏原インフィルコ　井出哲夫，遠矢泰曲，渡辺音二
7.	水質汚濁防止と下水道計画の最適化に関する研究	京都大学・衛生工学科　末石冨太郎
8.	甘藷でん粉廃液による大淀川の水質汚濁について	宮崎大学・工学部　小林幸治，石黒政儀
9.	河川底泥が水質に及ぼす影響	建設省土木研究所　杉木昭典，村上健
10.	加圧空気を利用した活性汚泥処理	栗田工業　関川泰弘，田中郁雄，松井秀朗
11.	水質汚濁からみた大腸菌群——BODに関する一考察	日本公害研究所　洞沢勇

水処理方法を検討したものである。重金属等の物質について適切な工場廃水前処理と下水道への受入れが可能かどうかが，「流域下水道」反対運動の論点となった。その対策技術の研究が以後の水質汚濁研究の重要な課題となっていく。第4回衛生工学研究討論会講演論文集には，東京大学・宇井純の『水俣病の本態についての考察』が発表されている。中央大学教授・内藤幸穂の『バッチ燃焼式ごみ焼却炉の問題点』は，以後の都市廃棄物管理の技術開発，とりわけ焼却と大気汚染，焼却灰対策へ展開する最初の研究となっている。

1.3　土木学会環境問題小委員会の発足

　60年代から始まった衛生工学委員会の研究活動は，研究テーマが水処理分野に集中していく一方，70年代に入っても，日本の大気汚染，河川・湖沼・沿岸水質汚染，交通騒音，都市廃棄物処分等の都市環境問題の解決が遅れる状況が続いた。国際的には，1972年ストックホルムで「人間環境」国連会議が開催され，環境問題が初めて国際政治の課題として取り上げられるようになった。採択された『人間環境宣言』は，植民地主義，アパルトヘイト政策，人種差別政策等人権に関する国際政治の改善を大幅に進めた。先進国と途上国の差をなくす方向に大きな第一歩が始まった。日本からは公害問題解決の提案がなされた一方，他の先進国は自然保護，自然生態系保全重視の政策が提案された。1972年『環境白書』は，『爆発する環境問題』のタイトルで，1972年ストックホルム国連環境会議を紹介している。しかし，ソ連，東欧，中国等の東側諸国と欧米，日本の西側諸国，さらに発展途上国の南側諸国は，政治的立場の違いから，環境問題を地球規模の人類共通課題であるとする共通認識を十分には形成できなかった。いわゆる東西問題，南北問題が環境議論を深化させることを難しくした。結局，20年後のブラジルのリオ会議まで，本格的な議論は持ち越された。しかし，欧米先進国や日本に環境庁が設置され，ほとんどの途上国でも環境問題担当官庁が設置された。このような時代の流れで，土木学会理事会は，衛生工学委員会の下に，特別に「土木学会環境問題小委員会」（松本順一郎委員長）を発足させた（1970年）。この理由は，衛生工学研究討論会で議論されていないテーマを取り上げる場が必要となった。**表-1.3**に講演集の内容を示す。当時の環境問題を反映した研究発表が窺える。第9回衛生工学研究討論会講演論文集

1.3 土木学会環境問題小委員会の発足

表-1.3 第1回環境問題シンポジウム講演集 (1973年12月3〜4日)

1.	多摩川水系の流域管理と水資源に関する一考察－東京都多摩地区浅川の水質・流量解析を例として	東京大学 村上雅博,前田諭,安川歩,東京純心女子高 前川満記子
2.	多摩川における水質把握の現況とその解析	東京大学 市川新,横山道子,
3.	琵琶湖における水質解析	日本水道コンサルタント 明石哲也
4.	沿岸海域の水質と底質に及ぼす波と風の影響に関する野外研究	東京大学 佐々木民雄,INA新土木研究所 五十嵐元
5.	大阪府下の道路騒音の現状	大阪府公害監視センター 中村隆一
6.	都市大気汚染に関する気象ポテンシャルについて	京都大学 池田有光,平岡正勝
7.	制御理論と多変量解析を組み合わせた環境汚染の統計的予測法	東京工業大学 日野幹雄
8.	大気汚染制御システムの構想	大阪府生活環境部 溝口次夫
9.	ごみ収集作業の若干の特性	東京都立大学 川口士郎
10.	産業連関分析的手法による産業廃棄物排出量の将来予測について	大阪府立大学 谷山新良,厚生省公害研究所 片山徹,厚生省環境衛生局 横田勇
11.	住民意識を指標とした環境汚染の総合評価に関する研究	京都産業大学 勝矢淳雄
12.	住宅地における交通と沿道環境について	関西医大 東田敏夫,大阪市立大学 西村昂,大阪大学 三星昭宏,大阪府土木部 矢嶋哲夫,大阪府警交通部 磯村幹夫

に，環境問題小委員会報告が示されている．小委員会が掲げている基本方針は，① 公害防止工学を脱皮すること，② 環境に対する思想・概念を確立する方向を取ること，③ 技術的裏づけを持った環境論を提示すること，④ 環境とそれを保全する施策に対する評価システムを確立すること，である．小委員会は，議論を深めその成果の一つとして，『環境制御のための容量化について』の報告を行っている．この報告では，興味深い記述は，「環境容量」について問題提起を行っている点である．環境基準，安全率（構造設計で使われている概念の導入），発生汚濁量，許容汚濁量等の概念の関係を論じている．この分野の研究は，以後，環境システム委員会の研究に引き継がれていった．

1.4 70年代後半から80年代の研究

70年代初めの『公害対策基本法』の導入により，70年代は工場排水対策，工場からの硫黄酸化物を中心とする大気汚染対策，自動車排気ガス対策等に顕著な改善が進んだ時代と言える。とくに原油価格の急上昇——オイルショックは，日本の企業のエネルギー効率の改善と同時に環境汚染改善の2重課題を同時に進行させた。この経験は結果として日本企業の技術力を向上させることになった。80年代の日本企業の大量優秀製品生産と輸出，バブル経済へと進行する契機となっている。80年代後半には，アメリカから工学系大学と企業の指導者が日本を訪問し，日本の優れたものづくりの秘密を解明に来た。そのとき，トヨタ，ホンダやソニー等工場生産ラインの見事な状態を見学し感心する一方，日本の大学理工系学部の教育施設を見て，その貧弱さに驚き，日本の科学技術教育から学ぶものはないと断言して帰国した。バブルで好景気の日本企業はアメリカ有名大学へ寄附や共同研究を進めた。このことの悔しい思いを当時の工学系教員は覚えている。日本の文部省が国立大学制度の旧態にメスを入れ改善を始めるのは，90年代半ばまで遅れた。

第12回衛生工学討論会（1976年1月30～31日）は，パネルディスカッションを企画し，日本の淡水，海域の富栄養化問題を議論している。次の4名の研究者技術者を招き重要な討論を行った。①『水域の富栄養化と基礎生産』，名古屋大学水圏科学研究所・坂本充，②『開発と貯水池の富栄養化』，東京都水道局・一戸正憲，③『海域の富栄養化と赤潮の発生』，香川大学農学部・岡市友利，④『琵琶湖の富栄養化について』，京都大学理学部・藤永太一郎。この成果は，環境庁が水質の総量規制を始める準備となった。しかし，COD規制が中心で，湖沼の富栄養化対策は90年代にまで遅れることになる。

第1回衛生工学研究の現況調査が1977～78年に実施された。日本の環境研究機関，大学にアンケートを出し，研究課題の広がりを調査することを衛生工学委員会が始めた。第3回1981～82年度調査結果［第19回衛生工学研究論文集（1983年1月）に記載］を見ると，当時の研究状況がわかる。調査協力掲載機関は，134の高専，大学，国立研究所，自治体研究所である。課題別に研究プロジェクトの数を示している。80年代中間までの衛生工学研究の方向は，いわ

1.4 70年代後半から80年代の研究

表-1.4 第3回衛生工学研究の現況(1981〜82年度)研究論文の該当する分類項目と論文,報告書の発表数を示す

1. 環境評価・計画				
	1-1 公害一般 4	1-2 環境アセスメント 13	1-3 水資源問題 5	1-4 環境統計・予測 12
	1-5 システム解析 9	1-10 その他 17		
2. 水質汚染・制御				
	2-1 地下水汚染 10	2-2 湖沼汚染 39	2-3 河川汚染 76	2-4 感潮域汚染 9
	2-5 海洋汚染 26	2-6 制御法 14	2-7 影響 19	2-8 富栄養化 85
	2-9 有機汚染 32	2-10 化学汚染 8	2-11 異臭味 3	2-12 放射能汚染 4
	2-13 油汚染 5	2-14 熱汚染 7	2-15 生物濃縮 5	2-16 再曝気 3
	2-17 底泥 29	2-18 拡散・輸送 12	2-30 その他 16	
3. 大気汚染・制御				
	3-1 発生源対策 28	3-2 気象・拡散 26	3-3 地域汚染 51	3-4 光化学スモッグ 14
	3-5 SOx/NOx 24	3-6 影響 14	3-20 その他 32	
4. 土壌汚染・制御				
	4-1 有機物汚染 5	4-2 化学汚染 3	4-3 微生物汚染 1	4-4 影響 3
	4-5 汚染対策・制御 3	4-6 吸着 3	4-30 その他 1	
5. 騒音・振動				
	5-1 音源対策 5	5-2 伝播 13	5-3 影響・評価 19	5-10 その他 10
6. 水処理・施設				
	6-1 凝集 25	6-2 沈殿 28	6-3 ろ過 25	6-4 浮上 7
	6-6 塩素処理 10	6-6 活性汚泥 56	6-7 固着生物膜処理 38	6-8 嫌気性消化 10
	6-9 逆浸透膜 17	6-10 電気透析 2	6-11 イオン交換 6	6-12 蒸発 0
	6-13 冷凍脱塩 3	6-14 活性炭処理 16	6-15 オゾン処理 5	6-16 脱塩 1
	6-17 脱窒 21	6-18 脱リン 13	6-19 除鉄 0	6-20 除マンガン 0

1 衛生工学から環境工学へ——社会的背景と技術展開

6. 水処理・施設	6-21 重金属除去 9	6-22 海水淡水化 2	6-23 消毒 3	6-24 異臭味除去 1
	6-40 その他 39			
7. 汚泥処理・処分				
	7-1 好気性消化 5	7-2 嫌気性消化 8	7-3 熱処理 1	7-4 湿式酸化 3
	7-5 冷凍融解 1	7-6 沈降濃縮 9	7-7 浮上濃縮 6	7-8 ろ過脱水 8
	7-9 遠心脱水 2	7-10 造粒脱水 1	7-11 汚泥乾燥 3	7-12 汚泥焼却 3
	7-13 コンポスト 14	7-14 汚泥処分 18	7-15 汚泥輸送 0	7-30 その他 16
8. 上水道計画・管理				
	8-1 上水道計画 9	8-2 需要量 4	8-3 管網 3	8-4 貯水池 5
	8-5 水質 12	8-6 施工 1	8-7 管理 2	8-8 システム解析 4
	8-20 その他 1			
9. 下水道計画・管理 (含むし尿処理)				
	9-1 下水道計画 9	9-2 汚水量 0	9-3 雨水量 4	9-4 管路 3
	9-5 水質 5	9-6 材料 1	9-7 施工 2	9-8 管理 5
	9-9 システム解析 2	9-20 その他 7		
10. 用廃水道計画・管理				
	10-1 用廃水道計画 0	10-2 需給量 1	10-3 管網 1	10-4 貯水池 0
	10-5 水質 2	10-6 材料 0	10-7 施工 0	10-8 管理 3
	10-9 システム解析 1	10-20 その他 2		
11. 固形廃棄物				
	11-1 ごみ問題一般 5	11-2 収集 4	11-3 ごみ質 2	11-4 焼却 7
	11-5 埋立 7	11-6 海上処分 0	11-7 熱分解 1	11-8 コンポスト 4
	11-9 メタン発酵 1	11-10 圧縮固化 0	11-11 破砕 0	11-12 遅刻 0

11. 固形廃棄物	11-13 溶融 1	11-14 浸出液 11	11-15 地下水汚染 2	11-16 土壌汚染 0
	11-17 発生ガス 5	11-18 埋立構造 2	11-19 跡地利用 0	11-20 システム解析 1
	11-21 再利用 9	11-30 その他 2		
12. 放射性廃棄物				
	12-1 気体処理 0	12-2 液体処理 3	12-3 固体処理 0	12-4 固体法 1
	12-5 海洋処分 0	12-6 陸地処分 0	12-20 その他 1	
13. 環境計測法				
	13-1 水質測定法 34	13-2 大気汚染測定法 42	13-3 土壌汚染測定法 2	13-4 固形廃棄物測定法 0
	13-5 騒音・振動測定法 0	13-6 毒性物質 7	13-7 バイオアッセイ 4	13-20 その他 10
14. 水理・流体力学				
	14-1 管渠 0	14-2 ウォーターハンマー 0	14-3 ポンプ 0	14-4 拡散 11
	14-5 混合 3	14-6 密度流 13	14-7 乱流 6	14-8 浸透流 9
	14-9 混相流 1	14-2 その他 06		
15. 生物学 8				
16. 物理学 2				
17. 化学 2				
20. その他 16				

ゆる典型7公害を対象にした研究が中心になっていた。

一方，地球環境問題は，まだ日本の研究者の視野には，取り込まれていない。

日本社会は，とくに製造業が輸出で大きな貿易黒字を稼ぎ出し，土地神話が生まれ，インフレの進行，バブル経済化が進行した。

日本企業の製造能力が高く，アメリカ企業の製造能力が衰退している状況で，アメリカ企業の競争力を回復する取組みが始まった。日本企業の製造能力の優秀さは，品質管理（Quality Control）の徹底にある。シカゴ大学 W.E.デミング教授の提唱を第二次大戦敗戦後にいち早く理解した日本の企業経営者，その理

論活動を進めた中心の指導者達は，石川馨と第1次南極越冬隊長となった西堀栄三郎である．この活動は，「KAIZEN」活動として，アジア生産性機構（APO）を通じて途上国に広がる．また，企業の生産管理活動全体に発展し，TQC（Total Quality Control）運動が展開された．この中で，日本の創造的理論として川喜田二郎のKJ法，近藤次郎のPDPC法などの開発と，QCサークルの実践を通じてトヨタ自動車が展開した「看板方式」が生み出された．しかし，TQC活動は，生産管理効率向上に限定され，後に欧州企業が追上げ展開する，ISO9000シリーズ活動，さらに環境活動に広げたISO14000シリーズまで拡張する発想は，日本の企業，政府にはなかった．バブル経済の中で，日本の政府と企業は世界戦略（グローバル化）の方向を見失ってしまい，90年代の失われた年代に突入する．地球的環境問題と地球的規模の戦略を持つことの重要さが改めて強調されなければならない．

　土木学会外で，水の環境問題を研究する団体が発足した．日本水質汚濁研究会が1978年6月に研究雑誌第1巻第1号を発行している，これは，1960年代初めに発足した国際水質汚濁研究会の日本の受け皿となった．しかし，国内の水質問題研究者が急速に増加し，土木学会に加えて，薬学会，化学工学会，農芸化学会，分析化学会等の研究者の結集場所として以後発展していく．衛生工学委員会のメンバーは，日本水質汚濁研究会の中心メンバーとして活躍することになる．1991年6月から日本水環境学会と名称変更し，現在に至っている．

　1970年発足した「土木学会環境問題小委員会」は活動を発展させて，環境問

1.5　80年代後半から地球環境時代の始まり

題小委員会から環境システム委員会へ昇格（1987年12月1日，末石冨太郎委員長）し，第1回環境システム研究シンポジウムを1988年8月22〜23日開催した．講演論文集『環境システム』の序に次のような記載がある．――環境への配慮を欠いたがゆえに発生したproblemsとしての環境問題から全員が討議すべき論点または関心事としてのenvironmental issuesとしての環境問題に重点を移すことによって，「環境問題」の名称を残すことも考えたが――すでに衛生工学分野以外の土木工学分野で多様なアプローチが始まりつつあることから環境の取扱いを，他の委員会からの相互乗り入れ的に討議する場ともしたい――環

境システム委員会は，できるだけ早く社会システムとコンセントリックなものに接近したい．環境システムシンポジウム開催の論文募集会告は，次のキーワードを開示している．環境の構造と機能，環境容量，環境と経済・技術，環境リスク，マスタープランにおける環境計画論，環境システム論，環境アセスメント，環境情報，環境制御手法，環境教育，社会・環境システムのケーススタディ等である．衛生工学委員会，環境工学委員会の中で，研鑽してきた研究テーマが一気に広がった．第1回環境システムシンポジウムで発表された研究テーマにキーワードは，都市と自然，人間と自然の共存行動原理，アメニティ，身近な環境づくり，都市の樹木林，環境情報評価，文化財保存，ファジー理論，環境容量，ごみの分別，水循環，地盤沈下，硫黄酸化物，遺伝子操作微生物，地下水汚染，最終処分場の管理，ヒートアイランド，海域の貧酸素化，蛇かご，魚類と河川環境，海域環境制御であった．また第1回のシンポジウムのパネル討論は次の演者が意見を述べている．①『地域環境システムの現状と課題』，滋賀県生活環境部・今井紘一，②『身近な環境をみつめる視点──研究コンクールの経験から』，トヨタ財団プログラムオフィサー・山岡義典，③『人間と環境が交流する様式について』，大阪大学環境工学科・末石冨太郎．

　日本の他の学会の動きとして，1987年11月に日本環境科学会が設立され，地球環境に関心が置かれている．また日本学術会議の関連21学協会が構成した環境工学連合シンポジウムにおいても，人間と環境のシステム，しなやかなシステム，環境メディアの複合化システムの研究が意識されていた．1987年『国連環境と開発に関する世界委員会（ブルントラント委員会）』が，報告書"Our Common Future"を発表し，持続的開発の基本理念を提唱し，1992年の国連『環境と開発』会議に発展した．1988年『環境白書』は，地球生態系に対する日本の責務を強調している．環境システム委員会に求められた研究は，地球全体を展望し遠隔の痛みが認識でき，かつそれに基づく日常市民の生活にもフィードバックができる環境システムの構築が必要であり，土木学会でも「地球との対話」がしだいに大きなキーワードとなることが予測された．

1.6　90年代──地球環境時代の幕開け

1992年のリオ・デ・ジャネイロ国連『「環境と開発」会議（地球サミット）』

1 衛生工学から環境工学へ——社会的背景と技術展開

は，182ヶ国の合意に基づく「持続可能な開発」に向けて人類が踏み出した最も重要な会議であった。このサミットを受けて，日本は『公害基本法』を改め『環境基本法』の閣議決定（3月）と国会上程，アジェンダ21——ジャパンの作成開始，通産省は『ニューサンシャイン計画』をまとめ実施した。同年7月先

表-1.5 第1回地球環境シンポジウム講演集（1993年7月2日）

目次		
Ⅰ．常置委員会報文		
Ⅱ．研究論文および報文		
Ⅱ-1 地球環境問題全般		
	1. 地球利用計画の概念－持続的な地球利用をめざして	東京大学生産技術研究所 柴崎亮介，鹿島建設 阿部功，横浜国立大学 本多嘉明，AIT 村井俊治
	2. 地球環境問題をめぐる市民の意識と行動	九州大学 二渡了，井村秀文
	3. 地球環境都市パネル展の構想と運営	大阪大学 盛岡通，城戸由能
	4. 環境共生・省エネ都市の研究	電力中央研究所 山本公夫，斎川路之，大成建設 谷口孚幸，伊藤武美，笠原勲，疋田昌之
	5. 正規化植生指標を用いたグローバルなCO_2固定量の推算およびその利用に関する研究	金沢工業大学 後藤真太郎，東京大学生産技術研究所 村井俊治，横浜国立大学 本多嘉明
	6. 「都市環境評価システム」の開発	大成建設 Takayuki Taniguchi, Takemi Ito, Hiroki Sueyoshi, Yasuhiro Taniguchi
	7. 土木工事における炭素排出量の推定	大林組 岡本英靖，酒井寛二，漆崎昇
	8. 環境問題と建設産業とのかかわり－米・欧・日の建設関連企業へのアンケート結果をもとにして	ハザマ 弘末文紀，佐藤工業 相越宏，西松建設 吉川聡雄，MIT フレッド・モーベンザーター

1.6 90年代——地球環境時代の幕開け

Ⅱ-2 社会経済問題		
	1. 国際的相互依存と環境資源勘定：地域・国・地球のエコバランス	九州大学　井口秀文, 国立環境研究所　森口祐一
	2. 日本の輸出商品の二酸化炭素集約度からみた炭素税負担移転の先進国・発展途上国間比較	神戸市　松本泰明, 大阪大学　城戸由能, 盛岡通, 内海秀樹,
	3. 地球温暖化対策の経済評価の考え方	岐阜大学　森杉壽芳
	4. エネルギー自立型食糧低温貯蔵輸送システム（SOLAR J－BOX）の開発	北海道大学　山下俊彦, 佐伯浩, 寒地技術研究所　今村彰秀
Ⅱ-3 途上国及び地域環境問題		
	1. マニラにおける治水の実態と環境保全	北海道開発局　吉井厚志, フィリピン公共事業道路省　岩切哲章
	2. トンレサップ湖の環境と水資源に関する調査報告	京都大学　松井三郎, 川口英之, 東京水産大学　土井敦, 京都大学　松田知成
	3. 開発途上国の都市部におけるし尿・生活排水処理の段階的改善計画手法の開発に関する研究（Ⅰ）－インドネシア国における現状と問題点	東京大学　小嶋公史, 桜井国俊, 北脇秀敏, 国際協力事業団　大森信慈, 岐阜保健環境研究所　南部敏博
	4. 中国タリム盆地とジュンガリア盆地の水環境特性と問題点	山口大学　伊力夏堤・熱合木, 浮田正夫, 中西弘
	5. 都市内河川の大気冷却効果に関する数値計算	東京工大　池田俊介, 九州大学　武若聡, 建設省土木研究所　平山孝浩
	6. 開発途上国進出日系製造業企業の公害防止技術移転に関する考察－インドネシアにおける繊維産業を例にして	国際協力事業団　今井達也, 大阪大学　城戸由能, 盛岡通
Ⅱ-4 酸性雨		
	2. 酸性雨の森林土壌への影響評価に関する基礎的研究	熊本大学　原田浩幸, 名古屋工業試験所　田中一彦, 森林総合研究所　酒井正治, 熊本大学　中島重旗

1 衛生工学から環境工学へ──社会的背景と技術展開

	2. 亜硫酸ガスおよび過酸化水素ガスの吸収による酸性雨の生成について	大阪大学　芝定孝,高知工業高等専門学校　伊藤龍象,京都精華大学　末石冨太郎	
	3. 日本地域の酸性雨現象に及ぼす桜島噴煙の影響	北海道大学　　村尾直人,大田幸雄,山形定,溝口勲	
	4. 酸性降下物陸水影響の現状と予測手法の課題	電力中央研究所　池田英史,宮永洋一	
	5. 酸性雨の化学組成とモニタリング	防衛大学　山口晴幸,小林弘樹,福田誠,三井建設　黒島一郎	
II-5 地球温暖化,気候変動,海面上昇			
	1. 地球温暖化が大阪湾の高潮に及ぼす影響に関する研究	大阪大学　中辻啓二,村岡浩爾,建設技術研究所　栗田秀明,山根伸之	
	2. 地球温暖化後の台風予測の可能性	電力中央研究所　筒井純一,向川友里江	
	3. 気候変動が土構造物・基礎地盤に及ぼす影響	茨城大学　安原一哉	
	4. 海面上昇による影響の対応戦略の考え方について	運輸省　伊藤隆夫,根木貴史	
	5. 海面上昇・気候変動に対する脆弱性評価のためのデータベース	茨城大学　三村信男,国立環境研究所　原沢英夫,茨城大学　町田聡,パシフィックコンサルタント　山田和人,山本年浩	
	6. 人間活動に伴って生成する一酸化二窒素の地域スケールでの評価	東京大学　花木啓祐,広瀬洋一郎,松尾友矩	
	7. 地球温暖化による水需要変化が水資源管理に与える影響についての考察	日水コン　清水康生,蔵重俊夫,建設技術研究所　杉山裕,横江義之	
	8. 北極煙霧層のアルベド効果に伴う気候影響	北海道大学　大田幸雄,村尾直人,パシフィックコンサルタント　林健太郎,富士通FIP　石原博成	
II-6 地球規模循環モデル・シミュレーション			
	1. 河川・海洋を中心とした地球規模の物質循環モデルの開発	京都大学　松岡譲,新日本製鉄　辻本渉	

1.6 90年代——地球環境時代の幕開け

2.	海洋からみた地球規模環境問題	東海大学　和田明
3.	地球規模フォールアウト^{90}Srの降下と食品経由の人体移行特性	京都大学　森澤真輔，山並憲正，井上頼輝
4.	大気水収支法による地球規模水循環のモニタリング	東京大学　沖大幹，虫明功臣，松山洋，東京都立大学　増田耕一
5.	準実スケールの雲物理実験と降雨シミュレーション	中央大学　日比野忠史，松浦正典，深和岳人，名古屋大学　藤吉康志，北海道大学　播磨屋敏生，三井建設　稲毛正昭，中央大学　山田正

進国東京サミットにおいて，日本の提案は温暖化対策として，① 開発途上国に対する環境保護のための経済協力，② 先進国の技術革新とエネルギー節約を経済宣言に入れた。クリントン政権が1993年1月20日誕生し，エネルギー税（Btu税）の導入，エネルギー効率化，再生可能エネルギー技術関連予算の増額（1994年度から）等の政策が始まった。しかし，政権の提案は上院で否決され，地球環境問題を解決する国際的な条約，施策の導入にあたり，指導的役割はアメリカ政府ではなく，ヨーロッパ諸国連合に移った。クリントンに続くブッシュ政権は，地球温暖化現象を否定し，京都議定書に加わることを阻むようになり，地球環境対策と自国の環境対策取組みは遅れる。

土木学会地球環境委員会は，1992年5月に設立（井上頼輝委員長）し，第1回地球環境シンポジウムを1993年7月2日開催した。その講演論文集の序において，地球環境問題と土木および土木学会の責務を述べている。地球環境シンポジウムの目的は，① 地球環境問題に取り組む他の土木学会常置委員会との連携強化，② 会員の地球環境問題の研究成果発表を行い，また国際的，社会的立場から情報，調査資料，論説・評論を発表するとしている。関係する8常置委員会は，衛生工学委員会，エネルギー土木委員会，海岸工学委員会，海洋開発委員会，環境システム委員会，原子力土木委員会，水理委員会，土木計画委員会である。

第1回地球環境シンポジウム講演集の目次を**表-1.5**に示す。内容は，Ⅰ．常置委員会報文，Ⅱ．研究論文，報文：Ⅱ-1 地球環境問題全般，Ⅱ-2 社会経済問題，Ⅱ-3 途上国及び地域環境問題，Ⅱ-4 酸性雨，Ⅱ-5 地球温暖化，

気候変動，海面上昇，II-6 地球規模循環モデル・シュミレーションで構成されている。環境工学委員会活動で行われている研究と重なりながら，他の委員会に結集している研究者が発表し，土木学会全体に環境研究が広がったことを示している。

90年代は，地球環境時代の始まりであり，ヨーロッパ主導で国連緒組織が地球環境課題——アジェンダ21に取り組み始めた[1),2)]。日本政府も，積極的に取り組んだ時代であった。しかし，80年代のバブル経済が急速に崩壊し，国と地方自治体の財政が悪化し始める。土木建設業に大型倒産が始まり，それとともに再編も始まった。環境課題を企業活動に取り入れた土木建設業は，建設業冬の時代を乗り切る一つの手段となった。土木建設産業活動に伴う産業廃棄物を積極的に再資源化利用するビジネスが起こった。また，土木工事の中に従来からあった緑化工事は，新しい視点で見直されることになった。土木学会内で，環境問題が「環境アセスメント」により土木事業を批判し，停止する研究のように理解されたことが地球環境時代の始まりとともに，いつの間にか見方が変わっていった。これは，1992年『地球サミット』が提起した「開発と環境」を不可分として考える哲学の浸透である。

■ 1.7 21世紀の始まりと環境工学の課題

日本のバブル経済が崩壊し，中央政府，地方政府の財政が急激に悪化した90年代は，政府機構が自ら改革する方向と力を失い，日本が漂流状態にあったことから「失われた10年」と呼ばれている。旧来の政治機構の改革が，やっと求められるようになった。日本の環境問題について見ると，水質汚染の状況は，河川の改善が確実に進んだ。これはBOD指標で見ることから，活性汚泥等下水，工場廃水処理が徹底したことの成果である。下水道普及が進んだことがようやく社会に認識されるようになった。「流域下水道」反対運動に対する，一つの回答が表れた。一方，湖沼，沿岸域は，COD指標で見る限り改善が見られず。湖沼の富栄養化防止対策が環境省の指導改善と国土交通省の下水処理事業への高度処理導入によりやっと進み始めた[3)]。窒素，リン対策は，もっぱら下水から除去する方法が開発されてきた。しかし，リン資源が枯渇資源として予測されるようになり，発生源からの回収も視野に入れたエコロジカル・サニテーション

の考えが始まった[4),5)]。COD問題は，依然として残っている。はたしてCODによる環境基準は将来達成可能か？　この問題は，環境工学委員会に課せられた課題であると思う。活性汚泥等微生物による排水処理は，BOD分解を進めるものであって，難分解な物質や，微生物処理の後に残存する物質に，今まで注意をおいてこなかった。いわゆるフミン質についての研究が残されている。フミン質は，森林起源，農業起源と人工物質の分解で生成されることから，また分解運命は海洋汚染まで視野を拡大する必要があることから，有機炭素の地球循環研究と重なる。

　また，湖沼，閉鎖系水域の水質改善には，拡散汚染源対策，すなわち道路雨水排水，農業排水，合流式下水道の雨水対策が残された課題である[4)]。

　平成の大合併といわれる地方自治体の再編が大きく進行し，従来の自治体数約3300が1700程度まで減少している。このことは，環境行政，水道，下水道，廃棄物，大気汚染等の分野で，公務員削減，民間委託増加，部分民営化が進むことになる。このような制度変更を支える技術開発の需要が大きく進行している。技術の核となっているものは，IT技術である。IT技術と直接連携するものは，自動監視制御であり，上下水道施設，し尿処理場，廃棄物収集，焼却場運転，埋立地浸出水管理等，これから開発を求められる研究課題が多く存在する。

　厚生労働省が進めた対策に，富栄養化による水道水悪臭，異臭味問題はオゾンと活性炭高度処理の導入により成功した。しかし，廃棄物の焼却処理に伴うダイオキシン類の発生の機構解明とその対策が進み始めたが，旧来から未着手の堆積PCB類の処理処分がやっと進み始めるなど，多数の有害化学物質の問題は依然として残っている。

　有害化学物質の取締りとして導入された『PRTR法』は，環境基準，排水基準，排出基準の監視方法に依存する対策に加えて，有害物質排出者が積極的に排出量を報告し，かつ努力によって削減するための，地域に対する自主的責任をとる方法である。このように企業が自ら取り組むやり方は，1992年の『地球サミット』で確認された『アジェンダ21』で明確に求めている方向である。衛生工学委員会活動の契機に日本型公害があげられるが，有害な化学物質の環境汚染問題は，激甚型から慢性型に移行しており，この分野の研究がこれからますます重要になると考えられる。

　環境工学委員会に結集している研究者の中に有害化学物質の問題に焦点を当

て研究する集団が増加する必要がある。環境ホルモン，環境免疫撹乱物質の研究が今後期待される[6]。また，有害物質の研究は，従来から医学の中心的テーマである発癌と密接に関係している。現代医学が掲げている普遍的テーマ「環境と健康」に，衛生工学，環境工学は工学技術の分野から研究展開と解決策の開発が行われると考えられる。21世紀に入って高病原性鳥インフルエンザ（H5N1型）が急速に突然変異を進めて，人に伝染する危険性を高めている。このことは，地球環境問題から見ると，人の健康に視野を限定するのではなく，家畜，野生生物の健康，生存まで研究視野の拡大が必要である。

環境工学委員会が，対象とする重要な研究課題の一つは，ごみ処理であり，とりわけ都市廃棄物対策の技術と制度，自治体の運営に関する総合的な体系の研究は，常に環境工学委員会の課題であり，環境システム委員会，地球環境委員会においても研究が進められている。世界的に見て，いまだにごみ処理，処分は解決できていない。日本の歴史を振り返ると，1954年に制定された『清掃法』が1970年に『廃棄物処理法』に改定され，ごみを発生源主体によって一般廃棄物と産業廃棄物に分類した。1991年の改正は，減量化，再生利用を導入した。さらに地球環境時代の到来で，日本の『公害基本法』から『環境基本法』（1993年制定）に改定される中で，ごみ処理，処分の位置付けが変化した。日本は90年代，ごみ処理を焼却処理に重点化してきた。現在，世界でも最も都市廃棄物を焼却処理している国である。その過程で，焼却によって生じるダイオキシン類問題とその対策技術の研究が重要となった。ダイオキシン対策技術を進めてきたことが日本の研究の特徴である。しかし，焼却問題から，埋立地不足問題へと深刻化し，2000年に『循環型社会形成推進法』を制定し，3R（Reduce, Recycle, Reuse）の提唱によりごみ処理，処分の新しい方向の模索と研究が進められることになった。

1.8　環境工学と環境科学の融合

1960年代，公害対策で始まった日本の環境問題解決の歴史は，今まで興味深い影響を科学と技術の分野に投げかけてきた[7]。日本の技術分野では，大気汚染，水質汚濁防止，廃棄物燃焼，騒音防止等の具体的技術開発において目覚しい成果を上げてきたと言える。ただし，技術の基礎となる特許は，当時，欧米から

かなり導入した。実際に適用する開発において日本の技術は成功したと言える。公害時代に日本が世界に発信した近代科学技術の「影」は，水俣病，イタイイタイ病，カネミ油症，四日市喘息，大阪伊丹空港騒音等の人の生命と健康被害に深刻に関わるものであった。これらに対して，当時の日本政府の対応は，政治解決を優先し，公害の本質となる「影」を解明し，社会の真の進歩，発展に役立たせる契機に活用できなかった。目先の経済成長優先政策をとり，環境科学の発達を1970年代から80年代にかけて停止してしまったことで，「禍転じて福となす」ことができなかったと指摘できる。日本の大学や，国立研究所においても，環境問題は科学の対象にならないという，伝統的科学観が支配してきた。

一方，日本の失敗を見た欧米の科学者は，多大な犠牲を出した日本の公害事例を研究対象として取り上げた。彼らの科学観では，環境問題こそ「人類の進歩に避けられない課題」であり，それこそ挑戦に値する「新しい科学」であった。その一例は，ダイオキシンの問題取組みに見られる。第二次世界大戦後，アメリカが導入したDDTに始まる有機性塩素化合物に大量使用は，「光」と「影」を残し，現在でも解決できずに大きな「影」となっている。その「影」の一つであるカネミ油症の原因のPCB問題は，生産過程に含まれる不純物としてダイオキシン問題が隠れていた。しかし，PCB，カネミ油症事件を民間会社の単なる操業失敗で，政治的，民事的事件で解決ができると軽視し，その問題の本質解明を試みる努力は，急速に減り，国の科学研究テーマから忘れ去られてしまった。対照的に欧米の研究者は粘り強く研究を続けた結果，ダイオキシン問題を解明する先端を走り，それに続く技術開発においても先端を走ることになった。

DDTの危険性を警告したレイチェル・カールソン女史の役割は，アメリカの持つ強い「光」の部分であるが，さらに，テオ・コルボーン博士が警告する『奪われし未来』の環境ホルモンという言葉は，強力な「光」をアメリカから再照射している。コルボーン博士が問題提起した「内分泌撹乱物質とその環境汚染」は，地球環境汚染を警告し，人類と他の生物の共存に関わる人類的課題である。伝統的な科学の領域である，医学の内分泌学と生物学の発達学に鋭い問題提起をしており，今までの研究手法のあり方に革命を起こしつつある。

筆者は，衛生工学，環境工学の分野から環境ホルモンの分野に研究対象を広げてきた。1960年代後半，公害時代の石油工場廃水対策，環境時代の都市下水

1 衛生工学から環境工学へ―社会的背景と技術展開

道対策，地球環境時代の湖沼富栄養化対策，途上国廃棄物埋立対策と微量化学物質の環境汚染対策と分けることができる。この流れの根底にあるものは，難分解性有機物質（POPs）の対策技術の開発である。難分解性有機物質とは，言い換えれば生物毒性物質のことであり，生命活動に障害を与える物質の環境汚染とそれらの移動，運命を解明することである。環境汚染物質の発癌性，内分泌攪乱性について研究を進めている。これらの学問は環境科学，環境工学が扱うものとして現在に至っている。

　しかしながら，日本では，環境科学は科学として認知されないか，あるいは二流科学として認知されている。このような状況は，けっして望ましいものではない。外因性内分泌攪乱物質は，環境ホルモンの正式名である。前者の命名は，医学の伝統的学問の立場から，生み出された言葉である。しかし，環境汚染の問題の本質を理解する時に，後者の言葉がいかに強力に人口に膾炙したかを見ると，伝統的学問の閉塞性，すなわち，科学を専門家のみの共有物にしてしまっていることが見えてくる。市民それも主婦が，環境ホルモンの言葉に鋭く反応し，関心を示すのは，化学物質の汚染が地球規模に広がり，生命を生み出す存在として直感的に子孫影響の重要性を理解しているからである。

　現在，日本の環境ホルモンの研究の先端は，生命科学の研究先端と同じレベルで展開している。女性ホルモンや男性ホルモン等の代わりをする環境ホルモン物質が大量に生産，使用，廃棄される日本社会のあり方を改善し，地球環境保全を行うには，化学物質の微量な人体汚染と地球規模汚染を同時に比較しなければならない。また，人体汚染の最も注意すべきところは，母体の受精と細胞分化の限られた時期（妊娠初期の臨界期）汚染がその生命の将来に重要な影響を起こすことである。医学の内分泌学と生物学の発達学は，急速に進む遺伝子技術を使い，遺伝子チップ，遺伝子マイクロアレイの技術を道具にしながら，人と動物の遺伝子（関係遺伝子数百から数千個）が環境ホルモン物質の影響で，どれだけ活性化されたり不活性化されるか遺伝子レベルの影響を見ることで，受精卵に生じる影響，新生児の奇形，脳神経の発達影響を見ようとしている。この研究成果は，工学の対策技術発展と直結している。

　水俣病の悲劇において，胎児性水俣病の問題提起を医学が十分に解明できずにいる中で，環境ホルモン研究はその解明を引き継いでいくことになった。すなわち，有機水銀の胎盤移行は，多くの環境ホルモン物質（ビスフェノール，

ノニルフェノール等）の胎盤移行と同じメカニズムである。胎盤が有害物質を遮断する力は，意外と弱かった。胎児への影響は，環境ホルモンの影響と同質問題と言える。イタイイタイ病の婦人患者が，何故骨粗鬆症になるかの疑問についても，カドミウムが女性ホルモン作用に関係することがわかってきたことで，解答が見つかる可能性がある。

環境ホルモン問題の解決は，市民の価値観に委ねられることになる[8]。すなわち，生産中止すべき物質，使用量を制限すべき物質を生活の利便性と悪影響のリスク評価から判断するのは大衆消費者になる。日本人の科学と技術に対する知識向上が求められている。人類の進歩と幸せについて問題意識を強める科学者の科学観，政治家や官僚の地球人としての幸福追求意識，欧米の価値観に左右されず，自分の価値観で良き物を見ぬく市民の力。これらが進展すれば，日本の環境科学と環境工学は，力強く前進すると期待できる。

◎参考文献

1) 松井三郎（著者代表）：地球ウインドウズ——土木建設技術者のための地球環境入門，技報堂出版，pp.1‐28, 1996.3.
2) 松井三郎（編著）：地球環境のための技術としくみ，シリーズ1 今なぜ地球環境なのか，コロナ社，pp.1‐21, 2002.2.
3) 松井三郎：水の質を守るとはどのようなことか？，科学，Vol.73, No.2, pp.207‐212, 2003.
4) 松井三郎（監訳）：都市水管理の先端分野——行きづまりか希望か，技報堂出版，pp.227‐257, 2003.6.
5) 松井三郎，森澤真輔（編著）：地球環境のための技術としくみ，シリーズ2 生活水資源の循環技術，コロナ社，pp.1‐30, 2005.8.
6) 松井三郎他：環境ホルモンの最前線，有斐閣，pp.1‐14, 2002.11.
7) 松井三郎：環境科学は科学なのか？，科学，Vol.71, No4/5, 5月号，pp.464‐465, 2001.
8) 松井三郎（編著）：地球環境のための技術としくみ，シリーズ11 地球環境保全の法としくみ，コロナ社，pp.241‐311, 2004.11.

Chapter 2

2　上水道工学の展開

　　水道年表──26
- 2.1　健康な都市基盤施設としての水道──29
  - 2.1.1　近代水道の意義──29
  - 2.1.2　高普及時代の水道──30

- 2.2　上水道工学技術の歴史と展望──35
  - 2.2.1　水源施設──35
  - 2.2.2　水輸送施設──36
  - 2.2.3　浄水施設──39
  - 2.2.4　高度浄水処理──41

- 2.3　水質新時代における水道工学の展望──45
  - 2.3.1　健康環境リスクによる水質基準──45
  - 2.3.2　耐塩素感染性生物と膜ろ過技術──51
  - 2.3.3　レダンダントな浄水技術──52

水道年表

年代	社会背景	学会・関連分野の動き	法律・行政
1654	玉川用水		
1829	エドウィン・チャドウィック,テームズ河の水を緩速ろ過		
1855	ジョン・スノー,ロンドンの緩速ろ過給水地区でコレラの発生が少ないことを証明		
1860	長崎でコレラ発生,2ヶ月後に江戸で流行,約4万人死亡		
1877	横浜にコレラ発生,約3万人死亡	東京大学理学部に土木工学科を設置	
1879	松山にコレラ発生,この年全国に大流行し,患者16万人,死者10万人を超える		
1882	東京芝・神田にコレラ発生,全国の死者3万人以上		
1885	長崎にコレラ発生:死者7,152人。赤痢の死者1万690人		
1886	コレラ大流行:患者15万人,死者11万人	帝国大学工科大学で「衛生工学」初講義	
1887	横浜で最初の近代水道（アーノルド・パーマー指導）	札幌農学校に工学科設置され「衛生工学」の講義開始	
1893		帝国大学工科大学土木工学科に,第4講座「衛生工学」設置	
1899	ペスト患者初めて発生		
1904			「浄水水質試験統一のための協議会」が開催
1913	国産水道メーター生産		
1914	ポンプ直送方式の大阪市柴島水源地が完成,鋳鉄管規格,鍛接管使用	土木学会設立	
1917	大阪市で粉末ばんど採用		
1921	東京,大阪で塩素消毒採用		
1929	東京都村山貯水池で硫酸銅による藻類除去を実施		
1931	石綿セメント管の生産開始		
1932		水道協会設立	
1936	久保田鉄工所が砂型遠心力鋳鉄管の生産開始		
1937	札幌市藻岩浄水場が竣工（クロラミン法を採用）		
1938		公衆衛生院設置	厚生省新設:水道行政は厚生省と内務省の主管
1945			占領軍総司令部,塩素消毒義務付け
1946	GHQが塩素消毒の強化を指令		
1947		日本鋳鉄管協会設立	
1948	機械撹拌によるフロッキュレータ		建設省設置:都市局に水道課を設置
1950		第1回上下水道研究発表会開催（東京大学） 水道協会,第1回上下水道研究発表会開催	
1951	モルタルライニング鋳鉄管生産開始		
1952	沈殿池導流壁		

年代	社会背景	学会・関連分野の動き	法律・行政
1953	京都市新山科浄水場でフッ素添加実験開始		
1954	久保田鉄工所がダクタイル管の生産開始，高速凝集沈殿池		
1955	名古屋市，大阪市で液体ばんどの使用開始。岡山市，北九州市でマンガン処理始まる		
1956	京都市松が崎浄水場で二段ろ過法による運転開始		
1957		北海道大学に衛生工学科設置	水道行政の取り扱いが厚生省所管となる。水道法公布
1958		京都大学に衛生工学科設置	下水道法制定。水質基準に関する厚生省令交付。水道施設基準解説を刊行
1960	東京都長沢浄水場が竣工（マイクロストレーナー，二階層式沈殿地を採用）。水道普及率が50％を突破		
1961	愛知用水完成		
1962	東京都玉川浄水場で粉末活性炭処理（ABS除去），不連続点塩素処理（アンモニア除去）を開始。傾斜板沈澱池		水資源開発公団設立
1963	多摩川でシアン汚染：35時間取水停止・川崎市長沢浄水場で電算機導入と減水ろ過方式を採用		
1964	全国の渇水：東京都で給水制限50％		
1965	武蔵水路による利根川緊急取水始まる。岸和田市でPACを使用・郡山市豊田浄水場で自動濾過池（自己水洗浄型濾過池）を採用。川崎市で傾斜底澱型沈砂池を採用		水質汚濁防止法制定
1967	ポリ塩化アルミニュウム		
1969	琵琶湖で初めてかび臭発生		
1970	カシンペック病騒動で玉川浄水場取水停止		
1971	尼崎市でオゾン処理開始		
1975	宝塚市でフッ素除去施設が完成		
1980	千葉県柏井浄水場で本格的脱臭施設が稼働		
1981			厚生省がトリハロメタン対策について通知
1984			厚生省のおいしい水研究会が発足
1985	霞ヶ浦浄水場で生物処理装置が稼働。石綿セメント管製造停止		
1988			高度浄水施設に対する補助を開始
1992		MAC21	
1994			水源二法公布，水質基準改定（鉛0.05μg/Lほか）
1996	越生町でクリプトスポリジウム集団感染症が発生，膜ろ過		厚生省：水道におけるクリプトスポリジウム暫定対策指針を通知

年代	社会背景	学会・関連分野の動き	法律・行政
1998	大阪府営水道の高度浄水処理システムが完成		
1999		IWA発足	
2000			水道施設の技術的基準を定める省令
2002			国土交通省がフレッシュ度マップを作成
2004			水道ビジョン

2.1 健康な都市基盤施設としての水道

2.1.1 近代水道の意義

　水道の普及率は 97 ％に達し，実質的にすべての国民が衛生的な水を確保できるようになった。水道と下水道が都市基盤施設として共軛な関係にあることは言うまでもない。水道によって供給された水は，ほぼ同量の排水となって排出され，生活空間から排除されるというシステムは都市水代謝システムを構成しているということでもある。

　水道水は年間約 150 億 m^3 供給されている。このうち，約 100 億 m^3 が家庭用として利用されており，残りの 50 億 m^3 がそれ以外のさまざまな用途に利用されている。すなわち，日常生活ばかりでなく，社会活動にも水道水が利用されており，水道以外の代替水源がなくなった今日にあっては，まさに水道は都市基盤施設としての機能を担っていることになる。この事実は，大都市圏を襲った阪神淡路大震災や，中山間部を襲った中越地震で，地域住民の緊喫な要望が電力と水道であったように，ライフラインとしての水道の役割が認識されているところである。また，家庭生活での水道水の利用形態とは異なり，水道水が空気調和用水として利用されていることから，社会・産業活動空間の環境整備に不可欠であるばかりでなく，大型コンピュータからの発生熱を冷却し，適正な作動温度範囲に環境を整えるなど，現代社会における水道水供給の果たしている役割は，かつての水道に求められていた公衆衛生の向上に資するという役割からはるかに拡大している。

　水道が都市施設として不可欠であることは，遺跡としての水道橋に見るように古代ローマ時代の城壁で囲まれた都市に清冽な水を水道（遺跡としての水道橋等）で供給していたことからも類推できる。日本でも，1654 年に多摩川上流の羽村から $6m^3/s$ の河川水を開水路（玉川用水）で 43 km 導水して，江戸の市内に張り巡らした木管等の用水管から，受水槽ともいえる用水井戸へ供給し，当時世界最大の都市人口であった約 130 万人の人々の生活を支えていた。玉川用水は，多摩川の河川水を供給するのみであったため，用水とともに流入する土砂を定期的排出しなければならなかったが，このような用水管理のみでも深刻な感染症の問題は生じていなかった。

2 上水道工学の展開

　疫学の始祖といわれるジョン・スノー（John Snow）が1855年にロンドンで緩速ろ過をして給水している地区ではコレラの発生が少ないことを疫学（統計）的に証明したのは，1883年にロバート・コッホ（Robert Koch）がコレラ菌を発見する以前のことであり，それは1829年にエドウィン・チャドウイック（Edwin Chadwick）がし尿等で汚染されたテームズ河の水を緩速ろ過してから約20年後のことである。欧米諸国にコレラがもたらされたのは，インド等アジアへの航路が開設され，人と物の交流が盛んになってからである。まさに，コレラはその当時の新興感染症であり，その対策として水道が整備されていったのである。

　日本でも，江戸末期になるとインド，インドネシア，中国を経て長崎にコレラが持ち込まれるようになった。1860年，長崎で発生したコレラはわずか2ヶ月間で江戸に流行し，約4万人の人々が死亡した。江戸の住民のおよそ30人に1人が死亡したことになり，まさに，未防備な人口周密地域での消化器感染症の猛威を度々経験したのである[1]。開国に伴い国際的な窓口として新に整備された横浜でも1877年にコレラが発生し，約3万人が死亡した。この時に行われた疫学調査で，し尿で汚染された側溝とその近くの浅井戸を利用している地区でのコレラの発生が多いことが明らかとされた[2]。コレラの罹患者には外国人も多く含まれ，明治政府の国際的な交流促進政策に障害が懸念されたことから，日本最初の水道が1887年に横浜市でアーノルド・パーマー（Arnold Palmer）の指導のもとで，すべての資機材を英国から輸入して，緩速ろ過した浄水を圧力管で送水するという今日の水道と同じ形態の，いわゆる近代水道が始まったのである。しかし，水道の整備は横浜のような開港地，東京のような大都市，軍都を中心に整備されたにすぎなかった。そのため，全国的に見ると，水道の普及率は低く，それ以外の都市や地方部では伝統的な水源に頼った生活が営まれていた。

2.1.2 高普及時代の水道

　1945年に第二次世界大戦が終わったものの，破壊された都市とその基盤施設，生活基盤を持たない海外からの引揚げ者や復員軍人等による人口構造の変化，そしてきわめて低い栄養水準は，感染症の猛威を経験させた。明治開国に次ぐ第二の開国とも言え，未防備な国土は新興・再興感染症に見舞われたのであっ

2.1 健康な都市基盤施設としての水道

た。このようなことから，1945年に占領軍総司令部は戦地における衛生基準でもある塩素消毒を義務付ける命令を発するとともに，水道を含め環境衛生工学従事者に水質管理についての再教育をも命令した。さらに，1946年に公布された憲法第25条は，「すべて国民は，健康で文化的な最低限度の生活を営む権利を有する。国は，すべての生活部面について，社会福祉，社会保障及び公衆衛生の向上及び増進に努めなければならない」と定めた。まさに，その当時の社会的な関心事が感染症対策であるほど，衛生的な水道水の供給とし尿の衛生処理等が急務であったことを反映している。『水道法』は1957年に制定され，その第1条で，「水道の布設及び管理を適正かつ合理的ならしめるとともに，水道を計画的に整備し，及び水道事業を保護育成することによって，清浄にして豊富低廉の水の供給を図り，もって公衆衛生の向上と生活環境の改善とに寄与することを目的とする」としている。これは，憲法25条の生存権条項を受けたものであって，それまでは大都市で整備されてきた水道を農山村部迄普及させることになったのである。

水道普及率，し尿の衛生処理率および下水道整備率の推移を図-2.1に示す。水道普及率およびし尿の衛生処理率が1960年代から急速に進捗しており，生活環境の改善に積極的に取り組まれたことが明らかである。また，その結果として，図-2.2に示すように，水道普及率およびし尿の衛生処理率が70％に到達する1970年代に入って，生ワクチンにより激減したポリオを除いて，栄養水準の向上や衛生教育の推進との相乗効果から他の消化器

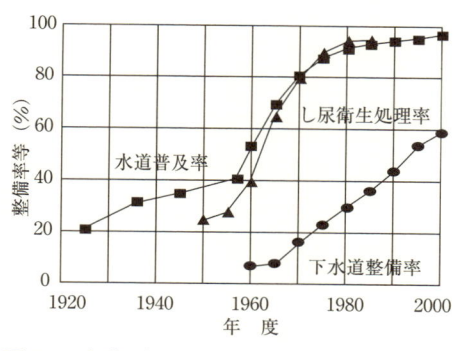

図-2.1 水道，屎尿衛生処理，下水道整備率の推移

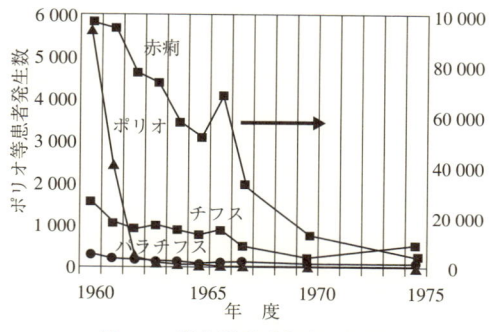

図-2.2 消化器系感染症の推移

系感染症が急激に減少するという効果が見られるようになった．このような急激な消化器系感染症の制御を経験した例は他の国に見られず，開発途上国での衛生的な飲料水の供給と屎尿の衛生処理の普及が，それらの国々の持続的発展に不可欠であるとする国連ミレニアムプロジェクトの推進が適切であることを示している．

生活環境の改善に積極的に取り組まれるようになったが，**図-2.3**に示すように1970年代まで都市部の人口が急増するという社会構造の大きな変化が生じた．すなわち，人口10万人以上の都市部の人口増は著しく，とくに，人口50万人以上の都市では，人口が50％以上もわずか20年間で増加したのである．都市部への人口移動はDID地区（人口密度4 000～5 000人/km^{2}以上の地区）が1975年には国土の3％を超えるに至ったが，その人口密度は1960年に比べると60％程度の約6 000人/km^{2}に低下している．すなわち，旧来の市街部周辺が都市化し，そこで都市へ流入する人口を受け入れたのである．しかし，それらの地域にも，農山村部と同様に，新たに水道をはじめとする生活環境施設を整備しなければならなかったのである．

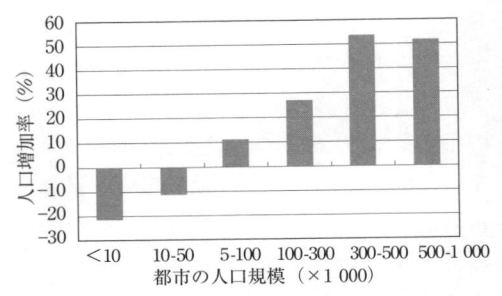

図-2.3 地方自治体の人口の移動（1955～1975）

『水道法』で，水道は「導管，その他の工作物により，水を人の飲料に適する水として供給する施設の総体」として定義されているが，規模や用途によって**図-2.4**のように種々の形態が存在し，公設・公営を原則として，上水道事業が1 936事業体，簡易水道事業が8 360事業体，専用水道事業が7 314事業体および用水供給事業が109事業体の合計約1万7 500事業体によって水道水が供給されている．しかし，給水人口が100人以下の『水道法』の適用を受けない小規模水道も多数存在している．水道事業者は水道水を利用する者の供給地点まで，すなわち，水道用水供給事業者であれば受水団体への供給地点，水道事業者であれば水道利用者の水道メータ直前の止水弁あるいは受水槽流入点までが責任限界点である．『水道法』18条によって水道利用者は水道事業者に対して，水質検査を請求する権利を有している．水道の配水管から直接接続（直結）し

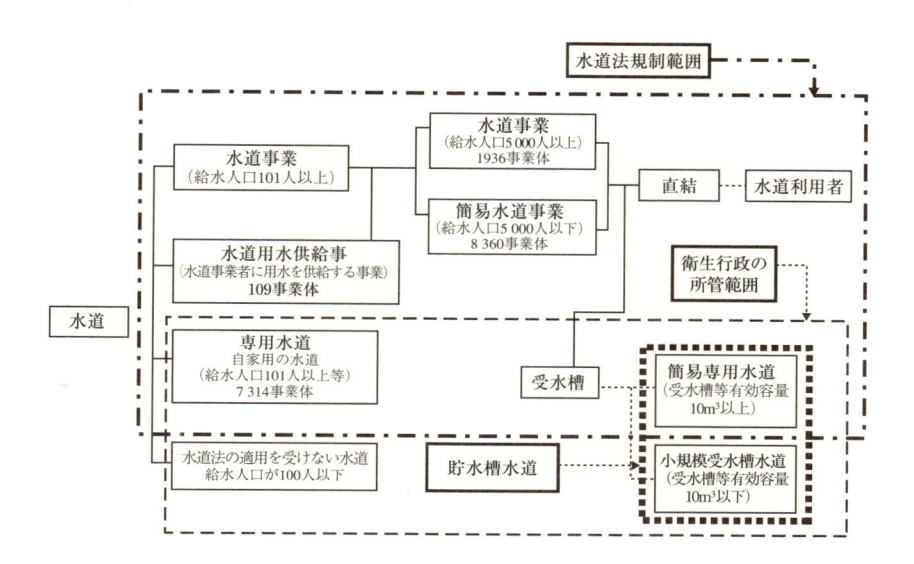

2.1 健康な都市基盤施設としての水道

図-2.4 水道事業の構成とその概要

ている水道利用者の場合には，責任限界点から給水栓迄の水質劣化が少ないことから，給水栓での水質検査を実施している。しかし，配水管から受水槽へ受け入れ，それ以降は水道利用者の責任で水質管理をすることが求められているため，このような場合にあっては受水槽の受け入れ地点で水質検査を実施しているところが多い。

　受水槽や高置水槽の維持管理は，それらの設置者の責務とされているが，維持管理が不適切なため，水道事業者が『水道法』に定める水質基準に適合する水道水を供給していても，水質が劣化することが多い。そのためこれらの施設を貯水槽水道と位置付け，水道事業者が検査・指導できるようになっている。衛生管理については，特定の者が集団で水道水を利用する専用水道や『水道法』の適用を受けない小規模の水道と同様に，保健所等衛生行政部局の所管範囲となっている。しかし，貯水槽水道の衛生管理が徹底されないことから，水道事業体では，5階建て程度の中層建築物までは直結給水できるように，給水圧力を高めるようになってきている。

　公設・公営を原則として水道事業は運営されているが，『地方公営企業法』によって独立採算性，すなわち，水道水によって感染症対策，生活用水の確保，

2　上水道工学の展開

地域活動や事業用に必要な水の供給や環境整備用水の供給等によって生じる種々の便益の対価としての水道料金で運営されることを原則としており，いわゆるフルコストプライシングで運営されている。しかし，給水人口2 000人以上の水道で設置が義務付けられている消火栓，ダム等水資源施設の開発費，高度浄水処理施設等の建設財源については低率ではあるものの，国庫補助や一般会計からの繰入れが実施されている。これらの補助や繰入金があるものの，基本的には水道料金による独立採算性で運営されており，これは国際的な水道事業経営の原則に依っている。

　水道の普及率が約97％に達し，実質的に『水道法』の目的である公衆衛生の向上と生活環境の改善という目的は達成されるに至っている。水道事業体の給水人口別の1人1日最大給水量を1975年と2003年を比較すると，下記のようである。1975年では給水人口が大きな水道事業体での1人1日最大給水量は約450 L/日であり，小規模な水道のそれは約390 L/日と格差があったが，今日では逆に小規模な水道で500 L/日であり，大規模水道で約400 L/日と逆転している。小規模水道では，施設の維持・運営管理が十分でないため有収率（給水量のうち料金収入がある水量）が低いことを考慮すると，水道の規模による給水量の差違はないものと考えられ，国民が等しく水利用機器・設備を利用する豊かな生活を営めるようになったことを意味している。このことは，**図-2.5**に示す東京都内一般家庭における水道水用途別分布は，水道水が飲用・炊事以外の水道水の持つ利便性を目的とした用途に利用していることからもわかり，社会・産業活動での水道水利用も同じ目的で利用されていることを示唆しており，そのような意味からして，まさに社会活動に不可欠な水道，すなわち社会基盤施設としての意義が高まっているのである。

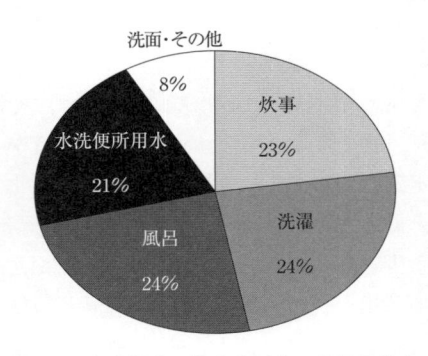

図-2.5　東京都内一般家庭用水の使用量分布

　2001年度末における水道資産は約37兆円であり，送配水施設が約23兆円，浄水施設は約5兆円，そのほかの施設が8兆円の構成となっている。この37兆円の資産により，年間約3.2兆円の水道料金収入があり，水道事業体職員が約6

2.1 健康な都市基盤施設としての水道

万7000人，関連民間企業等で24万9000人の雇用効果をあげている[3]。しかし，このような状況であっても水道料金の一般家庭の可分所得に占める割合はわずか0.7％であることや，施設更新のための積立留保金が十分でないことなどにより，施設の適切な更新や維持管理を困難にしている。水道事業が公設・公営原則であるため，水道料金の設定が地方議会の議決事項となっているため，財政的にきわめて厳しい状態にならない限り，料金改定ができないのが原因であると考えられる。そのため，持続性を求められる社会基盤施設としての水道に必要な投資が先送られているという問題が顕在化しつつある。

2.2 上水道工学技術の歴史と展望

2.2.1 水源施設

水道水の年間取水量，水源別取水量および環境基準生活環境項目のBOD，CODの達成率の推移を図-2.6に示す。1965年の年間給水量は約70億 m^3/年であり，河川の自流水が約55億 m^3，その他の水源が30億 m^3 であった。水道普及率の向上とともに年間給水量は増加するにつれて，水道水源の構成が大きく異

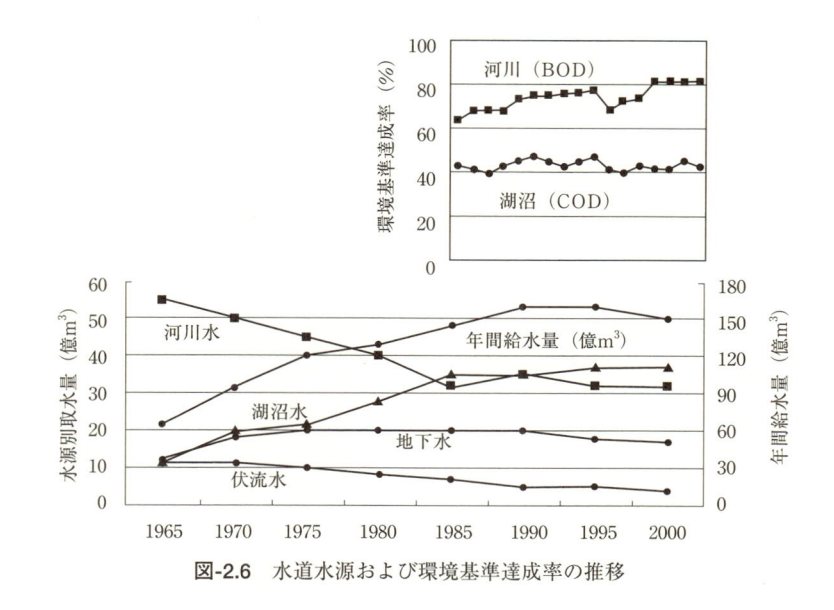

図-2.6 水道水源および環境基準達成率の推移

なるようになっている。すなわち，地盤沈下対策のために地下水取水量の増加は少なく，河川自流水および伏流水の占める割合が低下し，それを補うようにダム・湖沼等新規に開発された水資源施設からの取水量が増加している。水道水源の水質を環境基準の達成率で見ると，河川の環境基準達成率は，図-2.1 に示した下水道整備率の向上とともに高くなり 80 ％に達しているものの，湖沼等停滞水域の達成率は 40 ％台にとどまっている。湖沼等停滞水域の多くは新に創成されたダム等の水資源施設であり，河川の上中流部に位置しており，下水道未整備地域に位置するところが多く，生活雑排水や農業排水等非点源負荷の影響を強く受けている[4]。

日本の水資源賦存量は渇水年で約 1 800 億 m^3 であり，水道および工業用水道の使用量はその約 12 ％に達している。環境基準を達成するために定めている『水質汚濁防止法』の排水基準は環境基準の 10 倍としてこれまで定められてきている。すなわち，排水は公共用水域で 10 倍に希釈されると期待されて，このような方式で定められてきたのである。しかし，公共用水域の水環境保全政策が定められた 1970 年代初頭にあっては，利水量は今日のおよそ半量であり，このような政策がとられたものと考えられる。しかし，全国平均で見ても 10 倍希釈が期待できなく，関東地域では水資源賦存量の 30 ％，近畿地方で 25 ％に達しており，これらの地域の河川下流部で取水している大都市圏の水道原水は，水道を利水目的とする環境基準河川 B 類型を達成している所は少ない。湖沼の環境基準の達成率も低く，さらに，ダムから直接取水して浄水施設まで導水している水道事業体が少ないため，河川水であっても植物プランクトン等有機物質を含有するようになった湖沼水の混入を受け，その水質は 1970 年代から大きく変化している。

2.2.2 水輸送施設

日本最初の近代水道が 1887 年に開設され，この近代水道の定義としては浄水処理した水を有圧で給水するシステムとされている。さらに，近代水道の特徴として，料金をもって運営することがあげられよう。料金徴収の方法として，定額制と従量制がある。横浜をはじめ開設初期の水道は定額制であったが，1913 年に国産の水道メータが生産されるに従い，大都市を中心に従量制が採用されるようになったものの，この従量制が全国的に定着したのは 1950 年代であ

2.2 上水道工学技術の歴史と展望

る。水道メータも現場で検針・検量する方式から，遠隔検針・検量できる方式に進歩してきているが，いずれの方式であれ，『計量法』によって8年に1回，その計量公差等にかかる検査が求められている。

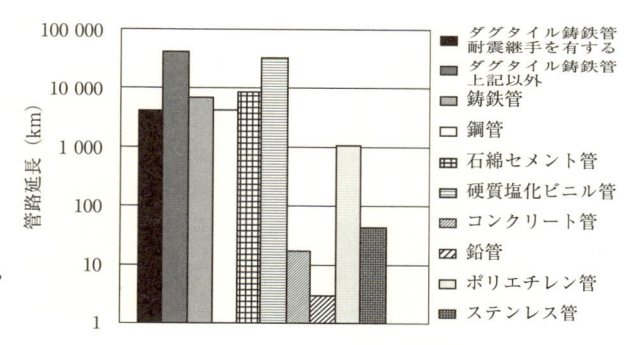

図-2.7 水道用配水本管の管種構成

水道管には，図-2.7に示すように今日では種々の管種が利用されている。近代水道開設当初，それらの多くは英国等からの輸入に依存していたが，1914年に鋳鉄管規格が定められたり，鍛接鋼管の使用が始まり，1931年には石綿セメント管，1936年に遠心力鋳鉄管が製造されるなどして，国内での製造技術が熟成し，水道普及に大きく貢献してきた。なお，水道用渦巻きポンプが開発されたのも1914年である。その後，1950年代半ばからダクタイル鋳鉄管，鋼管，ステンレス鋼管，塩ビ管やポリエチレン管が使用され，1970年代後半には耐震継手が開発されるに至っている。一方で，石綿セメント管については経年管の強度が著しく低下することなどから，1985年に石綿セメント管の製造が停止され，経年化した石綿セメント管の更新事業に対して補助制度が発足している。しかし，今日でも約1万kmの石綿セメント管が

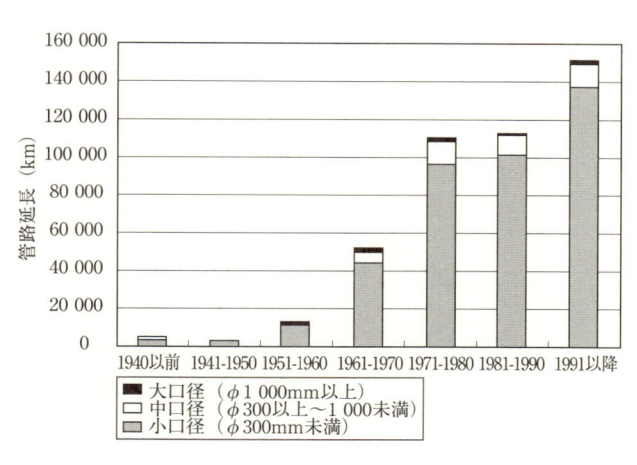

図-2.8 管路の布設年度分布

37

2　上水道工学の展開

残っており，更新事業は遅々としか進んでいない。

　1995年の阪神淡路大震災により水道管路も甚大な被害を受けた。すなわち，導・送・配・給水管路施設が管の離脱や破壊により損傷を受け，平均0.44kmに1箇所の損傷を受けた[5]。浄水場の被害とあわせると，水道施設の被害総額は6 000億円にのぼるとされている。管路の布設年度分布は**図-2.8**に示すようであり，管路の耐用年数である40年を超えて利用されている管路は約6万kmに達している。管路更新が送管路延長の1％以下である水道事業体が多く，管路の耐震化が遅々として進んでいない。また，震災発生時に対応するための緊急遮断弁，緊急貯水槽の設置も阪神淡路大震災以前と同じ水準にまで低下しており，管路損傷による被害を最小にできるブロック別配水管網や耐震性継手ダクタイル鋳鉄管の布設についても年間2 000km程度にとどまっている。このように耐震化技術が確立されていながら，水道施設の耐震化が進んでいない現状に鑑み，厚生労働省は2004年に策定した『水道ビジョン』において，東海地震防災強化地域等大震災の発生する確率が高い地域では施設の耐震化率100％を目指すべきであると提唱している[6]。

　水道事業体が管路更新を進めていない現象として，鉛管についても指摘できる。1994年の『水道法』に定める水質基準の改定に際して，鉛の基準を0.05mg/Lに定めたが，より望ましい健康影響リスクを目途として10年後に0.01mg/Lとすることとし，その10年間で少なくとも水道事業体の関与する公道内鉛管については更新することを求めた。しかし，**図-2.9**に示すように，10年間で公道内の鉛管更新率は，水道事業体によって異なるものの，平均的に見

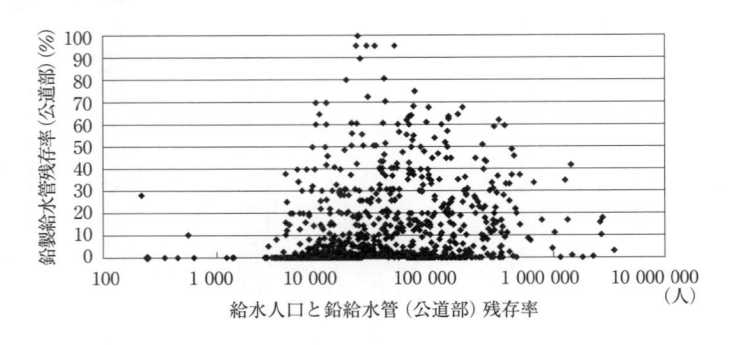

図-2.9　水道事業体規模別公道内鉛管残存率（1330水道事業体）

2.2 上水道工学技術の歴史と展望

ると，50％程度にとどまっている[3]。公道内管路更新率が高い水道事業体があることは，更新のために技術や方法は確立されていることを示している。しかし，財政的な理由等により更新が進められない水道事業体の存在は，社会基盤施設としての水道に対する信頼を危うくするものである。

厚生労働省は 2000 年『水道施設の技術的基準を定める省令』を定め，性能基準化を図り，個々の水道事業体の水源等の特徴に応じた施設を自己責任による判断で計画し，整備することができるようにした。この性能基準化以前では，日本水道協会の『水道施設設計指針』が技術的基準の役割を果たしていた。『水道施設設計指針』は，大都市の水道施設の設計事例を取りまとめたものであり，新たに開発された技術が水道施設に適用されにくいという問題を抱えていた。『水道施設設計指針』は大規模水道事業体での実績を参考にされて策定されてきたものであり，技術者をはじめとして人的資源が少ない水道事業体での施設整備に活用されてきたが，画一的な面もあり，個々の事業体の置かれている環境条件や経営規模との整合性がとりにくいという指摘もされてきた。このようなことから，性能基準化が図られたのである。

2.2.3　浄水施設

浄水処理技術は緩速ろ過から今日の膜ろ過まで進歩してきているものの，単位操作に関わる技術の多くは，海外から導入され，日本の環境に合うように定着してきている。1948 年には機械攪拌によるフロッキュレータが，1952 年に沈殿池導流壁やフッ素添加（1965 年に停止），1954 年には各種の高速凝集沈殿池，1956 年には複層ろ過池，1962 年には傾斜板沈殿池，1967 年にはポリ塩化アルミニュウム，1970 年以降には粒状活性炭ろ過池，オゾン酸化池，逆浸透ろ過，有機塩素化学物質の曝気処理，石灰添加，ペレット法による軟水化処理，イオン交換，オゾン・生物活性炭ろ過，そして 1996 年の膜ろ過と，種々の単位操作や高度浄水処理が開発され今日に至っている。これらのうち，ポリ塩化アルミニュムと傾斜板沈殿池は日本で開発された浄水技術である。図-2.10 に示すように，停滞水

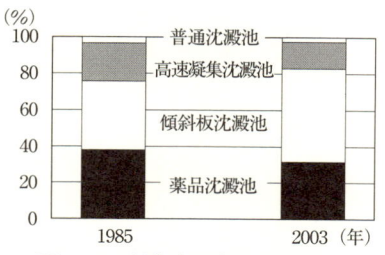

図-2.10　凝集沈殿池の形式の推移

域の原水の占める割合が高まり，凝集操作が困難になってきたことも反映して，高速凝集沈殿池や薬品沈殿池の占める割合が低下し，傾斜板沈殿池の占める割合が高まる傾向にある。これらの日本で開発された技術は，今日ほど国際的な交流が少なかったため，ポリ塩化アルミニウムが海外で利用されるようになったのは1990年代以降であり，傾斜板沈殿池については，それと同じような原理のチューブセトラが海外で開発されたため，海外で適用された例は少ない。

浄水処理の多くは急速ろ過処理によっているが，凝集，フロック形成，沈殿の一連の単位プロセス群での固形物の負荷配分を定量的に決定するための理論とその実用化手法について研究や急速砂ろ過の懸濁物質の抑留機構についての丹保等の一連の研究は，その合理的な計画・設計・維持管理手法の確立につながっている[7]。アルミニウムアコ錯体の荷電とコロイド荷電の中和理論に基づく凝集剤注入条件の決定，トーマス・キャンプ（Thomas Camp）のG値，GT値を用いた半定量な指標式を発展させたGCT値による理論的なフロック形成池の設計理論，ろ材構成と逆洗浄理論等についてである。これらの成果により，浄水処理が経験則に依存していたものが科学技術則に基づく工学になり，情報工学の進歩もあり，自動計測とコンピュータ制御による浄水施設の実用化を可能にした。

『水道法』に定める施設基準は性能基準化されており，その性能とは『水道法』に定める水質基準に適合する水道水を供給できる性能を有しているということ

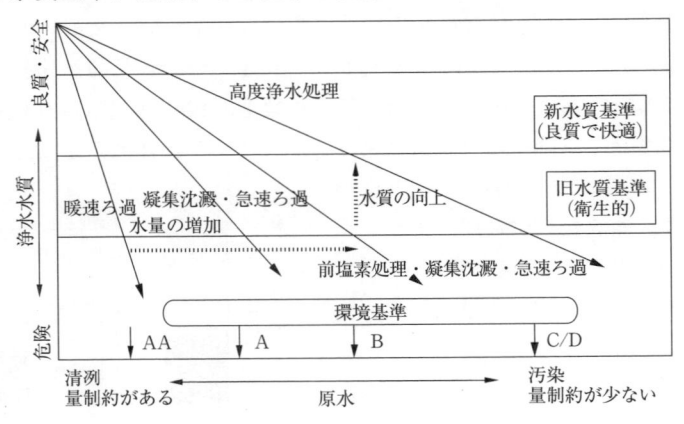

図-2.11 水道の浄水処理とその水質管理特性

である。したがって，求められる性能は水質基準の改定とともに異なることとなる。水道原水と浄水処理方式の関係を水質基準と対比しながら示すと**図-2.11**のようである。環境基準の生活環境項目の類型 AA の水道原水は，清冽であるため緩速ろ過を適用することによって旧水道水質基準である衛生的な水道水を得ることができる。しかし，類型 AA の水道原水は清冽であり，河川の上流部で取水可能であるものの，水量が少ないため，需要水量が増加するのに対応して水量制約が少ない河川の中下流部で取水することになり，類型 A や類型 B の水道原水を利用せざるを得なくなる。そのため，凝集沈殿急速ろ過や前塩素処理を伴う凝集沈殿急速ろ過を適用することによって旧水道水質基準に適合する水道水を得ることができるようになる。緩速ろ過は，用水供給事業体および上水道事業体で全国の計画浄水量の約 5.5 ％にすぎず，清冽な水道原水を利用できる地域が非常に少ないことを示しており，実質的に日本では急速ろ過により処理された水道水が供給されていることになる。

2.2.4 高度浄水処理

1994 年に水道水質基準が改定されたことにより，快適で違和感なく利用できるとともに実質的に健康影響リスクを無視できる良質な水道水を供給することとなった。すなわち，浄水処理技術に求められる技術水準が高まったこととなり，類型 B の水道原水を前塩素処理を伴う凝集沈殿急速ろ過で処理していても新しい水質基準を満たすことができなくなり，オゾン・生物活性炭ろ過のような高度浄水処理を適用しなければならなくなったことになる。類型 B を満たしていない水道原水にあっては，旧水質基準でも高度浄水処理を適用したりしてより精緻な処理が求められることになる。**図-2.12** に高度浄水処理の導入の推移を示すように，高度浄水処理が導入されるようになったのは 1970 年代以降であるものの，多くの施設が建設されるようになったのは 1990 年代以降であり，上記のような背景と一致している。しか

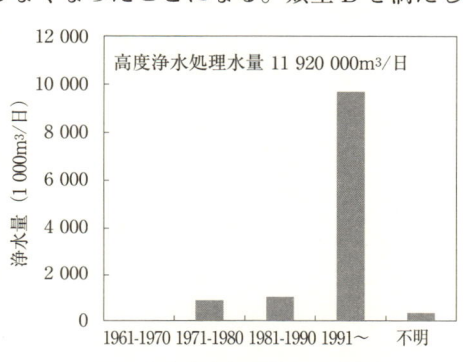

図-2.12 高度浄水処理施設の建設年代
(高度浄水処理水量 11 920 000 m³/日)

し，高度浄水処理での浄水量は全計画浄水量の約20％であり，高度浄水処理を導入すべきであるが，導入されていない施設が多いものと考えられる。

浄水処理施設での単位プロセスは，濃度が高い成分から処理していくように選定すべきであり，さらに単位プロセスごとに対象とする水質成分が異なる。このような観点から，丹保等は水質成分と単位プロセスの対応を水質マトリックスとして提案し，日本の浄水処理施設についてのシステム化された合理的な計画・設計論が定着した。図-2.13に丹保等が提案した水質マトリックスを示す。水質マトリックスの詳細については原著を参考にされたいが，その概要は次のようである[8]。

丹保等は，水質成分を懸濁物質と溶解性物質に分類し，さらに，それらを物理的な寸法で細分化し，一方で化学的性状により有機物質と無機物質に分類したうえで，さらに有機物質を生物分解性と難生物分解性に分類し，無機物質については有機複（錯化）合物，界面化学的に不安定な凝析性物質と化学的に安定な無機物質に分類している。その大分類を前提としてマトリックスに水中成分の典型定なものを具体的に示している。これらのマトリックスで示される成分群ごとに詳細な実験を行った結果から，水道原水や下水を対象として単位プロセスごとの除去性について，種々の単位プロセスで除去可能な水質成分をグルーピングしている。

丹保等の水質マトリックスでの化学凝集処理は広義であり，界面化学的に安定なコロイドや懸濁物質を凝集処理により不安定化し，フロック形成により重力沈殿で固液分離可能な寸法まで成長させてから，沈殿とろ過によって処理するという一連の単位プロセスを称している。丹保等が示した化学凝集処理の適応範囲の厳密性は，コロイド以下の難生物分解性の天然有機物質（Natural Organic Matter：NOM）の処理性をE260/TOCの値により評価できるとしたことにある。この指標は，消毒副生成物対策としての強化凝集処理の適用範囲をUS.EPA規則に採用されており，国際的に活用されている。生物処理についても，重力沈殿，活性汚泥法等生物処理と重力沈殿という一連のプロセスを称している。さらに，活性汚泥等汚水処理生物叢が持つ機能を生物化学的な吸着・付着，代謝，無機化という機能をも考慮して作成されている。ただし，化学凝集処理と生物処理の，一般的な意味での処理効率であり，処理水質は，前者で濁度0.1度程度，後者でBOD10ppm程度を想定しており，残存する水質成

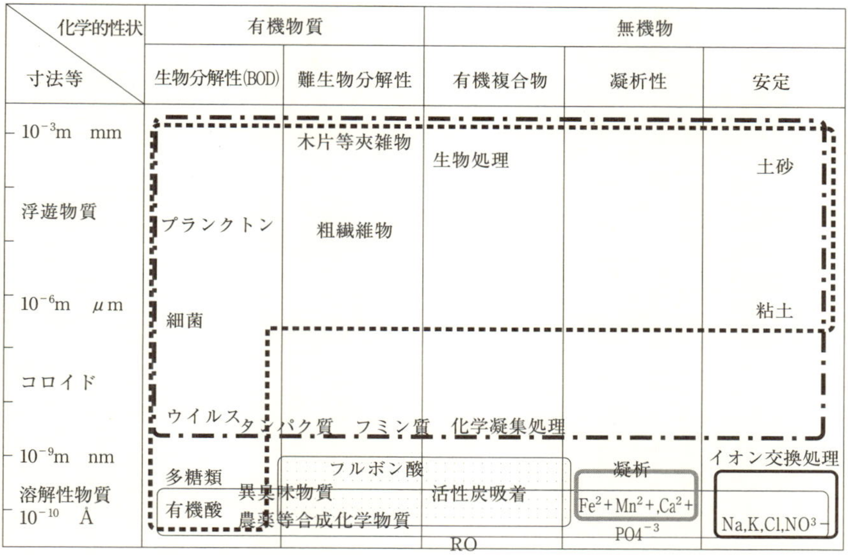

2.2 上水道工学技術の歴史と展望

化学的性状 寸法等	有機物質		無機物		
	生物分解性(BOD)	難生物分解性	有機複合物	凝析性	安定
10^{-3}m mm 浮遊物質	プランクトン	木片等夾雑物 粗繊維物	生物処理		土砂
10^{-6}m μm コロイド	細菌 ウイルス	タンパク質 フミン質	化学凝集処理		粘土
10^{-9}m nm 溶解性物質 10^{-10} Å	多糖類 有機酸	異臭味物質 農薬等合成化学物質	フルボン酸 活性炭吸着 RO	凝析 Fe^{2+},Mn^{2+},Ca^{2+}, PO_4^{3-}	イオン交換処理 Na,K,Cl,NO^{3-}

図-2.13 水質成分と処理プロセスの対応（丹保等による）

分の詳細な評価を統一して行うには限界があるものと考えられる。

　化学凝集処理や生物処理といった汎用されている水処理プロセスは，水質成分のうち濃度が高く，疎な成分を対象としている．したがって，処理後に残存する成分は（極）低濃度で，最大1000ダルトン程度の分子量の合成化学物質等やイオン化した無機物質である．このような成分に対しては，それらの物理化学的な性質，例えば極性，イオン半径，溶解度積，荷電，酸化・還元状態によって相移動，相変換や酸化還元処理によって水中から除去したり，質変換をして処理をすることになる．すなわち，オゾンや塩素等の酸化処理，活性炭吸着，凝析，イオン交換処理，逆浸透膜（ナノフィルトレーションも含む）ろ過といった単位プロセスの適用成分も水質マトリックスは示している．

　『水道法』22条の衛生上の措置に基づいて『水道法施行規則』17条により，給水栓で遊離残留塩素が0.1 mg/L（結合残留塩素の場合は0.4 mg/L）を保持するように塩素消毒を行うこととされている．さらに，病原生物の汚染されるおそれのある場合等では遊離残留塩素を0.2 mg/L（結合残留塩素の場合は1.5 mg/L）保持することが定められている．また，塩素消毒は塩素剤を使用するこ

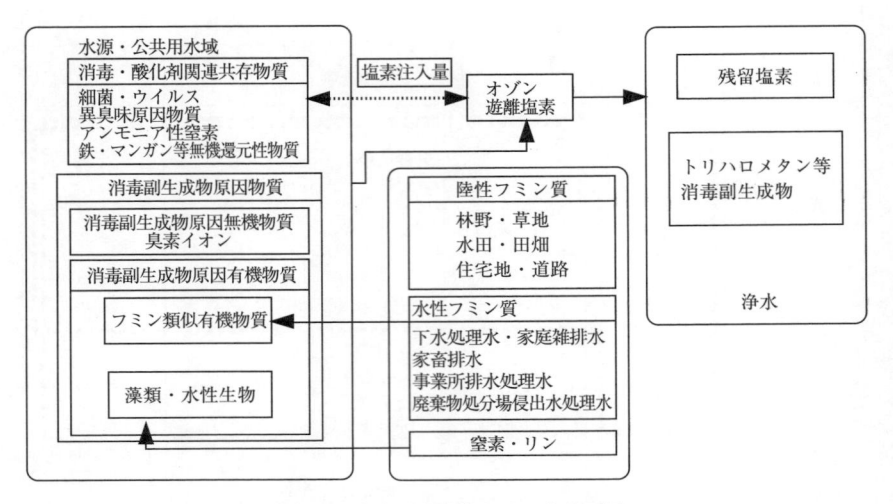

図-2.14 消毒副生成物とその生成要因

ととされており，液体塩素，次亜塩素酸ソーダ（電気分解による生成次亜塩素酸ソーダを含む）および次亜塩素酸カルシウム（さらし粉）が使用できることになっているが，前2者を使用している水道がほとんどである。

塩素は消毒剤のみならず，水道原水中の還元性物質を酸化したりする酸化剤として用いられており，塩素処理は浄水処理の基幹的な単位プロセスである。水道原水中の塩素と反応する物質は，図-2.14に示すように細菌，ウイルスのような微生物，アンモニア性窒素，還元状態にある鉄，マンガン，硫化物や異臭味の原因となるフェノール等有機物質である。しかし，1974年，オランダのルーク（Rook）がライン川河川水からトリハロメタンを発見したことが経緯となり，フミン質等の有機物質と塩素が反応して有機塩素系化学物質が塩素処理の副生成物として生成することが明らかとなった。また，水道原水中に臭化物イオンが存在すると，塩素に酸化されて次亜臭素酸になり，これが有機物と反応して有機臭素系化学物質が副生成物として生成する。また，オゾンでは水道原水に臭化物イオンが存在すると，塩素と同じように次亜臭素酸が生成し，さらにオゾンにより酸化されて発癌性が強い臭素酸が生成する。塩素やオゾンのような酸化剤により水道原水中の有機物質が酸化されて，内分泌攪乱性化学物質を酸化してその攪乱性を低減化するという健康影響リスクを減らす効果を有す

るものの[9]，ハロゲン化有機物質，アルデヒト類や有機酸等が生成される。これらの健康影響リスクはごく低いものの，微生物に利用されやすい低分子量の有機物質であるため，微生物資化性有機物質（AOC：Assimilable Organic Carbon）ともいい，給配水系での微生物の再増殖に関係する[10]。

塩素やオゾンのような酸化剤は，水道原水中の還元性物質に酸化されるため，微生物の不活化等のために遊離の状態で残留させるためには，その還元性物質を酸化するために必要な酸化剤を注入しなければならない。すなわち，塩素を例にとれば塩素要求量ということになる。水道水源の水質改善は顕著ではないが，塩素要求量という点から，マクロ的に見ると改善されているとも言える。すなわち，1970年における塩素使用量は約3万5 000t/年であり，年間取水量は約100億 m^3 であるから，平均的な塩素注入量は3.5 ppmである。2002年における塩素使用量は約30 000t/年であり，年間取水量は約150億 m^3 であり，平均的な塩素注入量は約2 ppmとなり，塩素注入率は1970年代より低下している。この原因としては，大都市圏の公共下水道の整備等もあって水道原水中のアンモニア性窒素が低減したこともあるが，トリハロメタン対策として，1980年代から全塩素処理から中塩素処理に転換したりして，塩素注入率を必要最低限に設定して運転する浄水施設が多くなったことがあげられる。

2.3　水質新時代における水道工学の展望

2.3.1　健康影響リスクによる水質基準

1992年に『水道法』に定める水質基準が改正されたが，それ以前の水質基準はヒトに健康影響があることの蓋然性が高い化学物質等から構成されていた。しかし今日では，水道における化学物質のリスク管理を含めて，環境中の化学物質のリスク管理は，未然予防の観点で行われるようになっている。1972年，ストックホルムで開催された国連人間環境会議で，人間環境宣言と多くの勧告が提言され，これに基づいてUNEP/WHOが核となって環境中の化学物質についてのクライテリア（EHC：Environmental Health Criteria）が発刊され，化学物質についてのデータベースが国際的に機能するようになった。このEHCにより化学物質による健康影響リスク評価・管理の科学と政策が行えるようになったのである。このような観点から，WHOは1984年に『飲料水水質ガイドラ

イン』を発刊し，世界各国が，それらの国の地域的，自然，環境，文化，社会や経済状況に応じて適切な国内基準を策定する際に資する要件を勧告するようになった[11]。このような，国際的な化学物質のリスク管理を受けて，通知レベルで規制的な措置を執ってきた日本にあっても 1992 年に『水道法』に定める水質基準を大幅に改訂し，『環境基本法』に定める環境基準も同様に改正された。これらの基準が改定されたことを契機に水質管理についての新たなパラダイムが始まったのである。

　WHO の『飲料水水質ガイドライン』でのガイドライン値や『水道法』に定める水質基準値の策定は**図-2.15** に示す方式で行われている[11]。『水道法』に定める水質基準を策定するに際して，水道水中に存在すると考えられる化学物質群のリストを文献や WHO『飲料水質ガイドライン』でガイドライン値について検討された項目等に基づいて作成する。そして化学物質個々について，EHC や毒性学的な文献に基づいて，発癌性を有するか，有しないかを検討する。発癌性を有している化学物質については，遺伝毒性を有するかどうかを検討する。遺伝毒性を有する発癌物質については，多段線形モデルを用いて生涯（70 年）曝露された時の発癌確率が 10^{-5} のときの曝露量［mg/(kg・日)］を求め，体重 50kg の成人が 1 日 2L の水を摂取するとして，その値を濃度値に換算し，管理目標値（PTV：Provisional Tentative Value）を求める。

　非発癌物質や遺伝毒性を有しない発癌物質については，ヒトあるいは動物を用いた毒性試験結果に基づき，その量-反応関係から無作用量［NOAEL：No Adverse Effect Level（閾値）］を求める。この値に種内差，種間差，毒性データの信頼性や影響の深刻さ（可逆性か不可逆性）に応じてそれぞれ 1 〜 10 の値で定めた不確実係数で除して，1 日耐容曝露量［mg/(kg・日)］，TDI：Tolerable Daily Intake］を求める。この TDI は食品，水，空気の異なる曝露経路からの総曝露量についての値であるので，飲料水からの曝露寄与率を 10 〜 80 ％の範囲で定め，TDI にその寄与率を求めて飲料水からの曝露量を定め，その値を体重 50kg の成人が 1 日 2L 水を摂取するとしてその値を濃度値に換算し，PTV を求める。なお，発癌物質と非発癌物質とでは，曝露寄与率を考慮するかどうかの差違があることに注意しなければならない。ここで，毒性データの信頼性とは，OECD の『毒性試験標準仕様書』等に基づいた試験が行われたか，あるいは無作用量は得られていないため最小無作用量（LOAEL：Lowest

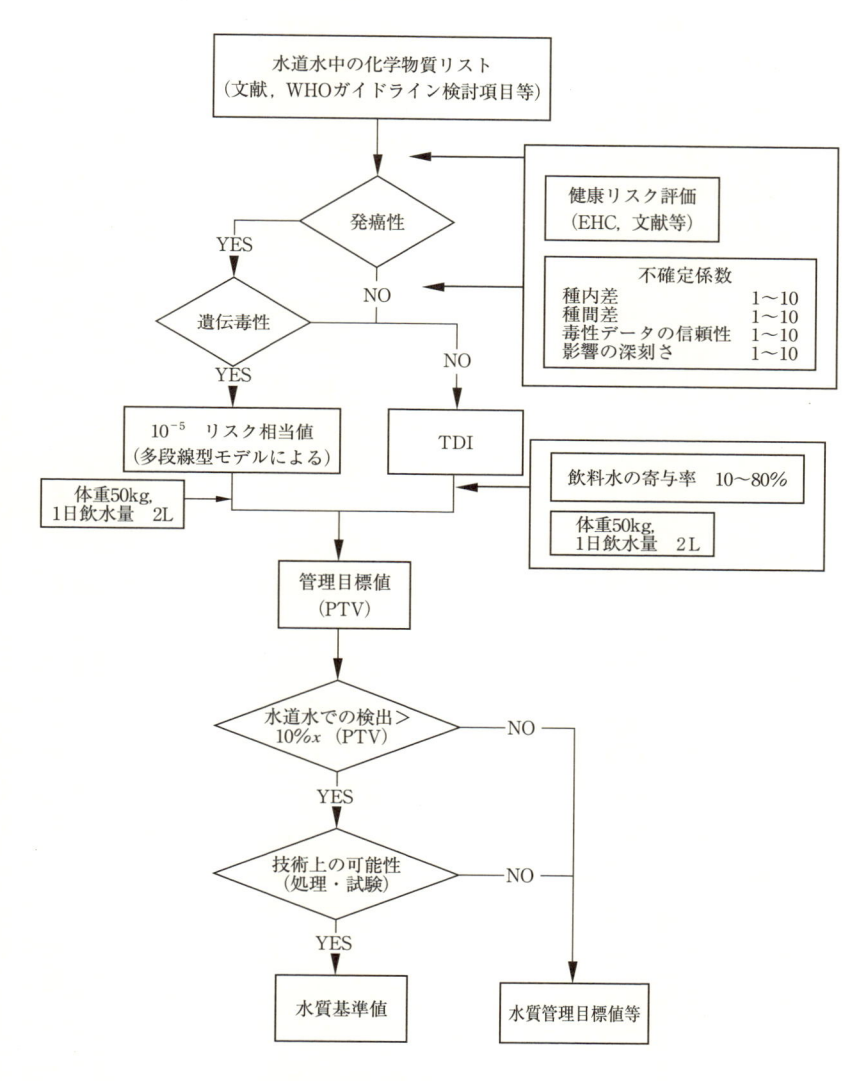

2.3 水質新時代における水道工学の展望

図-2.15 水道水質基準の策定フロー

Adverse effect Level) を用いたことなどから判断される。不確定係数の値が大きくなればなるほど，求められる TDI の信頼性が低くなることから，WHO の『飲料水水質ガイドライン』では不確実係数が合計で 1 000（10 × 10 × 10）を

超える TDI から求められる結果は暫定ガイドライン値としている。

『水道法』に定める水質基準では、各項目について試験方法も定めている。この試験方法とは水質基準値の10％を定量限界とする試験方法である。すなわち、水質基準を定めても、水道水中での濃度が定量限界以下である場合には、試験結果は定量限界以下ということになる。そのため、水質基準を定めるに際してその物質について、水道水中に存在する可能性が高い地域の水道について存在状況調査を行って、実態を求める。その結果、最大濃度が PTV の10％を超える可能性がないと判断された場合には、例えば水道水中のダイオキシン類のように、水質基準項目としない[12]。しかし、健康影響リスクを考慮して水質管理目標項目とし、PTV をその目標値としている化学物質がある。最大濃度がPTV の10％を超える可能性が高いと判断された場合には、日本の水道で、浄水処理等によって対応可能であるか、試験方法が水道事業体の水質試験技術で対応可能であるか検討する。これらについて技術的に対応可能であると判断された場合には、PTV を水質基準値として水質基準項目としている。技術的に不可能である場合には、その技術的限界の値を水質基準値として水質基準項目としている化学物質もある。

『水道法』に定める水質基準は、水道水の水質に係る科学技術的な知見の集積に従って逐次改正されることとなっている。このようなことから、2003年に水質基準が改正され、表-2.1 に示すように、健康に関連して30項目、水道水の利便性に関連して20項目が定められた。大腸菌については、これまで大腸菌群が糞便汚染の指標であるとして基準に定められていたが、糞便汚染の指標として、より科学的に適切な大腸菌に変更された。健康に関係する項目群の中で、ヒ素と臭素酸は発癌物質であるため、10^{-5} の生涯発癌リスクで基準値が定められるべきであるが、WHO の『飲料水水質ガイドライン』を参考にし、水処理技術や水質試験技術上の限界を考慮して 10^{-5} より高い発癌リスクでの値を基準値として定められている。利便性に関連する項目でもアルミニウムと臭気物質である2-メチルイソボルネオールとジェオスミンについても水処理技術上の限界を考慮した値が基準値として定められている。

水道水を含めて環境中には多種の化学物質が存在しているが、規制的な措置は毒性情報や検出状況等を含めて科学的な知見がある個々の化学物質ごとに執られてきた。そのため、改正された水質基準では、これまで水質基準で定めら

2.3 水質新時代における水道工学の展望

表-2.1 水道水質基準

(健康に関連する項目)

No	項目	基準 (mg/L)	No	項目	基準 (mg/L)
1	一般細菌	100 個/mL	16	cis-1,2-ジクロロエチレン	0.04
2	大腸菌	不検出	17	ジクロロメタン	0.02
3	カドミウム	0.01	18	テトラクロロエチレン	0.01
4	クロム (6価)	0.05	19	トリクロロエチレン	0.03
5	水銀	0.0005	20	ベンゼン	0.01
6	セレン	0.01	21	臭素酸	0.01
7	鉛	0.01	22	クロロホルム	0.06
8	ヒ素	0.01	23	ジブロモクロロメタン	0.1
9	シアン	0.01	24	ブロモジクロロメタン	0.03
10	硝酸性窒素および亜硝酸性窒素	10	25	ブロモホルム	0.09
11	フッ素	0.8	26	総トリハロメタン	0.1
12	ホウ素	1	27	クロロ酢酸	0.02
13	四塩化炭素	0.002	28	ジクロロ酢酸	0.04
14	1,4-ジオキサン	0.05	29	トリクロロ酢酸	0.2
15	1,1-ジクロロエチレン	0.02	30	ホルムアルデヒド	0.08

(性状に関連する項目)

No	項目	基準 (mg/L)	No	項目	基準 (mg/L)
31	亜鉛	1	41	非イオン界面活性剤	0.02
32	アルミニウム	0.2	42	フェノール類	0.005
33	塩素イオン	200	43	2-メチルイソボルネオール	0.00001
34	硬度 (Ca,Mg)	300	44	有機物 (TOC)	5
35	鉄	0.3	45	味	異常でない
36	銅	1	46	色度	5 度
37	ナトリウム	200	47	臭気	異常でない
38	マンガン	0.05	48	蒸発残留物	500
39	陰イオン界面活性剤	0.2	49	濁度	2 度
40	ジェオスミン	0.00001	50	pH	5.8-8.6

れていた農薬類はそれらの検出濃度が低いため基準から除外された。しかし，農薬類の使用量は減少する傾向にあるものの，2004年で約30万トンが使用されていることや，『農薬取締法』により登録されている，すなわち，使用が認可されている農薬類は増加しており，約550種類にのぼっている。また，水田農業で利用されている除草剤が多いことから，これらが水道水源である表流水に流出する可能性は高い。このようなことから，農薬の生産量，TDI，オクタノール分配係数（親水性の指標として）と生物分解性を考慮して101種類の農薬を選定し，個々の農薬のPTVに対する検出濃度の比の合計値が1を超えないとする検出指標値を水質管理目標項目として定められている。この総農薬方式によ

る農薬類の健康リスク管理の手法は，有機リン系農薬のように，農薬原体やその酸化分解物である有機リンオキソン体の毒性がアセチルコリンエステラーゼの機能阻害を発現するという同じ作用を持つことから，個々農薬類の濃度が低くても，それらの相加性を考慮して健康影響リスクを管理するという考えが導入されたのである[13]。

ダイオシン類は，細胞内のAhレセプターとの結合を介して毒性が発現することから，ダイオキシンの異性体等ごとにAhレセプターとの結合の程度等から相対的な毒性評価値を求めてダイオキシン類全体の1日耐容摂取量を求めている。同じような毒性機序を有する化学物質群をまとめて健康影響リスクの管理を行うという考え方が，農薬類について科学的に見て妥当であるかどうかについての結論は得られていないものの，農薬類に適用されたことは，よりリスクの低い水道水を供給するための指標，すなわち水質管理目標を提示している。

『水道法』に定める水質基準についても，水道事業者の判断で検査項目や頻度を変更できることとなった。『水道法』に定める施設基準が性能基準化されたのと同じように，水道水源を含めて水道施設の特徴に応じて適切・効率的な運用ができることとなった。しかし，水質基準の運用について，あらかじめ水道水質検査計画を策定するとともに，水質検査結果を水道利用者に公開することが求められるようになっている。信頼性の高い情報を水道利用者に公開することは，水質試験のみならず，浄水処理や給配水管理においても品質管理が求められるようになったことを意味している。食品製造の分野では，すでにハセップ［HACCP：Hazard Analysis Critical Control Point（危害分析重要管理点）］制度が導入され，食品の製造過程で発生する可能性のある衛生・品質上の危険性を分析し，安全性確保のために監視すべき重要管理点を定め，厳格に管理・記録を行うシステムが運用されている。

WHO『飲料水水質ガイドライン』は，食品製造分野のHACCPと同じようなシステムである水安全計画（Water Safety Plan）を導入するよう勧告している[11]。この水安全計画は，水道原水の汚染要因とその発生源の特徴を把握し，それぞれの要因に対する浄水施設内の対応，消毒副生成物や水処理用薬品を含めた資機材による汚染防止対策，担当職員等の技術向上等についての管理と記録を行うシステムからなっている。すなわち，水源から給水栓までのすべてにおいて品質管理を行い，その結果として良質で快適な水道水を供給しているという証

左を水道利用者に示すことが世界的な標準となったことを意味している。

2.3.2 耐塩素感染性生物と膜ろ過技術

　水道水が原因の水系感染症は，水道水に残留塩素が保持されるように塩素処理が行われていることや浄水処理における濁度管理が適切に行われていることもあり，直接給水方式ではその発生はほとんどなく，発生例の多くは受水槽の管理が適切に行われていない給水設備での発生が年間1～2回発生している。これらのうち，1990年に埼玉県浦和市で汚水に汚染された井戸水を飲用したことが原因で約350人の大腸菌O-157による集団下痢症の発生があり，溶血性症候群で死亡者が発生している。さらに，1996年6月に埼玉県越生町でクリプトスポリジウムに汚染された水道水が原因で，町人口約1万3000人のうち，約8800人がクリプトスポリジウム症に罹患した。水系のクリプトスポリジウム症は1985年代から欧米を中心に報告されていたが，1993年，米国ミルオーキーで約40万人の罹患者が発生した。日本では1994年に神奈川県平塚市で受水槽が生活雑排水に汚染されたことが原因で約450人の罹患者が報告されたのが最初である。これらは1990年代に入って日本でもしばしば報告されるようになったものであり，新興感染症とも言え，人と物の国際的な交流が盛んになることにより海外より侵入し，国内で定着したものと考えられる[14]。

　大腸菌O-157は，大腸菌群に属しており，塩素処理により容易に不活化されることから塩素処理を適確に行えば，感染のリスクはほとんどない。しかし，原虫であるクリプトスポリジウムは高い塩素耐性を有し，感染力が高く，水環境中での生存性が高く，また，動物にも寄生する。そのため，水道水源域に人畜の糞便の排出源があると水道原水がクリプトスポリジウムに汚染される可能性が高く，また，塩素耐性を有することから，塩素消毒プロセ

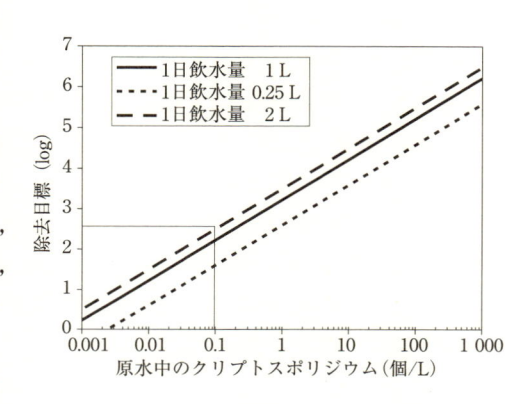

図-2.16 クリプトスポリジウム症罹患リスク 10^{-5} DAYs/年とした時の除去目標

スより前段の浄水処理で除去する必要がある。WHO『飲料水ガイドライン』では，クリプトスポリジウムによる感染リスクを 10^{-6} DAYs（障害調整生存年数：Disable Adjusted Years of Life，クリプトスポリジウム症では約1500人に1人罹患する確率に相当する）をリスク管理の目標とすると，水道原水に10Lに1個クリプトスポリジウムが存在する場合には，浄水処理で約3logの除去をしなければならないとしている[10]。越生町やミルオーキーでの発生原因が凝集・ろ過処理が適切でなかったとされており，クリプトスポリジウムに汚染されている可能性がある場合には，図-2.16に示すように，高い除去率が得られるような凝集・ろ過処理を，例えば，ろ過水の濁度を0.1度以下にするように行うか，7log以上の除去が期待できるクリプトスポリジウムより小さな細孔以下の膜による膜ろ過を行うことが必要となる[14]。

膜ろ過技術が用排水処理に適用されたのは，1980年代後半にし尿処理施設の高度化に伴いMBR（Membrane Bio-Reactor）技術と凝集・膜ろ過のハイブリット型の処理施設が整備されたのが始まりである[15]。し尿処理施設での膜ろ過技術により，高度な水処理が可能になるとともに，運転管理が用意であることが明らかとなり，水道でも1991年から産官学の連携によりMAC21（Membrane Aqua Century[21]）プロジェクトが開始された。その結果，膜ろ過技術は凝集・ろ過技術の同等以上の処理効率を有することが明らかとなり，主として小規模水道から導入され，2005年3月までに442施設，計画給水量は約36万 m^3（最大給水量1万 m^3 以上では4施設）に達している。このように短期間で膜ろ過技術が定着したのは，MAC21プロジェクトに引き続き産官学連携により膜ろ過技術についての技術開発が継続的に実施されてきたことと，浄水処理が適切でないため1996年に埼玉県越生町で発生したクリプトスポリジウム症の再発を防止するため，とくに技術水準を確保することが困難な小規模水道での導入が進められたためである。膜ろ過技術を大規模な水道施設に導入するためには，ろ過膜の互換性を高め，技術の進歩に対応できるようにすることが必要であり，このようなことから2005年には大規模施設で適用されるような大型の膜モジュールについての標準規格が策定された。

2.3.3 レダンダントな浄水技術

消毒副生成物や異臭味のような溶解性化学物質については，膜ろ過技術の処

2.3 水質新時代における水道工学の展望

理効率が低いため,膜ろ過と活性炭吸着と併用するハイブリット型の浄水処理の開発も積極的に行われている。消毒副生成物や異臭味のような溶解性物質については,オゾン・活性炭処理を凝集・ろ過処理に付加する高度浄水処理が一般的に導入されてきている。しかし,水道原水に臭化物イオンが存在すると,オゾンによって水中で生成されるOHラジカルにより次亜臭素酸が生成し,一般的なオゾン処理過程におけるpH条件下では次亜臭素酸は臭素酸に酸化され,水道水中に存在するようになる[16]。臭素酸については,その発癌性から水質基準値が10 ppbと定められており,オゾン処理を導入している施設では,オゾン注入量や水道原水中の臭化物イオンが高い場合には浄水中の臭素酸濃度が基準値を超えることがある。この臭素酸濃度はオゾン酸化槽出口でのオゾン濃度(オゾン注入率と関係する),水温,pH,反応時間等の影響を受けるが,多くの施設では残留オゾン濃度をできるだけ低くすることによって基準値を満たすようにしている。また,OHラジカルが生成しないように,過酸化水素を添加して臭素酸生成反応を抑制することができる促進酸化法が確立されているが,実際の施設に導入されるには至っていない。

臭素酸は,消毒等の目的で利用されている塩素剤である次亜塩素酸ソーダ中にも不純物として存在しており,次亜塩素酸ソーダを長期間保存すると,時間の経過とともに増加する。また,食塩を原材料として電気分解により次亜塩素酸ソーダを浄水場内で生成すると,臭素酸が高濃度で生成し,塩素注入率によっては基準値を超える事例がある。このようなことが生じないように,電気分解で次亜塩素酸ソーダを生成する場合には原料の食塩中の臭化物イオンの少ない食塩を利用すべきである。

水質基準に定められている項目ごとに水質検査結果と水質基準値との比を求め,それらの平均値を関東甲信越地方の自治体別に示すと図-2.17のようである。水道水は水質基準値に比べるとはるかに低い,すなわち,水質基準に比べ良質な水道水を供給している地方自治体が多い。しかし,地方自治体ごとに供給されている水道水の水質に大きな差異がある。

水質基準項目のうち,発癌性の観点から基準が定められている項目について,水道原水および水道水についてそれぞれの発癌リスクを求め,それらの総和をもって水道原水および水道水の発癌リスクとし,それらの値を首都圏の地方自治体別に示すと図-2.18のようである。さらに,その発癌物質の構成を示すと

2　上水道工学の展開

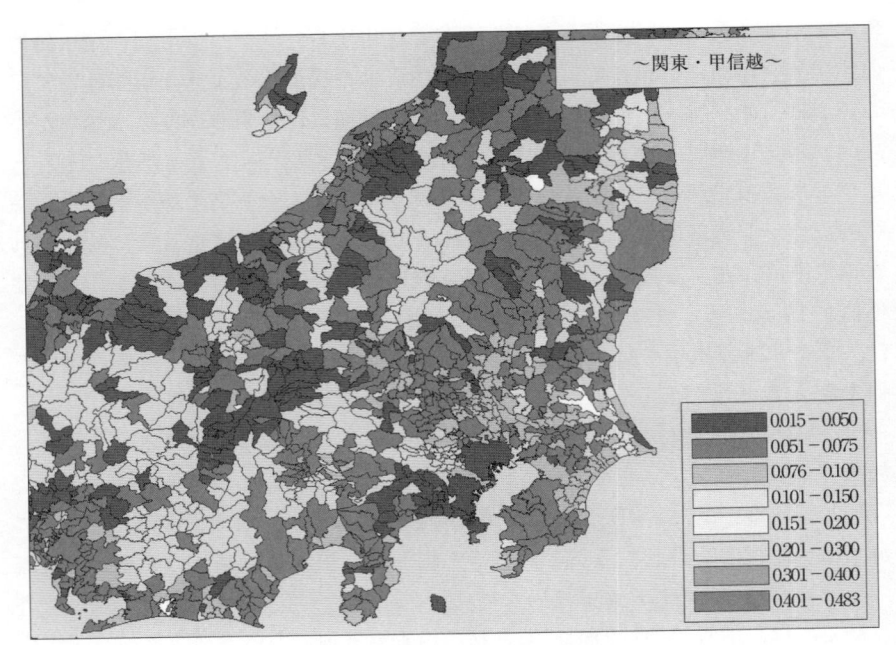

図-2.17　水道水の水質基準値比率（平成13年度）

図-2.19のようである[17)]。水道水の発癌リスクは，個々の発癌物質のリスクレベルを10^{-5}として水質基準が定められているが，10^{-4}オーダの水道原水が存在している。さらに，その発癌リスクの約97％は温泉等自然発生源由来のヒ素によって占められている。水道原水中のヒ素は自然発生源由来のヒ素であるが，発癌リスクが高い水道では3 log以上のヒ素の除去率が得られる浄水処理技術を適用している。水道原水中にヒ素が存在すれば，水道原水中のヒ素を何らかの対策によって低減化されない限り，常にヒ素除去のための水処理コストを水道料金でカバーしなければならない。しかし，日本の水環境政策の対象となっていない自然由来のヒ素対策が発生源で講じられれば，発癌リスクの低い，かつ低コストの水道水を供給できることになる。すなわち，水源保全や水源の変更が積極的に図られるべきである。

　水道水の発癌リスクは，個々の発癌物質のリスクレベルを10^{-5}として水質基準が定められているが，発癌リスクが高い所では10^{-4}オーダの水道水が存在しており，その発癌リスクの約80％は消毒副生成物によって占められている。水

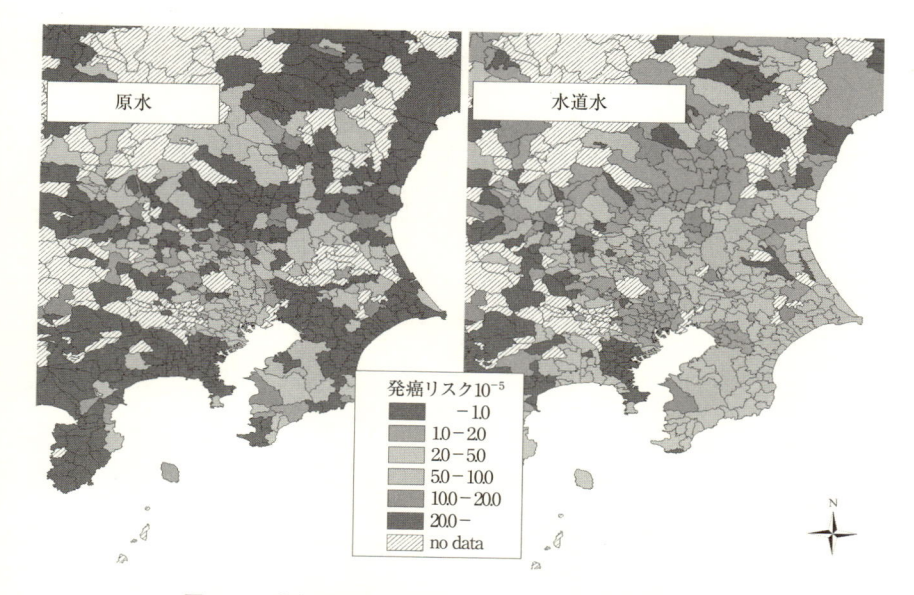

2.3 水質新時代における水道工学の展望

図-2.18 首都圏の水道原水および水道水の発癌リスク分布

道原水および水道水の発癌リスクを給水人口別に示すと**図-2.20**のようである。大規模水道事業体でヒ素による発癌リスクが著しく高い水道原水を利用している都市があるため、浄水処理により発癌リスクを低減化しているため、大都市での発癌リスクが低下している。しかし、この都市を除くと、中小規模の水道事業体と同じように水道原水に比べて水道水の発癌リスクが高くなる傾向がある。これは、塩素消毒によって発癌性を有するハロゲン化消毒副生成物が生成するためである。浄水処理によって、消毒副生成物の前駆物質の一部は除去されているので、浄水処理によって発癌リスクは低下していることは確かである。しかし、前駆物質の除去が完全でないため、塩素処理によって発癌リスクが10^{-5}オーダレベルで増加している。感染性生物対策で今後とも有効であるのは遊離塩素処理であることは確かである。しかし、発癌リスクを高めるとともに遊離塩素特有の臭気を水道水につけたりして水道水の不快さの原因にもなっている。

異臭味、農薬、消毒副生成物、臭素酸等溶解性の有機物質や浄水処理過程で生成する副生成物を制御するためにはオゾン・活性炭吸着といった高度浄水処理システムを導入しなければならない。しかし、良質で違和感がなく、実質的

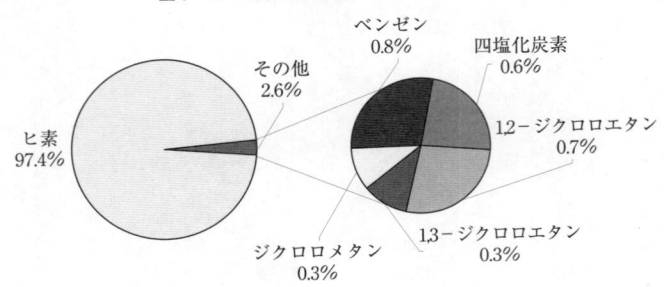

原水
全リスクの幾何平均値 = 1.16×10^{-5}

- ヒ素 97.4%
- その他 2.6%
- ベンゼン 0.8%
- 四塩化炭素 0.6%
- 1,2-ジクロロエタン 0.7%
- 1,3-ジクロロエタン 0.3%
- ジクロロメタン 0.3%

浄水
全リスクの幾何平均値 = 2.18×10^{-5}

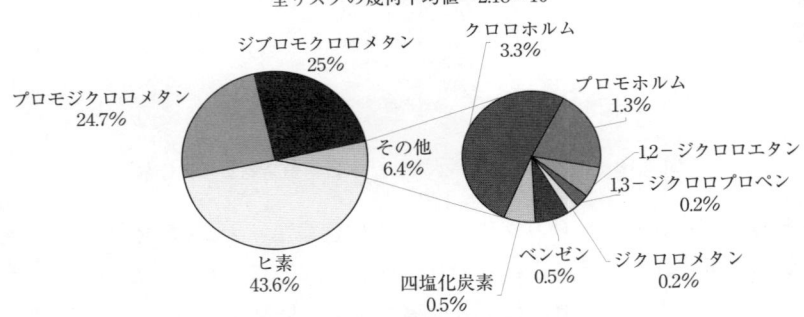

- ヒ素 43.6%
- ジブロモクロロメタン 25%
- ブロモジクロロメタン 24.7%
- その他 6.4%
- クロロホルム 3.3%
- ブロモホルム 1.3%
- 四塩化炭素 0.5%
- ベンゼン 0.5%
- 1,2-ジクロロエタン（記載）
- 1,3-ジクロロプロペン 0.2%
- ジクロロメタン 0.2%

図-2.19 水道原水および水道水の発癌リスクの構成

に安全で利便性障害のない水道水を供給するためには，図-2.21に示すような，よりレダンダントな浄水システムを導入しなければならない。公共下水道は臨海部にある大都市を優先的に整備対象としてきていること，富栄養化が陸水学的に見て避けられないダム・湖沼等停滞水域に貯水された水資源を利用していること，あるいは，中山間部多い畜舎からの排水の影響を受ける河川の上中流部から取水している水道原水を利用せざるを得ない浄水施設が多く存在する。そのため，生活排水，畜舎排水，プランクトン等有機物質を含む原水を利用せざるを得ない水道では，物理化学的な単位プロセスでは処理しにくいアンモニア性窒素や有機物質を除去するために生物処理を設けるべきである。生物処理水や，アンモニア性窒素や消毒副生成物の前駆物質等有機物質濃度が低い原水では，鉄・マンガンのような溶解性無機物質を除去するための酸化処理として

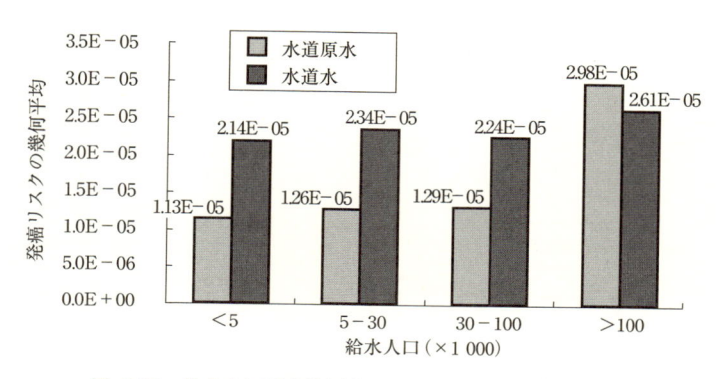

2.3 水質新時代における水道工学の展望

図-2.20 給水人口別水道原水および水道水の発癌リスク分布

の（前）中塩素処理を伴う固液分離処理である凝集沈殿急速ろ過処理を行う。異臭味物質やトリハロメタン等消毒副生成物前駆物質は固液分離処理では除去できないため，酸化処理であるオゾン処理や活性炭吸着処理を設けることになる。ここで，水道原水が生活排水の影響を受けて塩分濃度が高く，臭化物イオン濃度が高い時には，オゾンにより臭素酸が生成するため過酸化水素等とオゾンを併用した促進酸化処理を導入する。促進酸化処理を導入できない場合にはオゾン酸化処理は導入することなく，活性炭吸着処理のみで対応しなければならない。異臭味物質や消毒（酸化処理）副生成物の影響はないが，クリプトスポリジウム等耐塩素性感染性微生物による汚染の虞のある水道原水を利用している場合や活性炭吸着層から漏洩する線虫等不快生物に対処する場合には，MF/UFを用いた膜ろ過を設けることになる。

今日でも多用されている単位プロセスを多段に組み合わせる浄水システムの代替システムとして，ナノろ過（NF）膜をベースにした水処理システムが導入される可能性が非常に高い。とくに欧州各国では，蒸発残留物等に起因する水処理上の課題が山積している国際河川ラインを水源とする国々を中心に，オゾン・活性炭からナノろ過処理へと転換しつつある。NF膜ろ過は海水の淡水化で用いられている逆浸透膜の特性とUF膜ろ過の特性を兼ね備えている膜を用いた処理技術であり，一つのプロセスで農薬，異臭味原因物質や消毒副生成物，それらの前駆物質等溶解性有機物や無機イオンも除去できる技術である[18]。運

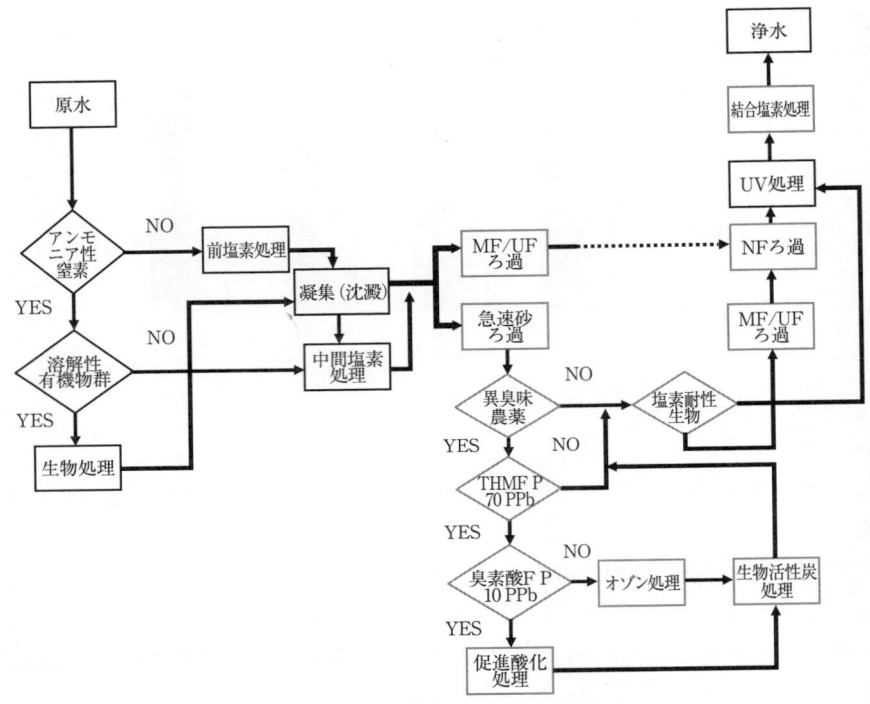

図-2.21 浄水処理システムの設定手順

転管理も MF/UF 膜ろ過と同様に簡易で自動制御が可能であることから，人的資源の限界がある小規模な浄水場から導入されていくものと考えられるが，大規模な浄水場でもオゾン・活性炭吸着に代わる高度浄水処理施設として導入されるものと考える．浄水場での導入ばかりでなく，給水拠点で NF 膜ろ過処理した上質水道水と常用水道水を供給する二元水道で利用できる技術であり[7]，水道のような公共サービスでも適用可能なコストに耐えられるレベルに達している技術である．

浄水システム内で感染性微生物に対しては十分なバリアを有する，従来型の多段浄水システムにしろ，NF 膜ろ過を導入した浄水システムにしろ，給配水系でのリスク管理と塩素臭に対する違和感がない消毒技術として結合塩素処理を導入すべきである．さらに，消毒の補完として UV 処理を導入することも望まれる．遊離塩素処理を原則としている米国においてすら，ヨーロッパ諸国と同

2.3 水質新時代における水道工学の展望

じように結合塩素処理に転換した，転換することを計画している大都市水道も存在するようになってきている。しかし，給配水系の管路が老朽化したり，鉛管の使用率が高い場合等では，結合塩素の保持が困難であったり，鉛の溶出量が高まるという問題もある[19]。すなわち，管路施設と浄水施設全体，すなわち水道工学そのものの高度化を，既存水道施設の更新時を機会に行うことによってのみ，良質で違和感がなく利便性障害のない水道水を供給できるのである。

　水道の運営基盤の強化を図るためには，給水にかかるコストを低減化するとしても限界があり，公平で，適正な費用負担を求めつつサービス水準の向上を目指さなければならない。水道施設の更新を含めて水道事業を再活性化するためには，より効率的な事業運営を展開することが求められる。ISO/WD24512の附属文書として扱われることとなっている日本水道協会規格である『水道事業ガイドライン』は，水道事業サービスの実態をできるだけ定量的に評価できる137の指標を規格として示している[20]。指標についての規格であり，規格に基づいて，例えば水質基準適合率という値が求められたとしても，いくらの値であれば適正・的確に水道事業が展開されていると評価できるものではない。しかし，その指標を用いることで，水道水の発癌リスクのみを他の水道事業体と比較するのではなく，そのリスクの背景となっている水源，浄水コスト，人的資源，水道料金等の各種指標と合わせて比較することが可能となったのである。すなわち，自己評価するためのツールが規格となったのである。すなわち，水道水の水質は，水質基準というナショナルミニマムは満たしているが，詳細に見ていくと地域的には大きな差異があり，その原因が何であるかが明らかにすることが可能となったのである。このようなツールを活用することによって，レダンダントな浄水技術を，これまでと同じように浄水施設で適用するか，あるいは，ブロックや給水拠点で適用することによって，上質な水道水と水質基準を満たす水道水を供給する多元水道の意義が明らかとなるものと考える。このような新たな展開を図ることによって，コストに見合う水道料金で，水道利用者が支払い意志を持続できる快適で良質な水道水を供給することによって，健康な都市基盤施設としての持続性が期待できるのである。

◎参考文献

1) 真柄泰基（分担執筆）：都市をめぐる水の話, 井上書店, 1992.

2) 萩原耕一：水質衛生学，光生館，1985.
3) 全国上下水道コンサルタント協会：水道ビジョン基礎データ集，2004.
4) 鈴木基之（編著）：環境工学，放送大学教育振興会，2003.
5) 日本水道協会：水道施設耐震工法指針・解説，1997.
6) 厚生労働省：水道ビジョン 2004.
7) 丹保憲仁：新土木体系 88　上水道，技報堂出版，1980.
8) 丹保憲仁：水循環の工学と再利用，北海道大学図書出版会，1999.9.
9) A. Tabata, N. Miyamoto, Y. Ohnishi, M. Itoh, T. Yamada, T. Kamei and Y.Magara：The effect of chlorination of estrogenic chemicals on the level of serum vitellogenin of Japanese medaka（Oryzias latipes），Water Science and Technology, Vol.47, No9, pp.51-57, 2003.
10) 笠原伸介，相沢拓，渡辺義公，小沢源三，岡部聡：AOC を指標とした高度浄水処理システムの評価，日本水道協会雑誌，67, 11, pp.12-21, 1998.
11) Guidelines for Drinking Water Quality, Third Edition, Volume 1. Recommendation, WHO, 2004.12.
12) Hyun-koo Kim, Hironobu Kazui, Tohru Matsumura, Koichi Ohno, Tatsuku Kamei and Yasumoto Magara：Dioxins in drinking water treatment process, Dioxin, 2001, 21st International Symposium on Halogen Environmental Organic Pollutants and POPs, Volume 52, pp.135-138, 2001.
13) Maiko Tahara, Reiji Kubota, Hiroyuki Nakazawa, Akihiko Hirose, Makoto Ema, Hiroshi Tokunaga, and Tetsuji Nishimura：Evaluation of the additive toxic influence of organophosphorus pesticides., 44th Annual Meeting and Tox Expo, New Orleans, 2005.
14) 日本水道協会：クリプトスポリジューム－解説と試験方法，2003.
15) Magara Y., Nishimura K., Itoh M and Tnaka M.：Biological denitrification system with membrane separation for collective human excreta treatment plant., Wat. Sci. Tech., 25, pp. 241-251, 1992.
16) 浅見真理，相沢貴子，真柄泰基：オゾン処理による臭素酸イオンの生成における共存有機物の影響，水環境学会誌，19, 11, pp.930-936, 1996.
17) Emi Kadota, Yoshimi Kondo, Tasuku Kamei and Yasumoto Magara：Estimation of geographical variation of cancer risks in drinking water in Japan, Proceedings of IWASpecialized Conference 2004, pp.7-10.
18) Masaki Itoh and Yasumoto Magara：Accelerated Fouling Test of NF Membrane andFoulant Characteristics Using Small-Scale Pilot Plant, IWA Specialty Conference 2004Water Environment Membrane Technology, June 7-10, Seoul, Korea, 2004.6.
19) US.EPA：Lead in drinking water, http://.epa.gov/safewater/lead/index.htmo
20) 日本水道協会：水道事業ガイドライン，2005.

Chapter 3

3　下水道工学発展の歴史

下水道問題年表——62

- 3.1　下水処理技術の歴史と展望——68
  - 3.1.1　下水道の役割の発展——68
  - 3.1.2　下水処理技術の歴史——70

- 3.2　今後の下水道技術の展望——80
  - 3.2.1　『下水道施行令』の改正——81
  - 3.2.2　『下水道法』の改正——83
  - 3.2.3　省エネルギー，資源循環——83
  - 3.2.4　有機性の環境微量汚染物質への対処——84
  - 3.2.5　対処型下水道からサービス下水道へ
    （高度処理下水道から高規格下水道へ）——85
  - 3.2.6　一元化下水道——87

- 3.3　新たな上下水道システムの創造——89
  - 3.3.1　上水道の認識——89
  - 3.3.2　下水道の認識——90
  - 3.3.3　上下水道システムの関連性——91
  - 3.3.4　上下水道システムの展望——92
  - 3.3.5　新しい上下水道システムの提案——93

下水道問題年表

年代	社会背景	学会・関連分野の動き	法律・行政	外国の動き
1868				英国河川汚濁防止王立委員会新発足。下水を処理してからテムズ川に放流することを勧告
1870				ロンドンのDebdin処理場で接触ろ過法採用
				Frankland(英)：間欠砂濾過法を下水処理に採用
1872				ロンドンにコレラ大流行
1873	東京銀座に下水管敷設			Debdin(英)バクテリアによる下水浄化法を提案するも，理解されず
1874			東京府，市中道路への汚水散布を禁止	
1877		東京大学理学部に土木工学科を設置		Schlosing(仏)らが下水処理(酸化と硝化)の研究
1879	松山にコレラ発生，この年全国に大流行し，患者16万人，支社10万人を超える			
1880				フランスで便所を下水道に接続することを許可
1881	横浜区で下水道築造			
1882	東京芝・神田にコレラ発生，全国の死者3万人以上			英国河川汚濁防止王立委員会：テムズ川に下水を無処理で放流してはならないことを決定
1884	東京府神田下水施工			Debdin(英)らがロンドンで下水エアレーションの実験。コッホ：コレラ菌発見
1885	長崎にコレラ発生：死者152人。赤痢の死者1万690人			
1886	コレラ大流行：患者15万人，死者11万人	帝国大学工科大学で「衛生工学」初講義		
1887		札幌農学校に工学科設置され「衛生工学」の講義開始		ロンドンで下水の沈殿処理開始，・Latham(英)接触ろ過法の原理考案
1889	バルトン「東京市下水設計第一報告書」			
1890				Moncrieff(英)が嫌気的反応による下水汚泥ガス化と液化現象を実験的に考察
1893		帝国大学工科大学土木工学科に，第4講座「衛生工学」設置		Stoddard(英)散水ろ床法の実験，・マザーアンドプラッツ社がイギリスで，沈殿した汚泥のエアレーションし，流入する新鮮下水を混合させると，この混合物が浄化の媒体となることを発表
1894	大阪市，上下水道改良事業開始			フランス：セーヌ川浄化法制定，便所は下水道への接続が義務となる
1895	大阪市，本田抽水所完成(初のポンプ所)			セプティックタンク(腐敗層)がイギリスで築造，汚泥ガスを採取し街灯に利用
1897				Fowler(英)下初エアレーションの研究開始，上澄みと汚泥に分離することを発見

年代	社会背景	学会・関連分野の動き	法律・行政	外国の動き
1899	ペスト患者初めて発生			
1900			下水道法公布	
1902				Bolton(英)らがエアレーション条件下で微生物の塊であるストレーナーらっじが有機物を酸化し摂取する機能に関して実験
1905				Sherman(米)降雨強度公式公表, Henderson(英)活性汚泥による処理法発見
1906				Imhoff(独)イムホフタンク開発
1910				バーミンガムで嫌気性硝化開始
1911	中島鋭治「東京市下水計画」			
1912				Clark, Gage(米):活性汚泥の研究開始, 下水のエアレーションにより汚泥が生成することを観察
1913				Fowler(英)が活性汚泥法に関する論文発表
1914		土木学会設立		Ardern, Lockett(英), エアレーションによって生成された汚泥を再利用すると硝化時間が短縮されることを発見
1916	東京電気川崎工場にイムホフタンクと散水ろ床からなる汚水処理装置設置			サンマルコス(米)に活性汚泥法による処理場運転開始
1921				Watson(英)消化タンクからのガスを採集し利用
1922	東京都三河島汚水処分工場運転開始/日本発の本格司会:的下水処理施設（散水ろ床法）			
1927	東京市三河島汚水処分場で散気式エアレーション法の実験			
1930	名古屋市堀留, 熱田処理場運転開始（我が国初の散気式活性汚泥法実用化）			英国河川汚濁防止合同諮問委員会：公共下水道に工場排水を受け入れるべきことを提言 ・Mohman(米)活性汚泥微生物に必要な酸素量を初めて測定
1931				ロンドンのCrosness処理場で38度9日間の嫌気性消化処理を行う
1933	名古屋市天白処理場で活性汚泥肥料の生産開始。農家に売却			
1934	岐阜市わが国初の分流式下水道事業に着手			
1935		水道協会「下水試験法」制定		
1936				Jenks(米)らが高速散水ろ床法考案
1938			放流下水の基準決定	
1939				Gould(米)ニューヨークでステップエアレーション法開発
1940	京都市で汚泥消化タンクから発生するメタンガスを自動車燃料に利用			
1944				アメリカで湿式酸化による処理実験開始

年代	社会背景	学会・関連分野の動き	法律・行政	外国の動き
1948	福井市で戦後初の公共下水道事業起工			Kuntz(米)長時間エアレーション法開発
1949				Okun(米)純酸素エアレーション法開発
1950				
1953	東京都砂町処分場し尿消化タンク完成(初のし尿消化タンク)	水道協会,第1回上下水道研究発表会開催		イギリス国立研究公社とエームス・クロスター社が回転円盤接触法を開発
1955	東京都三河島処理場の処理水を工業用水として供給開始			シカゴで,湿式参加方式の汚泥処理実験プラント
1956	室蘭市で高速散水ろ床法による実験開始。京都市鳥羽処理場で,高速エアレーション沈殿池の実験			
1957			建設省都市局に下水道課設置	Pasveer(蘭)オキシデーションディッチ法提案
1958	東京都三河島処理場でステップエアレーション法の実験 神戸市で遠心脱水機の実験		下水道法制定(1959施行)	
1959	東京都三河島処理場で高速エアレーション沈殿池の実験	土木研究所河川部に下水道研究室を新設		
1960				Hartmann(独)らにより回転生物接触法研究発表
1961	隅田川が水質汚濁のため花火大会、早慶レガッタ中止			Ludzack(米)活性汚泥循環変法(半好気性活性汚泥法窒素除去)提案
1962	気流乾燥床(川崎市入江崎処理場)			
1963			第1次下水道整備五箇年計画	
1964	東京都三河島処理場で散水ろ床撤去。三河島処理場の処理水を浄水する南千住浄水場が通水。浮上濃縮(名古屋市,岐阜市),多段式焼却炉(一宮市,名古屋市)	日本下水道協会設立 第1回下水道研究発表会開催		
1966	東京都浮間処理場竣工(初の工場排水専用処理施設)。流域下水道で初の処理場(猪名川流域下水道原田処理場)。流動床炉(仙台市南蒲生処理場で実験)			
1967			下水道整備緊急措置法制定	
1969				Pasveer(米)回分式活性汚泥法を開発
1970	流動床炉(富田林市金剛処理場)		水質汚濁防止法制定 下水道法改正(公共用水域の水質保全)	
1971		第1回日本下水処理技術委員会開催	建設省に下水道部設置	

年代	社会背景	学会・関連分野の動き	法律・行政	外国の動き
1972	建設省土木研究所，3次処理の実験開始	下水道事業センター発足		Levin(米)フォストリップ法廷案 Barnard(南アフリカ)半好気性活性汚泥法を発展させたバーナード法を提案
1973	ベルトプレス脱水機（茂原市川中島処理場）			
1974	東京都森ヶ崎処理場で急速砂ろ過による3次処理実験開始	土木研究所に下水道部設置		Barnard(南アフリカ)窒素とりんの同時除去機能を持つ活性汚泥法提案 Galdiieri(米)バルキング制御法の研究から、りん除去効果のある嫌気好気法(A/O)法開発
1975		日本下水道事業団発足		
1976	東京丸の内地区に地域循環方式の中水道供用開始		特定環境保全公共下水道制定	
1977	東京都南多摩処理場で汚泥コンポスト化実験設備運転開始			
1978	スクリュープレス脱水機（久留米市津福処理場）	第1回下水汚泥資源利用展開催		
1979	霞が浦湖北流域下水道霞ヶ浦浄化センターで凝集剤添加活性汚泥法の実験		水質総量規制制度実施。滋賀県：琵琶湖の富栄養化防止に関する条例制定	Galdiieri(米)A2O法を開発
1980	硝化促進型循環変法（ペガサス）開発 マンホールポンプの開発 福岡下水処理水循環利用モデル事業通水		滋賀県（富栄養化防止条例）	オランダのワーゲニンゲン大学Lettingaら UASB法を報告
1981	真空式下水道の導入 鋼板製高効率ターボブロワの採用	第1回下水道展	第二種流域下水道の創設	
1982	POD（プレハブ式オキシデーションディッチ法）開発 単段式循環変法（湖南中部）	第1回日独排水及びスラッジ処理についてのワークショップ	湖沼の窒素およびリンに係る環境基準設定	
1983	嫌気無酸素好気活性汚泥法（霞ヶ浦浄化センター）			
1984	移動床型砂ろ過設備（野火止用水清流復活事業/多摩川上流処理場） 回分式活性汚泥法（舞鶴市、日本下水道事業団） 間接加熱乾燥＋流動焼却システム（横浜市南部汚泥処理センター）		湖沼水質保全特別措置法	
1985	高効率高脱水型ベルトプレス脱水機の開発 東京都落合処理場へ全量砂ろ過処理導入	バイオフォーカスWT/バイオテクノロジーを活用した排水処理システムの開発（85～89）		

年代	社会背景	学会・関連分野の動き	法律・行政	外国の動き
1986	紫外線消毒の採用（80年代後半） 水中エアレータ採用嫌気好気法			
1987	汚泥溶融システム（旋回溶融炉／千葉市） 生物脱臭設備稼働（横浜市南部汚泥処理センター）		民間開発技術審査証明制度（日本下水道事業団）開始	ＩＷＡ活性汚泥モデル（ＡＳＭ１）発表
1988	POD施設稼動（群馬県中之条町） バイオフォーカス大規模実験開始			
1989	水中エアレータ採用嫌気好気法			
1990	大深度地下雨水貯留技術検討（建設省）	第1回日米下水道に関するワークショップ		
1991	ASRT制御による標準活性汚泥法設計方法見直し			
1992	フレックスプラン施設（POD／花巻市）		下水道新技術推進機構発足	
1993	雨水排水ポンプガスタービン（新潟市）		特定下水道施設共同整備事業（スクラム）の創設	
1994	固定化担体法施設（福岡県宗像市）			
1995	生下水を利用した地域冷暖房実用化（東京都後楽地区）		下水道地震対策技術調査検討委員会第1次提言（96年最終提言） 汚水処理施設共同整備事業（MICS）創設	オランダデルフト工科大学「アナモックス反応」の論文発表
1996	好気性ろ床法の採用（90年代後半） オゾン・生物活性炭法（滋賀県湖南中部） 溶融石材化設備（京都市鳥羽処理場）		下水道法改正（汚泥の適正な処理・有効利用，光ファイバーの設置可など）	
1997	超微細散気装置実証試験（標津町下水道管理センター）			
1998	膜分離活性汚泥法実用化実験開始（埼玉県中川終末処理場）		日本下水道光ファイバー技術協会発足	
1999	循環流動炉（岐阜市北部プラント，横須賀市下町処理場）	第1回日米水道水質管理及び下水道技術に関する専門家会議		
2000	超微細気泡散気装置（瑞浪市） 回転加圧脱水機（取手市戸頭終末処理場） 歌登町下水道ディスポーザ社会実験		新下水道技術五カ年計画策定	

年代	社会背景	学会・関連分野の動き	法律・行政	外国の動き
2001	ＮaS電池システム（東京都葛西処理場，南多摩処理場）環境ホルモン平成10～12年調査。下水処理過程での除去が確認と国交省発表	国土技術総合研究所発足 土木研究所発足 下水道技術会議発足	国土交通省発足	
2002	高速ろ過設備（合流改善，東京都芝浦処理場）ベルト型ろ過濃縮機（熊本県荒尾市）	下水道技術開発プロジェクト（SPIRIT21）/合流式下水道の改善対策に関わる技術（～04）	バイオマス・ニッポン総合戦略閣議決定	
2003	雨天時越流水消毒設備の採用（臭素系消毒）			
2004	ＰＦＩによる常用発電事業（森ヶ崎水再生センター）		特定都市河川浸水被害対策法施行	
2005	膜分離活性汚泥法（兵庫県福崎浄化センター）マイクログリッド実証研究（八戸市）	SPIRIT21（合流改善）24技術全てが実用化 SPIRIT21/下水汚泥資源化・先端技術誘導プロジェクト（ロータスプロジェクト）下水処理水の再利用水質基準等マニュアル	下水道法改正（「高度処理共同負担制度」の創設など）下水道ビジョン2100（下水道から循環のみちへ100年の計）	

3.1 下水処理技術の歴史と展望

3.1.1 下水道の役割の発展

日本では約100年前の明治時代に都市への人口と産業の集中が始まるとともに，都市住環境の悪化が始まり，コレラやペスト等の水系感染症の流行が見られる事態となった。そのため，1884年，東京市神田において初めて近代下水道が供用開始された。1900年には，土地の清潔を保つことを目的とした旧『下水道法』が定められたが，下水道の整備に着手した都市は大都市に限られていた。低地の汚水，雨水の排除による衛生状態の改善を主な目的に始まった日本の近代下水道の整備は，欧米先進国と比べるときわめて遅いスタートであった。1922年に一部の大都市で下水処理が始まったものの，下水道は，浸水対策と都市の衛生施設として，先見的視点を持ち，財政力がある限られた都市でのみ事業が実施されていたにすぎない。

昭和に入ると，下水道事業に着手した都市もしだいに増え，1940年には約50に達した。当時，都市への人口集中とともにし尿の農地還元が困難となりつつあった。また，都市河川の汚濁が進んできたことから，下水処理場を次々と建設し，供用を始めた時代でもあった。しかし，まもなく戦争のため，下水道の建設は中断をせざるを得ない状況となっていく。

戦後，1948年，戦災復興を目的に下水道も再び建設がなされるようになったが，日本の経済成長に伴う人口増加に対応する重点は，水資源の確保に行き，下水道事業は国家的な重点事業とはならなかった。1958年，『下水道法』が抜本的に改正され，「都市環境の改善を図り，もって都市の健全な発達と公衆衛生の向上に寄与する」ことを目的に，合流式下水道を前提とした都市内の浸水防除，環境整備に重点が置かれるようになる。

1960年代は経済の高度成長の歪により，水質汚濁問題が顕在化してきた時代であった。このため，公共用水域へ放流される工場排水の規制とともに，重要な水質保全対策として下水道が位置付けられ，その整備を緊急に行うことが重要な国家政策となり，1963年に第1次下水道整備5カ年計画が策定された。それ以降，都市において下水道は不可欠な都市施設として位置付けられ，本格的な建設の時代に入った。さらに1970年には『下水道法』の目的に，公共用水域

の水質保全が加えられ，下水道は排除された下水の処理を必ず行うことが義務付けられるようになる．同時に，放流先の公共用水域の水質保全を達成するため，必要な下水道の整備量とそれに必要な処理水質を流域単位に計画する流域別下水道整備総合計画がつくられるようになり，都市・農村を問わず計画的な下水道整備が推進されてきた．この結果，流域の視点から効率的な下水道整備を図るため，市町村をまたがって都道府県が設置する流域下水道も着手された．

その後，下水道の普及とともに発生量が増加してきている下水汚泥の処理等の課題にも直面している．これは同時に下水道が集める資源やエネルギーの大きさを示している．下水汚泥の有効利用が可能であることから，1996年には下水道に期待される役割として，汚泥の処理・有効利用が『下水道法』に位置付けられた．同時に，都市内に広く張り巡られた下水道の管渠を有効に利用しようと光ファイバの設置が可能となるように『下水道法』が改正された．

これまで，BODやSSに関する事業場排水の規制や下水道の整備，さらに合併浄化槽の普及や河川事業者の水質保全対策等によって全国の河川水質はしだいに改善してきた．全国の河川のBODは，環境基準の達成率が90%にもなったが，東京湾，伊勢湾，大阪湾や湖沼などでの水質改善は，依然進んでいない状況である．その主な理由は，水域において植物性プランクトンの光合成による有機物の生産が減っていないためである．このような水域では，流域からの窒素およびリンの排出が大きな割合を占めている場合が多く，水質保全のため有機物の削減とともに窒素やリンについて下水処理水質を一層改善することが求められている．2005年6月，窒素およびリンの削減を図る高度処理を推進するための『下水道法』の改正が行われた．この結果，下水道として窒素およびリンの削減を行うために負荷量の目標を設定し，それを達成するための下水処理場の高度処理を位置付けた．

さらに京都議定書が2005年に発効したことなどから，地球温暖化対策を下水道事業としても積極的にとる必要も生じている．社会的背景の変化に合わせて，下水道の役割は図-3.1に示すように歴史的に拡大してきた．今後も，資源循環や創エネルギーの核としてなど役割を発展させることが期待される．

3.1.2 下水処理技術の歴史
(1) 下水処理施設

欧米と異なり，明治の日本においてはし尿は有効な資源であり，下水道にし尿を投入することは考えられていなかった。1889年，バルトンを主任とする東京市下水設計第一報告書での計画においては，河川の水質対策を考慮して処理する計画としていた。しかし，この計画はただちに実施されることはなく，中島鋭治による『東京市下水設計』が認可を得た1911年，三河島汚水処分工場は，セプチックタンクと接触ろ過床が計画された。

大正の初めには大都市の都市河川の汚濁が目立つようになってきた。また，肥料として利用されてきたし尿は，大正初めまでは近郊の農地で消費されてきたが，大正の中期になると，大都市では人口の増大と農地の減少，化学肥料の普及によって，し尿の農業利用という需給がアンバランスとなってきていた。このため，市営汲取りが開始されるとともに，収集されたし尿の処分法が課題となってきた。これらのことがし尿の水洗化や収集した下水を処理するという新たな技術段階へ進めることになった。

日本において最初に下水処理が行われたのは，1922年，東京市三河島汚水処分工場であった。当時，欧米諸都市で多く使われていた散水ろ床法が結局用い

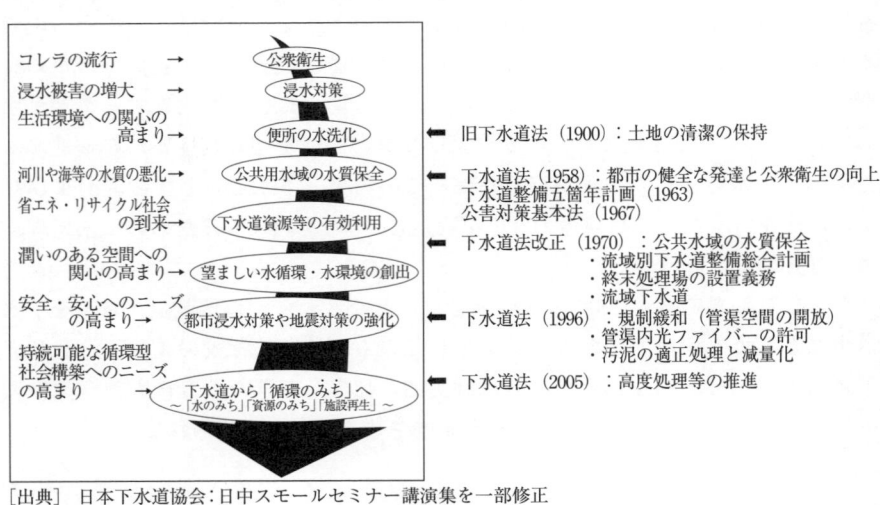

［出典］ 日本下水道協会：日中スモールセミナー講演集を一部修正

図-3.1 下水道の役割の拡大 [1]

られた。この下水処理の導入の成果は，下水道を始めていた他の諸都市や学界等に強い影響を与え，下水処理への関心を急速に呼ぶようになった。

　1914年，イギリスで研究開発された活性汚泥法は，1916年頃から英米で実用化され始めていた。この新たな処理技術はいち早く日本でも導入が検討されるようになり，名古屋市，大阪市，東京市が大学関係者の指導のもとに活性汚泥の実験を始めた。1930年には，名古屋市堀留処理場と熱田下水処理場で，散気式活性汚泥法が日本で初めて導入された。その後，1933年には，名古屋市露橋で簡易処理，1936年には散気式活性汚泥法が，1934年には京都市吉祥院処理場で散気式活性汚泥法，1935年には豊橋市野田処理場で機械式活性汚泥法が，1936年には和歌山県高野町でインホフタンクが，1937年に岐阜市中部処理場，東京市芝浦処理場，1938年に京都市鳥羽処理場，1940年に大阪市津守および海老江処理場で活性汚泥法が導入されるなど，活性汚泥を中心とした下水処理の導入が続いていった。しかし，戦時色濃厚となるとともに，資材・労力の不足のため，処理場建設が滞ることとなった。しかし同時に，1935年には下水試験法，1938年には放流下水の水質基準が定められるようになり，ようやく下水道の管理の重要性が認識されるようになってきた。

　戦災復旧，復興事業として福井市，東京都，横浜市，名古屋市，岐阜市，三条市，能代市等で下水道建設が始まった。1950年頃から，工場の肥料生産が急速に拡大していき，反対にし尿の農村還元が減衰してきたため，都市におけるし尿処分問題が深刻さを増してきた。下水道へのし尿投入が増えてきたため，東京都，大阪市，名古屋市ではし尿投入による過負荷が下水処理水質に及ぼす問題が出始めた。また，戦時中も継続していた欧米での下水処理等の研究開発から，活性汚泥法の変法が研究されてきた。このため，東京都，岐阜市，神戸市，京都市，横浜市，大阪市，静岡市等では，ステップエアレーション法，ハイレートフィルトレーション法，高速エアレーション法，モデファイドエアレーション法等の活性汚泥法や散水ろ床法の改良の検討が行われ始めた。

　経済成長期には，経済性，効率性を目的として，活性汚泥法の各種変法や，散水ろ床法での高速散水ろ床法が研究開発され，実用化されるようになってきた。活性汚泥法の変法は，エアレーションの短縮化を狙って1959年に東京都芝浦処理場や岐阜市中部処理場で，また高速エアレーション沈殿池法は，1965年に川口市領家下水処理場で稼動した。コンタクトスタビライゼーション法は，

3　下水道工学発展の歴史

　1966年に奈良市富雄処理場，岡山市高島浄化センターに，モデファイドエアレーション法は，1962年に大阪市津守処理場に初めて導入された。しかし，1970年代になると水質汚濁への関心の高まりから，高負荷型で処理水質の劣る生物処理である中級処理の高速エアレーション沈殿法や高速散水ろ床法の採用は大幅に減り，処理水質の良い高級処理である標準活性汚泥法が増えてきた。汚泥管理が比較的容易で余剰汚泥発生を極力抑制することを目的に，長時間エアレーション法が1964年に神戸市多聞処理場に採用されるなど，住宅団地等の小規模な処理場へ適用された。一方，広い用地が確保できる場所での小規模下水処理場向けには，オキデーションディッチ（OD）法が1966年に日光市湯元下水処理場に初めて導入されたが，その当時は有機物を対象とした下水処理であった。

　エアレーションの代わりに純酸素を用いて酸素移動速度を増大させる純酸素活性汚泥法は，1972年に大分市春日処理場で初めて採用され，その後，大都市の一部の処理場で採用されている。また，1971年には用地面積を節約するために深槽式エアレーション法が実験的に採用されている。

　経済安定期である1975年頃になると，大都市部では土地価格の上昇や用地確保の困難さから用地の有効利用を図るため，エアレーションタンクの深槽化や沈殿池の複層化が行われるようになった。また，酸素活性汚泥法を用いた下水処理場も複数採用されるようになった。エアレーションタンクの深さを100m程度とした超深槽式エアレーション法も開発されたが，採用は限られている。

　下水道の普及が都市部だけでなく，農村地域等の小規模な市町村でも必要となり，1976年，特定環境保全公共下水道制度が発足した。当時，標準活性汚泥法が大都市を中心に採用されていたが，処理水道管理面で重要である適正な汚泥の引抜きや沈殿性の良好な活性汚泥管理に地方では十分対応できないこと，また発生する汚泥が比較的多いことなどから小規模下水道に対応する下水処理技術の開発が重要となっていた。

　この中でまず開発導入が始まったのは，回転生物接触法であった。この方法は，生物膜法であり，汚泥の返送が不要で，処理対象下水に半分ほど浸漬する円盤を回転させることで生物膜に酸素を供給するというシステムである。1979年に日本で初めて山形市流通センター終末処理場で供用し，その後，野沢温泉村，永平寺町等で採用された。一方，OD法は，1970年代後半，効率的な操

作・設計法と窒素除去をも目的として建設省土木研究所や日本下水道事業団（JS）等で調査研究が行われた。JSで1985年度に技術評価が行われ，その後，小規模下水道への本格的な導入が進んでいった。とくに小規模向けにシステムのパッケージ化と部材のプレハブ化を行ったプレハブ式OD法（POD）は，1987年度にJSが開発・技術評価したものである。また，一つの反応タンクで下水の生物処理を行い，その後，汚泥を静置して沈殿させ，上澄み液を排出する方法である回分式活性汚泥法もJSにより調査・評価が行われ，1988年度に技術評価が行われた後，普及が図られている。さらに，生物膜法である好気性ろ床法は1980年代にJSを中心に開発・評価され，小規模処理場に導入された。生物ろ過法は無酸素法にも採用され，有機物とSSのみならず，窒素除去技術としても開発されている[2]。

小規模下水処理場に導入され始めた最も新しい処理法として，最終沈殿池の代わりに中空糸膜等を用いて活性汚泥と処理水を分離する膜分離活性汚泥法も出てきた。活性汚泥が処理系から流出することがなく，最終沈殿池が不要であり，活性汚泥が系内に滞留する時間が伸ばせるなどの特徴がある。

(2) 高度処理

処理水の放流水域の水質環境基準の達成維持，閉鎖性水域の富栄養化防止，処理水の再利用，放流水域の利水対応等のため，二次処理水の水質以上のものが求められるようになった。これに応えるものが高度処理で，標準活性汚泥法に代表される生物学的な二次処理以上に処理水質を改善し，二次処理で対象としていない水質項目にも対応できる処理方法である。

日本へ高度処理技術が初めて本格的に持ち込まれたのは，1971年から始められた日米下水処理技術委員会からである。1950年代末に米国の研究者が高度処理の研究を始め，また1960年代にはタホ湖での高度処理が始まった時期に符合する。当時，建設省土木研究所を中心に研究開発が進められ，1971年に横須賀市下町下水処理場に，翌年には京都市鳥羽下水処理場に，さらに1975年には名古屋市西山処理場にパイロットプラントが設置され，高度処理の実験が行われた。1971年には大津市大津処理場の下水を対象に京都大学水質汚濁制御シミュレーション設備でパイロットプラントスケールの実験が開始され，少し遅れた1975年には，日本下水道事業団（JS）が同処理場にパイロットプラントを設置

し，同じく高度処理のパイロットスケールの実験が行われた。これらの実験は1980年頃まで行われ，凝集沈殿法，急速ろ過法，オゾン処理法，活性炭吸着法，不連続点塩素注入法，イオン交換法，アンモニアストリッピング法，凝集剤添加活性汚泥法，晶析脱リン法，逆浸透法，電気透析法等のさまざまな物理化学的処理法の実験が行われていた。これらの結果は，国，地方公共団体等からなる三次処理技術開発協力会議（後の高度処理会議）をもとに情報の普及と共有化が図られるとともに，民間企業へも技術開発が波及する基盤がつくられた。

これらの先端的な物理化学処理を中心とした高度処理の開発にも拘わらず，下水道の普及は当時まだ不十分であり，また高度処理に必要なエネルギーや資源投入は直ぐには進まず現場への導入は遅れた。

最初に高度処理が導入された処理場としては，1976年，東京都南多摩下水処理場での凝集沈殿・急速砂ろ過が初めてであった。続いて，1978年には茨城県利根浄化センターでも凝集沈殿・急速砂ろ過が導入された。これらは，主に河川の環境基準達成や水道水源の保全を目的とした高度処理であった。1979年には茨城県霞ヶ浦浄化センターで凝集剤添加活性汚泥法が，さらに同年に大阪市平野処理場に，1980年に千葉県手賀沼処理場に急速濾過法が導入された。これらはいずれも有機物や浮遊物の除去を主な目的としたものであった。

1979年，東京湾，伊勢湾，瀬戸内海の水質汚濁物負荷総量規制と負荷削減計画が実施され，また1980年，滋賀県の『富栄養化防止条例』の制定によってようやく本格的な窒素・リン除去を目指した高度処理施設の建設と処理方法の研究開発が本格化した。また1982年，湖沼を対象に窒素およびリンの環境基準の追加が行われ，その後，湖沼に排出される排水についても窒素およびリンの規制を行う『水質汚濁防止法』の改正が行われた。さらに，1984年には『湖沼水質保全特別措置法』が成立し，指定湖沼での下水道整備と高度処理の導入による水質保全が本格化し始めた。これに対応するため，建設省土木研究所やJS，大学や公共団体等は，1970年代から生物学的な窒素除去の研究を行っていた。とくにJSは滋賀県とともに下水に含まれる有機物を利用する循環式硝化脱窒法を開発し，1982年から滋賀県湖南中部浄化センターで凝集剤添加循環式硝化脱窒法を供用開始させている。また，内生脱窒を行わせ，さらに窒素除去を進める研究も並行して行われ，現在ではいくつかの下水処理場で実用化されている。一層の窒素除去を行うための超高度処理法として，循環式硝化脱窒法を2〜3

段繰り返すステップ多段硝化脱窒法も開発され，JSから2002年度技術評価が出ており，琵琶湖湖南中部下水処理場等で導入されている。

1970年代，アメリカと南アフリカで見出された嫌気的条件下と引き続く好気的条件下での活性汚泥のリンの過剰摂取の現象を利用した嫌気好気法による生物学的リン除去の技術開発は，日本ではやや遅れた1980年頃から本格化し，JSからも1988年度に技術評価が行われている。この結果，嫌気好気法による生物学的リン除去が行われると同時に，循環式硝化脱窒法と組み合わせた嫌気・無酸素・好気法（A2O法）の採用も増えてきている。

1985年度から5年間，建設省が「バイオテクノロジーを活用した新排水処理システム」と題して，建設技術研究開発経費（総プロ）による大規模な下水処理技術開発プロジェクトが行われた[3), 4)]。この中の研究課題として，固定化担体を用いた下水処理の効率化が建設省土木研究所，JSおよび民間によって開発されている。その中で，比較的増殖速度が遅い硝化細菌を有機質の担体に高濃度で固定化することで処理時間を短縮し，槽容積を縮小化できる窒素除去技術が開発され，1990年度に初めて大阪北東エースセンターに導入されている。

また，高度処理を推進するため，2003年に『下水道法施行令』が改正され，高度処理が下水処理場の放流水質基準として初めて位置付けられた。2003年度末現在，全国で1 845箇所の下水処理場が稼働しているが，これらのうち255箇所の下水処理場でしか高度処理が行われておらず，2003年度末の高度処理人口は約1 548万人で，高度処理人口普及率はわずかに12.2%である。再利用目的を含め，今後一層，高度処理が導入されるように研究開発をさらに進める必要がある。

以上述べことを含め，下水処理法のうち簡易処理，中級処理，高級処理，さらに高度処理の適用されてきた下水処理場数の変遷を図-3.2に，またそれぞれの下水

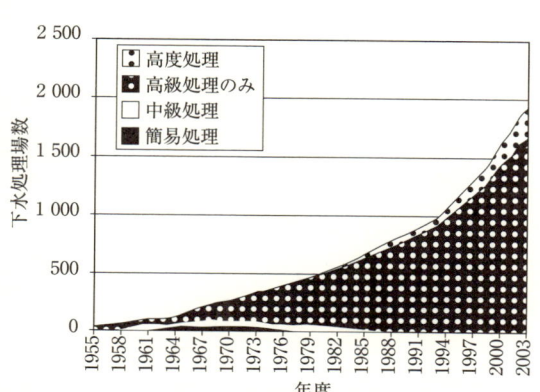

図-3.2 全国下水処理場の処理レベルの変遷［文献4）および5）をもとに作図］

3 下水道工学発展の歴史

処理方法の変遷を**図-3.3**に示した。

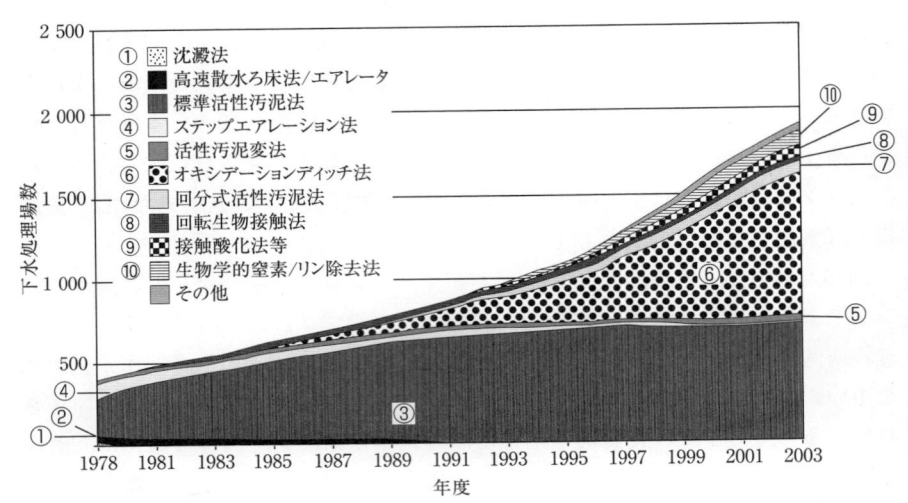

図-3.3 下水処理場の処理方式の変遷［文献 4), 6) をもとに作図。複数の処理方式を持つ処理場では最大の流量の方式で分類］
⑤には酸素活性汚泥法，長期間エアレーション法，モデファイドエアレーション法，コンタクトスタビリゼーション法を含む。⑨には接触酸化法，好気性ろ床法，嫌気性ろ床法を含む。⑩には好気嫌気活性汚泥法，嫌気無酸素好気法，硝化内生脱窒法を含む。

(3) 汚泥処理

欧米で余剰汚泥の処分が問題となってきたのは，汚泥発生量の多い活性汚泥法が実用化されてからであり，まず汚泥消化タンクの研究が始められていた。日本で初めて設置された東京市三河島汚水処分工場では，散水ろ床から発生した汚泥は，汚泥運搬船で東京湾に投棄されていた。しかし，活性汚泥法を初めて導入した名古屋市では，天白汚泥処理場が建設され，市内の複数の処理場から圧送された余剰汚泥が処理されていた。天日乾燥法が主に用いられたが，雨天や夏季以外の効率低下に備え，汚泥消化法も併用されたとされている。さらに火力乾燥させて，肥料として戦前から広く販売されていた。その後，活性汚泥法が建設された豊橋市，岐阜市，京都市の下水処理場でも，名古屋市と同じく天日乾燥床と汚泥消化タンクとがつくられた。天日乾燥床は，砂，細砂利，

粗砂利からなり、多くの消化タンクは覆蓋のある円形で、機械撹拌の加温型だったようである。機械脱水が最初に導入されたのも名古屋市熱田処理場で、オリバー型真空ろ過機が冬季等の補助を目的に実機として設置されている。発生した消化ガスは、温水加熱用の熱源として使われ、京都市や岐阜市では、さらに、戦時中は自動車燃料として利用されるなど、現在と同じく重要なエネルギー資源として注目されていた。

戦後も、汚泥処理は、主に嫌気性消化の後、天日乾燥を行う方法が主流で、消化温度30℃で30日間消化を行う標準嫌気性消化が主に使われてた。しかし、貯留日数が長く、大きな容量が必要であるため、消化の効率化が行われるようになった。30～37℃に維持する中温消化による消化日数の短縮化が図れるようになったのも経済成長期にかけてである。しかし、好気性消化は1950年代後半から1960年代初めに小規模な住宅団地の汚水処理場で採用される程度であった。

現在、消化ガス（バイオガス）は、資源エネルギーの有効利用にとどまらず、地球温暖化対策としての視点からもきわめて重要な技術となってきている。ボイラの燃料やガス発電に用いて下水処理場内の電力等として再利用される。再生可能な資源として、地球温暖化対策の視点からも注目されている。

下水汚泥を重力濃縮する試みは古くから行われていたが、1960年代後半になって汚泥が浮上し濃縮汚泥が得られないとする問題点が指摘されはじめた。このため、余剰汚泥を分離濃縮や機械濃縮することが行われ始められた。パイロット実験の結果から、初めて浮上濃縮が導入され始めたのは、1964年の名古屋市山崎処理場と岐阜市中部処理場からである。1970年代以降、分流式下水道の普及や食生活の変化等から有機物を多く含む汚泥の濃縮を一層改善する必要が出てきたことで、加圧方式への変更や常圧濃縮の開発等の現在へと開発が続いている。一方、遠心濃縮機は1960年代後半から開発が行われるようになり、1976年、埼玉県荒川左岸流域下水道荒川処理センターで導入され、その後も導入が続いている。

脱水法としては、1950年代後半から導入され始めた真空ろ過法のほか、含水率のさらに低い加圧ろ過も1966年に堺市三宝処理場に実機が設置された。遠心脱水機は、神戸市において1958年に実験が行われ、その後、下水汚泥への改良が行われ、実機導入が進んでいった。1970年代後半には脱水助剤としてポリマーを用いるベルトプレス脱水機の日本への導入改良が始まった。1973年、茂原

3 下水道工学発展の歴史

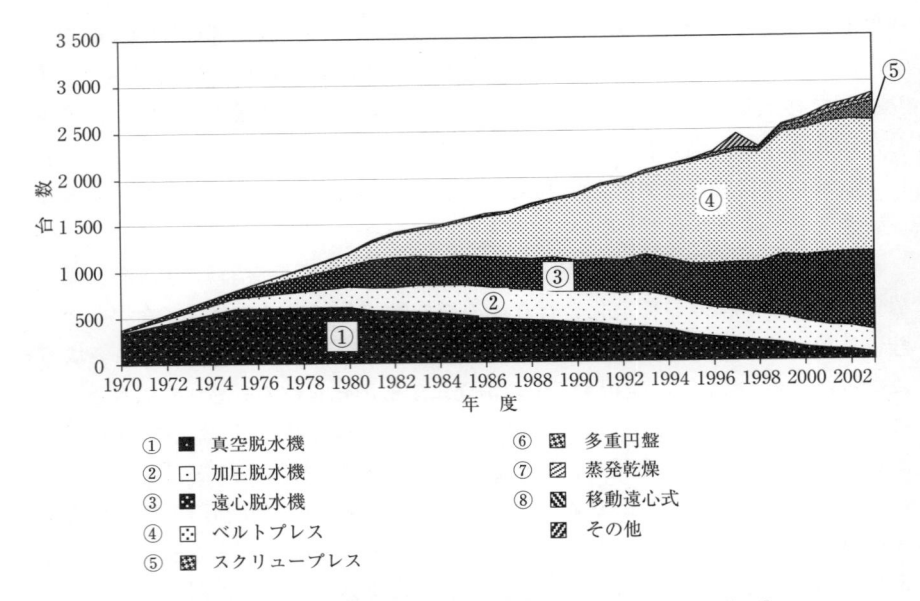

```
     3 500
     3 000                                                                    ⑤
     2 500
  台  2 000                                                        ④
  数  1 500
     1 000                              ③
      500              ①          ②
        0
         1970 1972 1974 1976 1978 1980 1982 1984 1986 1988 1990 1992 1994 1996 1998 2000 2002
                                         年　度
```

① ■ 真空脱水機　　　⑥ ▦ 多重円盤
② ▫ 加圧脱水機　　　⑦ ▨ 蒸発乾燥
③ ▦ 遠心脱水機　　　⑧ ▨ 移動遠心式
④ ▦ ベルトプレス　　　▨ その他
⑤ ▦ スクリュープレス

図-3.4 形式別脱水機の設置台数の変遷［文献5)をもとに作図］

市川中島処理場に導入されて以来，現在まで最も多く導入されている脱水機となっている．また，スクリュープレス脱水機も1978年に久留米市津福処理場で初めて導入されている．また，小規模下水道で最も採用数の多いOD法等の汚泥を主に反応タンクから直接引き抜くことを想定した多重板型スクリュープレス脱水機も開発され，主に小規模下水道に導入されてきている．この装置では，汚泥スクリーン，調質装置，脱水機本体等が一体化し，自動車に乗せて移動脱水車とすることもできる．さらに上段下段に薄い円板ろ体を多数並べ，回転させることでろ体間を汚泥が通過することで脱水を行う多重円板型脱水機も開発されている．これら脱水機の変遷を図-3.4に示す．

1960年代には，汚泥の農業利用が減少するとともに，汚泥処分用地の確保も困難になってきた．さらに環境面から下水汚泥の海洋処分も困難になり，大都市を中心として，最終処分する下水汚泥の減少，処分汚泥の質の安定化や無害化を目的とした焼却法が採用されることとなっていった．

日本の最初の下水汚泥焼却は，1962年，川崎市入江崎処理場での気流乾燥床が初めてであった．炉内で破砕した脱水汚泥を熱風の排気で乾燥させながら焼

3.1 下水処理技術の歴史と展望

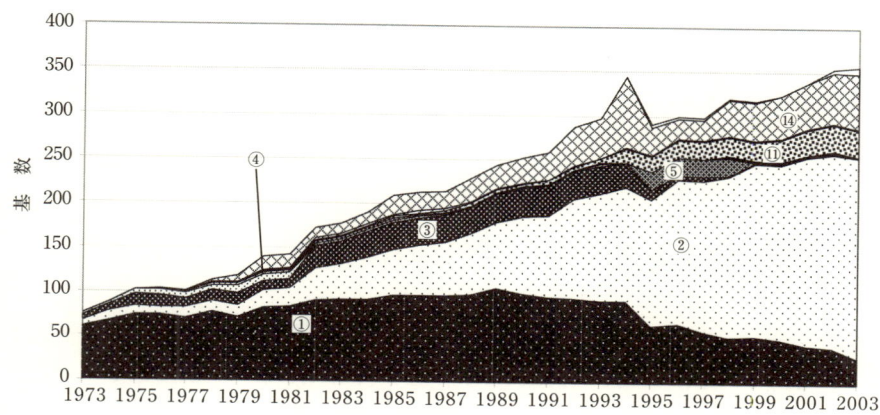

図-3.5 下水汚泥焼却炉形式別設置基数の変遷［文献 5)をもとに作図。1991 年以降は処理数で表示］

① 多段焼却炉
② 流動焼却炉
③ 回転乾燥焼却炉
④ 階段式移動床焼却炉
⑤ 階段式ストーカ炉
⑥ 乾留炉
⑦ 旋回流式回転燃焼炉
⑧ 回転炉床焼却炉
⑨ 円形炉床式
⑩ 無砂式流動床焼却炉
⑪ 溶融炉
⑫ 蒸発乾燥設備
⑬ 湿式酸化装置
⑭ 乾燥機・その他
　 その他の焼却炉

却するものであった。また 1964 年には，多段焼却炉が一宮市東部処理場や名古屋市山崎処理場で導入され，1960 年代後半の主流となった。流動床炉は，1966 年，仙台市南蒲生処理場で実験が行われ，1970 年，富田林市金剛処理場で実機導入が行われた。その後，二次公害防止や維持管理面で主役となっていく。このほか，1965 年に川崎市に回転乾燥焼却炉（ロータリーキルーン）が，また 1968 年，横浜市に汚泥と空気の混合物を加熱し，有機物酸化させる湿式酸化法が導入されたが，いずれも焼却の主流とはならなかった。

汚泥溶融は，下水汚泥の埋立地の確保がきわめて困難な場合や汚泥焼却による減量化でも対応が難しい大都市や下水汚泥広域処理事業等の大量の下水汚泥を処理する場合に導入されている技術である。汚泥溶融によって，焼却よりも減容化，安定化を一層進め，有効利用を一層進めることが可能となる。汚泥溶融炉は，コークスベッド溶融炉，旋回溶融炉，表面溶融炉，スラグバス溶融炉

等が稼動中である。焼却炉の形式の変化を図-3.5 に示す。
　汚泥炭化炉は，下水汚泥を蒸し焼きにすることで，木炭に似た炭化汚泥を生成する汚泥処理技術で，汚泥の有効利用を一層進める技術として採用が始まっている。

3.2　今後の下水道技術の展望

　都市の静脈である下水道は，日本においては20世紀後半から普及が本格化し，すでに2004年度末で国民の68.1%が下水道を利用できるレベルに達している[7]。これは，水洗化を求める国民の声を背景に国・地方公共団体が連携し，また研究機関や民間企業が技術開発を進めてきたことや，下水道が都市施設とともに水質保全施設として位置付けられてきたことが大きな理由である。この結果，すでに地球を9周する下水道管が布設され，全国で変動の少ない毎秒418m^{3}もの見えない大河が都市の静脈を流れている[8]。地域の健全な水循環の核となることが期待されている所以である。日々生まれる膨大な下水汚泥は，廃棄物の視点から資源・エネルギーの貴重な回収ルートとしての役割を果たし始めている。さらに地球環境問題への対応も新たに求められ，循環可能な炭素源としても期待されている。

　一方で，これまでの下水道の限界も見え始めている。下水道の普及にもかかわらず，東京湾，伊勢湾および瀬戸内海や湖沼等の閉鎖性水域の水質改善は遅れており，エストロゲンや医薬品等の未規制の新規汚染物質が都市の水環境からも検出されていることから，下水道の一層の高度処理化の加速と技術開発の必要性が高まっている。また，雨天時における合流式下水道からの越流水は，都市の沿岸域の重大な汚染源として認識されている。頻発する都市水害の防除も焦点となっている。

　下水道は，ユーザへの利便性を与える重要な都市施設でもある。水洗化がほぼ普及した現在においては，より快適で高規格な下水への希求も始まっている。福祉に富んだ下水道，資源・エネルギー回収型下水道，都市の水資源を生み出す下水道等の視点が重要となってきている。また，下水処理の集中化と分散化のコンビネーションも考えていく必要がある。

3.2 今後の下水道技術の展望

以下，これらについての社会的動きや展望について述べる。

3.2.1 『下水道施行令』の改正

2003年に『下水道法施行令』が改正された。この中で，技術的なことに係わる改正点は，水処理の高度化と合流式下水道での雨天時放流の改善である。

(1) 水処理の高度化

公共水域の水質保全の観点からすると，放流先水域の条件に応じて処理に要求される水質レベルは異なる。このため，『下水道法施行令』が改正され，下水道の事業計画の中に要求されるBOD，全窒素および全リンの3項目の処理水質の最大値を「計画放流水質」として位置付け，これを満足する処理施設をつくこととなった。すなわち，放流水の水量および下水の放流先の河川その他の公共の水域または海域の水量と水質を勘案し，放流が許容されるとして科学的な方法を用いて算出した数値を計画放流水質として満たさなければならないとしている（**図-3.6**参照）。ただし，算定した数値が**表-3.1**に示した数値を超える場合は，**表-3.1**の数値を計画放流水質としなければならないことが規定されている。そして，計画放流水質として16通りの区分が例示として規定されている（**表-3.2**参照）。

この改正により，より水質保全に寄与するように下水処理がなされなければならないとともに，水域に応じたより高度の処理レベルが要求されるようになった。このことから，多様な高度処理技術の開発・適用が期待さ

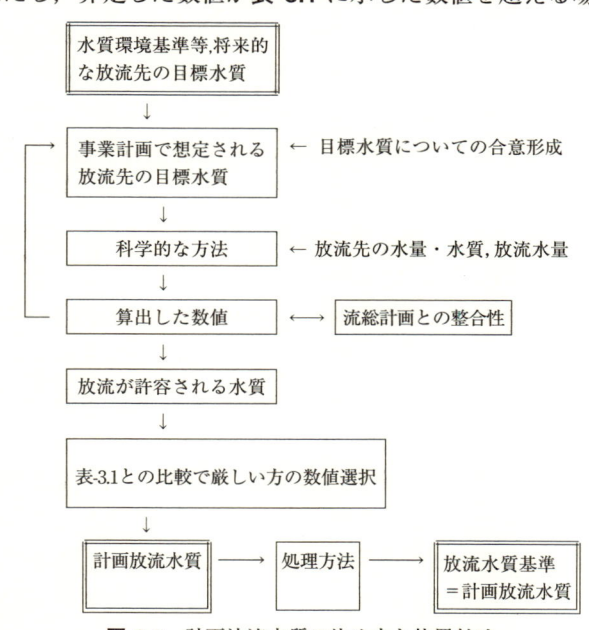

図-3.6 計画法流水質の決め方と位置付け

表-3.1 最低限の計画放流水質

項目	BOD₅	T-N	T-P
基準濃度	15mg/L 以下	20mg/L 以下	3mg/L 以下

表-3.2 処理区分の例示における処理方法と処理レベル

(mg/L)

項目　　処理方法	BOD₅ ベース処理法	BOD₅ 急速ろ過	T-N ベース処理法	T-N 有機物添加	T-P ベース処理法	T-P 凝集剤添加	T-P 凝集剤+ろ過
標準活性汚泥法	15	10	−	−	−	−	−
嫌気好気式活性汚泥法	15	10	−	−	3	1	0.5
循環式硝化脱窒法	15	10	20	10	−	3	1
嫌気無酸素好気法	15	10	20	10	3	1	0.5

れる。従来の高度処理を基本とした高効率・安定的処理変法，生物膜ろ過反応器や生物膜・砂ろ過等の効率的な仕上げ処理装置の開発等がなされつつある。

(2) 合流式下水道での雨天時放流の改善

合流式下水道で，雨天時に雨水吐き口から放流される負荷率を低減させるための措置が規定され，このための改善技術と対策が希求されている。このための技術開発が進められ，これらの技術が順次適用されようとしている。また，さらなる技術開発も求められている。これらの技術では，遮集管吐き口からの下水対応技術と処理場での簡易処理放流対応技術に分けられる。また，汚濁物除去技術と消毒技術がある。

技術の例として，下水道新技術推進機構で技術評価がなされた以下のような技術（2005 年 4 月）がある[9]。すなわち，

① 雨天時に排出される下水中の景観上不快な夾雑物（5.6mm 以上を対象）の 60 ～ 100%を除去しうる夾雑物除去スクリーン

② 汚濁物質除去性能として SS 除去率 30%以上で夾雑物および BOD を除去しうる高速ろ過

③ 汚濁物質除去性能として，BOD で 68.4%，COD で 55%，SS で 80%，総窒素で 15%および総リンで 80%以上を除去しうる凝集分離

④ 消毒に要する時間が従来の 1/3（5 分）以下で，大腸菌群数を基準値（3 000 個/cm³）以下とし，生物影響は従来技術（塩素消毒）以下である消毒

⑤ SS，COD，大腸菌群の測定を自動的，連続的にかつ短時間で正確に測定

しうる計測制御の技術が開発されている。また，大阪市では，雨天時に処理場に流入する下水のうち最初沈殿（簡易処理）のみで放流していた分も，活性汚泥法の曝気槽の後段に流入させ，ステップ流入法と生物吸着法を活用し高級処理させる技術を開発し，実証している[10]。このように多くの期待される技術が開発されている。

3.2.2 『下水道法』の改正

湾や湖沼等の閉鎖性水域の水質改善が進ないための対処として窒素およびリンの流入負荷を一層削減する措置，集中豪雨や浸水被害の対策，シアン等の有害物質や油の流出事故発生時における措置等の必要性と充実のため，高度処理の積極的な推進，広域的な雨水排除の推進，事故時の措置の義務付けを盛り込んだ『下水道法』の改正が2005年になされた。これにより，高度処理と安全・安心な下水道の促進がなされることとなる。高度処理の積極的な推進では，下水処理場間で協力して必要な窒素およびリンの削減を達成するため，処理コストの安価な処理場での削減をより一層進め，それに必要な費用を別の処理場からから払う排出権取引制度が設けられ，流域全体で高度処理を効率的に推進することとなった。

処理技術の観点からは窒素およびリンを除去する高度処理が積極的に推進されることとなり，指定湖沼での規制に加え，瀬戸内海，東京湾および伊勢湾での窒素およびリンの総量規制の開始とあいまって，効率的・安定的な高度処理技術の展開が期待される。

3.2.3 省エネルギー，資源循環

バイオマスニッポン総合戦略の策定と推進，京都議定書の発効等の社会的背景や『エネルギーの使用の合理化に関する法律』（2002年改定）に規定される第一種エネルギー管理指定工場に指定されることとなったことから，下水道においても省（創）エネルギーと資源循環に取り組まなければならなくなっている。このため，温暖化ガスとしてのNO_2ガスの焼却炉からの発生抑制の努力が続けられるとともに，未利用エネルギーの利用が試みられている。ヒートポンプによる地域冷暖房や下水道管渠の落差を利用した小規模発電も試みられている。また，カーボンニュートラルであるバイオマスとしての下水最初沈殿池汚泥と

余剰汚泥の嫌気性消化によるエネルギー回収が注目され，その高濃度汚泥のメタン発酵や高温メタン発酵等の効率発酵技術，下水汚泥以外の生ごみ等との混合メタン発酵技術，メタン回収の効率化のための前処理技術，発電技術，燃料電池技術等の研究が展開され，一部は実用化されつつある。また，発生する汚泥自体を燃料，活性炭，セメント原料，骨材，磁器原料等に資源化する技術，燐資源や水資源の回収技術等が展開されている。これらは，今後さらに開発が要求される分野である。

これら技術開発の例として，下水道新技術推進機構では，
① 廃棄処分するよりも安いコストで下水汚泥のリサイクルができる技術（スラッジ・ゼロ・ディスチャージ技術）
② 下水汚泥等のバイオマスエネルギーを使って，商用電力価格と同等かそれよりも安いコストで電気エネルギーを生産できる技術（グリーン・スラッジ・エネルギー技術）

の開発がなされている[11]。

また，下水処理に伴って発生する余剰汚泥の処理には多くのエネルギー消費されることから，オゾン処理等による発生汚泥削減技術が開発されつつあり[12)-15)]，また前述のメタン発酵もこの汚泥量削減技術の目的でも展開されている。

しかしながら，個別技術の開発に加えて，省エネルギー・資源循環を見据えたシステムの開発・改善もきわめて重要である。この観点での検討や開発の現状はほとんど進んでおらず，構想や取扱いでの境界を広げての積極的な展開が望まれる。これにより，これを支える新たな技術展開もなされると期待される。

3.2.4 有機性の環境微量汚染物質への対処

水質汚濁に係る環境基準は，人の健康の保護および生活環境の保全のために設定されている。これらに加えて，2004年には，生活環境の保全として，水生生物保全に係る環境基準が設定された。これは従来からの人の利水を考慮した環境基準に加え，生活環境上有用な水生生物およびその餌生物ならびにそれらの生育環境の保護を対象とするという観点から設定されたものである。これにより，水生生物や水域生態系への影響が懸念される汚濁物質の制御が検討されることとなる。このため，人への影響より低レベルでや低影響の物質も検討対象となる。現在，亜鉛が項目として設定されており，また要監視項目としてク

ロロホルム，フェノールおよびホルムアルデヒドがあげられている。

またこの観点からすると，人由来のホルモンを含む内分泌撹乱物質や人由来の薬物の影響も重要となる。

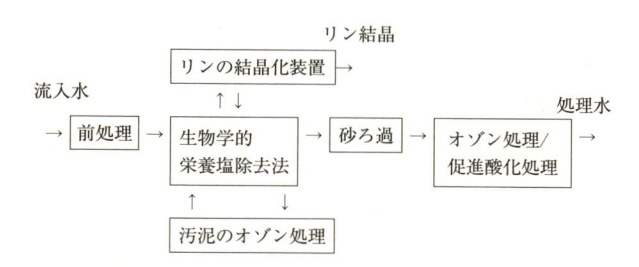

```
                    リン結晶
                      ↑
              リンの結晶化装置 →
                    ↑↓
流入水               ↑↓                           処理水
  → 前処理 → 生物学的 → 砂ろ過 → オゾン処理/ →
            栄養塩除去法           促進酸化処理
                    ↑↓
              汚泥のオゾン処理
```

図-3.7 省エネルギー型廃水処理技術開発技術（2001～2005年）
〔新エネルギー・産業技術総合開発機構（NEDO）〕

これらは，日本でも下水や環境水中で検出されている[16]。また，イギリスのテームズ川等をはじめ，ヨーロッパでも問題視されつつある。

下水中には，これら物質を含むことになり，今後の検討が重要となり，省エネルギーでこれをも除去しうる下水処理技術の開発が重要となる。この技術開発の一例としては，新エネルギー・産業技術総合開発機構（NEDO）の「省エネルギー型廃水処理技術開発」プロジェクトがある[17]。この研究開発は，難分解性物質をも除去しうる従来廃水技術に比し省エネルギー率40%，余剰有機性汚泥の削減率90%，および難分解性有害化学物質の除去率90%の達成を目標にした高濃度オゾンを利用した技術の開発である。その処理技術のフロー概念を図-3.7に示す。この技術は愛知万博2005で実証プラントが稼働され，会期中，日本館のトイレ洗浄水，空調用水および植物散水用水として利用された。この技術の発展と適用が期待されている。

3.2.5 対処型下水道からサービス下水道へ
（高度処理下水道から高規格下水道へ）

以上のように，さらなる水環境保全や災害防止のために種々の施策がなされ，そのための技術開発がなされ，また望まれている。しかしながら，上記いずれにおいても，問題を解決する対処型下水道の発想である。もちろんこれは欠くべからず要件であるが，国民のためにさらなる下水道を模索する時，この基本要件を超えた下水道たるべく発想が重要となる。2004年度末で下水道人口普及率が68.1%に達した現在においては，社会基盤としての下水道の普及は継続しつつ次世代の下水道の模索が望まれる。これには，上記の社会的背景を満たしつ

つ，新たな発想が重要となる。これが基本要件を満たすことは当然として，さらなる高度の要求に応えるサービス下水道であり，高規格下水道である。

この発想は，基本要件を満たすという社会基盤的発想から，さらに国民にサービスを提供しているという，そして基本要件とととともにサービスをも提供するという高規格の下水道である。高規格下水道で，基本要件に加えるべき観点としては，以下のものが考えられる。

① 未知汚染物質や未知病原菌にも対応可能であり，水質保全に安全・安心を加味するものであり，予見的対応可能な下水道であること
② 健全な水循環を支える下水道であり，そのシステムに組み込まれた下水道であること
③ 少子高齢化社会にも対応でき，また福祉の増進に寄与する下水道であること
④ 省（創）エネルギーや資源循環型下水道であり，また持続的発展に寄与するものであること
⑤ 緊急時にも対応可能な下水道であること

などである。

このサービス型下水道（高規格下水道）の実現のためには，国民が価値を認めるものでなければならない。そのためには，上記観点を含め，さらに利便性を感じ，幸福感が増進し新たな希望をふくらましうる具体的ヴィジョン（目標とシステム）を提示する必要がある。このヴィジョン策定では，技術的困難性や現行社会から見た実現困難性は問題としてはいけない。これらは解決されるべき問題である。そしてこのヴィジョン達成のために必要となる技術を開発し適用するという視点が不可欠である。2004年度末の人口普及率が68.1％に達している現在の下水道システムの変革は容易ではなく，長期間を有する。ここに実現の戦略が重要となる。実現戦略では，社会システムでの境界を取り払い，統合的に考えるとともに，変革しうるサブシステム，地域，部分から順次行い達成していくという発想が重要となる。ヴィジョン達成のために開発される技術は，これら変革遷移的状況下でも活用しうるものであることが重要である。ここが環境工学の技術者の腕（知恵）と情熱の見せ所である。

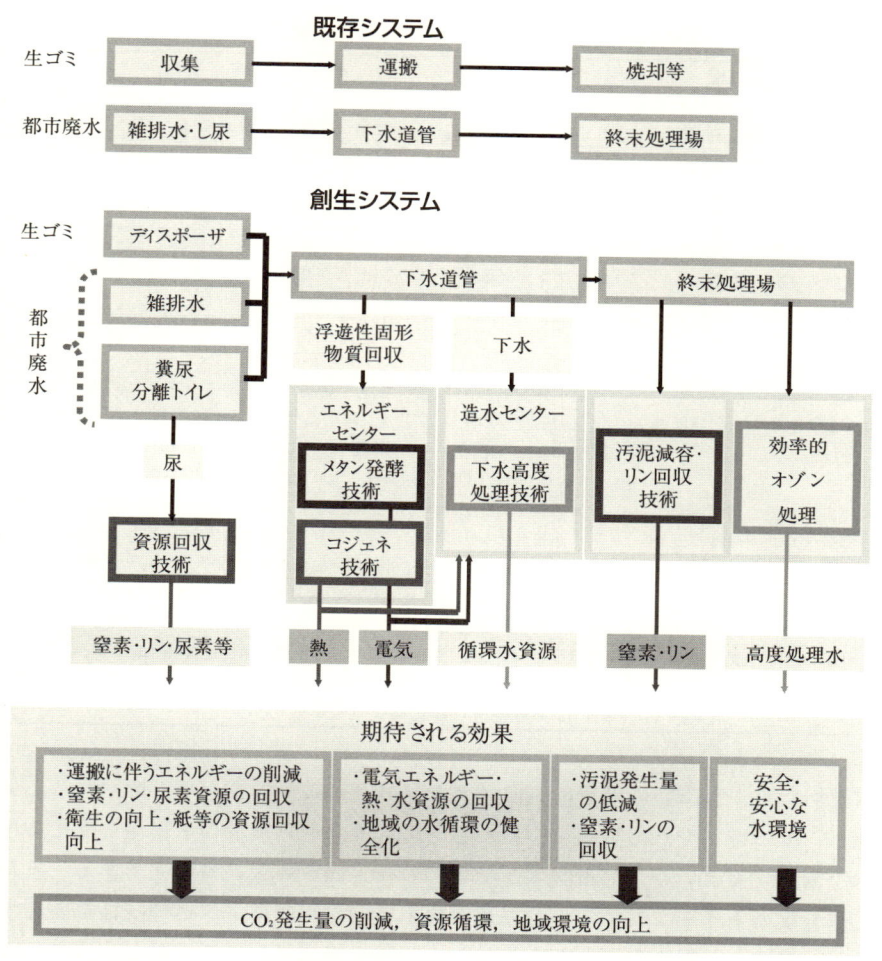

図-3.8 資源回収型の都市廃水・廃棄物処理システムと要素技術

3.2.6 一元化下水道

具体的ヴィジョンの1例として「一元化下水道」を発想することとする[18), 19)]。このヴィジョンでは，都市で発生する廃水や廃棄物を資源，あるいは資源材料として取扱い，都市や地域内で資源を循環利用することをコンセプトに，下水道共用区域の中で可能な地域を限り各家庭等からの生ごみをディスポーザを用いて下水道に取り込み，下水道システムでのポンプ場等の拠点で浮遊性固形物

表-3.3　システムを支える開発要素技術

開発要素技術	概　要
し尿分離トイレと窒素・リン等の資源回収技術	尿中の有価物であるリンをストラバイト(MAP, MgNH$_4$PO$_4$)の沈殿として自動で連続的に回収できる装置・方法の開発
ディスポーザ粉砕生ごみ等の浮遊固形物質の下水道からの回収技術	高濃度SS回収のためのろ過濃縮装置と，それを100 000mg/Lまで濃縮する装置の開発
回収浮遊固形物質の高温高負荷メタン発酵	10～20kg-CODcr/(m^3·d)という高負荷で，生ごみ1kg-CODcr当り280 Lのメタンガス(乾燥生ごみ1 kg当り435 Lのメタンガス)を生成しうる技術の開発
バイオガスエネルギー回収技術	マイクロタービン発電機の消化ガスへの適用，効率的発電熱回収，メタン発酵ガスと都市ガスの混焼技術
水循環用水造水用効率的・省エネルギー型高度処理技術	自動制御を有し自動運転可能な前凝集・生物ろ床タイプの物理生物化学的処理プロセスの開発，ろ床部での全滞留時間は3時間程度でBODは5mg/L程度，全窒素は2 mg/L以下，SSは3 mg/L以下，そしてリンは0.2 mg/L以下，透視度は100度以上で，安定処理
終末処理場での汚泥発生抑制・リン回収型高度処理技術	リンの濃縮と溶出という生物学的リン除去生物の特性と汚泥の可溶化・基質化というオゾン処理の特性を組み合わせ，リンを結晶の形で回収する技術の開発，汚泥発生量9割削減でき，80%程度のリンを回収でき，さらにエネルギー消費量を10%程度削減しうる。生物学的リン除去・硝化脱窒法にも適用
仕上げオゾン処理技術	高濃度オゾンを活用，塩素耐性も含む病原微生物の消毒，内分泌攪乱性物質や環境変異原性物質を含む難分解性有機物質の除去，効率的オゾン処理技術の開発

質を回収し，有機物の効率的高温メタン発酵等によりエネルギーを回収し，発電し，その電気や熱の利用を図るとともに，下水から地域の水循環を支える用水を創出するという，都市廃水と廃棄物の一元化システムの確立である。また，し尿分離型トイレシステムや汚泥減量化・燐資源回収型下水処理技術を開発することにより，尿中の資源であるリンの回収や終末処理場での汚泥生成量の減量とリンの回収も目的とする（図-3.8 参照）。このシステムを支える要素技術として開発されてきた技術を表-3.3にまとめて示す。このシステムの開発は，科学技術振興機構の戦略的研究推進事業で「資源回収型の都市廃水・廃棄物処理システム技術」の研究課題で採択され，2000年から2005年まで技術開発がなされたものを中心とするものである。

このシステムは，窒素およびリンをも除去できる高度処理技術である。そして，オゾン処理で仕上げ処理するため未知汚染物質や未知病原菌にも対応可能

であり，処理水について安全・安心であり，またこれらと必要な所で高度処理水が得られることから健全な水循環を支えるシステムに組み込まれた下水道である。ディスポーザによる生ごみ収集機能を有し，少子高齢化社会にも対応でき，また福祉の増進に寄与する下水道である。生ごみの有するエネルギーをも自然収集で回収しうることから，また余剰汚泥が低減され燐資源が得られることからも省（創）エネルギーや資源循環型下水道であり，また持続的発展に寄与する。分散処理と広域処理の組合わせであることや物理化学処理との組合わせであることから，緊急時にも対応可能な下水道であると考えられる。また，上記の開発技術は，いずれも既存の処理法と組み合わせて使うことができ，ヴィジョン達成への変革遷移的状況下でも活用しうるものである。

3.3 新たな上下水道システムの創造

現在，都市の水循環を考えるうえで，上水道および下水道システムの関連は深い。例えば，安定した上水の供給には下水道の整備による水源水質の保全が大きく寄与しているといった認識は至極当然のことであろう。しかし，このような認識は，近代上下水道システムが確立した当初からあったわけではない。ここでは，日本において上下水道システムが確立するまでの経緯を振り返りながら，互いの関連性がどのように認識されるに至ったかを述べるとともに，今度どのように展開していくのかを考える。また国外，とくに発展途上国において今後上下水道システムがどのように取り入れられていくべきなのかについても触れてみたい。

3.3.1 上水道の認識

日本における近代的上水道の設立は，1887年の横浜に遡る[20]が，このきっかけは江戸末期から明治初期にわたるコレラの流行であった[21]。すなわち，上水道の設立からその主たる役割は，衛生的に安全な水の供給にあった。その後，1921年に塩素消毒が日本で初めて採用され，さらに戦後GHQによって塩素消毒が強化されるといった事実から，水道の役割は，病原微生物に対する安全性を担保することが最重要課題であったことがわかる。

戦前の水需要量はさほど大きくなく，一部の例外を除いて処理方式は緩速ろ過で十分対応可能であった。しかし，戦後の飛躍的な人口の増加，都市域の急

速な拡大，生活様式の変化，一人当たり水需要量の増大，といった複数の要因により急激に水需要が増大した。このため，とくに都市部では順次急速ろ過方式に転換されることになった。これは緩速ろ過処理では需要量を満たすための用地確保が困難であるということに加え，原水水質の悪化がさらにこの傾向に拍車をかけたためである。ここにおいて安定した水道供給のためには，水源水質の保全が不可欠であるということが強く認識され，水源水質悪化の危機感が増大してくることになる。

1960年代に入ると，水源の水質汚濁問題が顕在化し，界面活性剤による発泡[22]やかび臭問題といった急速ろ過方式でも対応しきれない問題が次々と起き，東京都玉川浄水場では配水停止に追い込まれるというような深刻な事態まで発生した[23]。さらに1970年代になると，トリハロメタンに代表される有害な塩素消毒副生成物質が注目されるようになった。これは浄水処理過程で投入される塩素と原水中の有機物質とが反応して生成するものである。この問題に対応するために，塩素注入点の変更や注入量の減少，高度浄水処理の導入等の方策がとられたが，根本的な解決のためには水源水質の改善が必要不可欠であった。

このように近年の水道を取り巻く環境を考えると，水源水質の保全がシステム維持のうえで不可欠であるという認識がますます強くなると言えよう。

3.3.2　下水道の認識

日本の下水道の歴史を振り返ってみると，その始まりは上水道と同じく生活衛生の保全であった。1885年に着工された神田下水道の敷設は，コレラの流行を防ぐために計画されたものである[24]。当時は財政難から上水の建設が優先され，下水道の普及は停滞したが，当時の認識として生活衛生の保全に下水道が寄与するであろうという認識はあったようだ。事実，岡田ら (1995)[25] によれば，当時のベルリンにおける統計によって腸チフスの感染防止に下水道の普及が大きく寄与したことが示されている（**図-3.9** 参照）。

当初の下水道は今日のものとは異なり，生活雑排水を生活環境周辺から速やかに排除することが目的であった。し尿はこれとは別に回収されており，下水に入るようになるのは，水洗便所の普及後のことである。当初の下水にはし尿汚水が含まれていないため，含まれる有機物や栄養塩および病原微生物も今日のレベルに比べればかなり低かったと考えられる。したがって，当時，これら

が原因となる類の水環境悪化もそれほど問題とはなっていなかったであろう。

しかし戦後，急速に進んだ生活の洋式化に伴う水洗便所の普及や都市への人口集中によって，高汚濁負荷の汚水が大量に発生し，放流域の水質汚濁が顕在化した。その結果，琵琶湖流域での利水の例に見られるように，下水の放流域から下流において上水の取水が行われる場合，上水道システムに支障を来すことが目立つようになった[26]。そして安定した水供給のための水源水質改善という観点から，浄化槽の普及や下水道の整備による汚濁負荷の低減が精力的に進められた。下水道の整備の目処がたつと，今度はさらに高度処理を導入して栄養塩除去が進められた。この栄養塩除去は水源域の富栄養化による利水障害に対応することを目的としている。現在，高度処理を実施している下水処理場のうち水道水源の水質保全を目的としているものは57箇所にのぼる[27]。

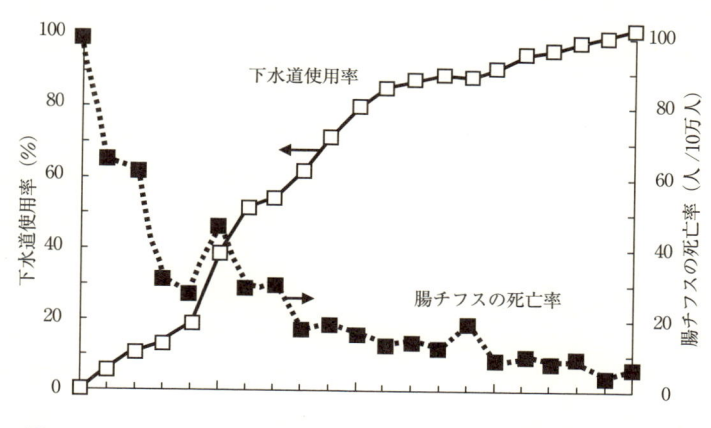

図-3.9 ドイツのベルリンにおける下水道と腸チフスの死亡率の推移[25]

3.3.3 上下水道システムの関連性

上述のとおり，健全な上水道システムの維持管理のためには，生活系排水を下水道もしくは浄化槽・し尿処理によって処理するシステムが必要不可欠なものと考えられるようになった。すなわち，「水道水源の質的保全のために，水源に流入する廃水を処理して水質改善を図る」ということが共通認識となり，「水循環」という観点から上下水道システムを一体のものとしてとらえるようになってきている。ここに，近年新たな側面が加えられようとしている。それは不

足する水需要を下水処理水の再利用によって賄おうというものである。

工業用水においては，すでに1970年代から各事業所内での廃水再利用が排水規制の面から促進され，現在は再利用水（回収水）の使用割合が淡水補給量のそれを大きく超えるに至っている[28]。生活用水，都市用水への再利用水の導入は1990年代に入ってから本格的に行われるようになった。ここに至って，下水処理に「水道水源の量的保全のために，処理水を再利用する」という側面が認められたのである。そもそも独立したシステムとして発展してきた上水道と下水道の有機的なつながりはさらに強まることになった。

水源水質を保全するための処理水に対する法律は，排水基準および放流域の環境基準というものがあり，質的に担保されてきている。しかし処理水を再利用するための法整備はまだ不十分であり，衛生的安全性を担保するための基準値等，まだまだ考慮しなければならない点は多い。とくに下水の再利用では，その用途ごとに求められる水質レベルが異なるため，細かな基準設定が必要になるだろう。

2005年4月に「下水処理水の再利用水質基準等マニュアル」が定められ，再利用水の運用者に対して，ようやく具体的な水質基準や施設基準が示されることとなった。このような背景からも今後，再利用水は拡大していくと考えられる。

3.3.4 上下水道システムの展望

一般的に下水道の建設および維持管理には莫大な費用がかかる。日本のGDP推移[29]と下水道普及率[27]の関係を図-3.10に示した。この図から経済発展なくして下水道の普及は困難であることが読み取れる。したがって，経済的に途上段階の国において，日本と同様の下水道システムを普及させることは難しく，実現には長い時間がかかることが予想される。2002年のヨハネスブルグでの地球サミットでの，「2015年

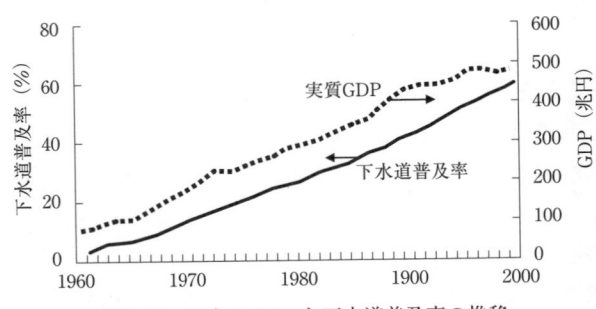

図-3.10 日本のGDPと下水道普及率の推移

までに衛生的に安全な水が得られない人口を半減し，かつ基本的な衛生状態に生活していない人口を半減する」というキーノートから伺えるように。発展途上国における衛生的な生活空間の確立が急務とされており，悠長に構えているわけにはいかない。したがって，先進国と同じ下水道システムを，今後，発展途上国へ画一的に導入することは一考を要しなければならない。低コストで維持管理も簡単で，かつ有効な衛生保全システムの選択肢を用意しておく必要があろう。

3.3.5 新しい上下水道システムの提案
(1) 新しいシステムの概要

上述のような先進国型の一般的な下水道システムは，「集中処理下水処理システム」と呼ぶことができる。このシステムは，とくに人口密度が高い所ではコスト的に有利であるが，人口密度が低い地域では管渠の建設費用等で不利となる。日本でもそのような場合は，「個別分散処理型」のシステムが採用されている[30]。これはし尿と生活雑排水を合併浄化槽で個別に処理するものである。この浄化槽は，近年技術向上により処理効率の改善が進んでいるが，その処理能力を維持するためには，適切な管理が個別に要求されることになる。したがって，このシステムの普及には，専門知識を持つ維持管理者の準備が必要不可欠となり，このためのコストも考えておかねばならない。

この個別分散型処理システムにおいて，近年新たに提案されている例を紹介する。それはし尿（Black water）と生活雑排水（Grey water）を個別に収集し，これらを個別に処理するというものである。これらし尿と生活雑排水の汚濁負荷には大きな差があるため，分離して処理することで効率化を図ることが可能となる。1人当たりの汚濁負荷量のうち，し尿が占める割合は，**表-3.4**に示されるように，T-Nで73％，T-Pで75％とされている[30]。したがって，し尿を排水に混入させなければ，排水中の約4分の3の栄養塩が除去されたに等しい。し尿を混入させない生活雑排水を浄化槽等で処理することになれ

表-3.4 1日1人当り汚濁負荷量[29] [g/（人・日）]

項目	し尿		雑排水		計
BOD	19	(33%)	39	(67%)	58
COD	9	(35%)	17	(65%)	26
SS	21	(48%)	23	(52%)	44
T-N	8	(73%)	3	(27%)	11
T-P	0.9	(75%)	0.3	(25%)	1.2

3　下水道工学発展の歴史

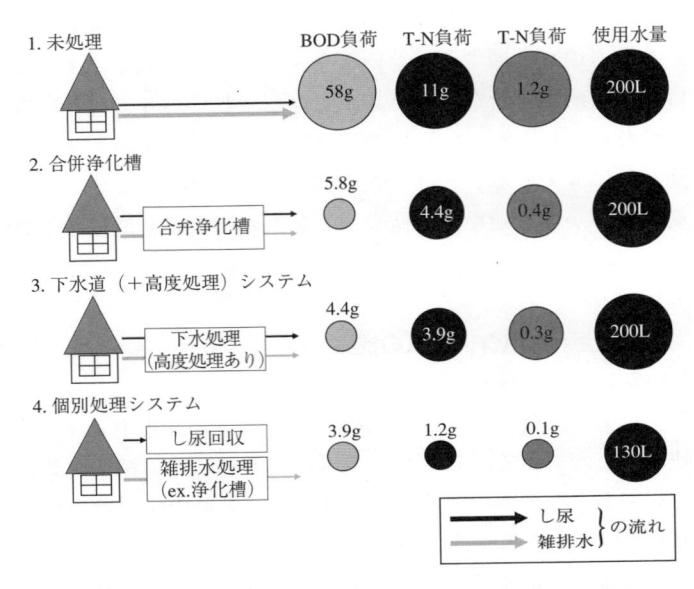

図-3.11　各処理システムにおける1人1日当たりの環境負荷算定

ば，負荷が小さいので，それほど高度な技術を要する機器でなくても対応できることになる。

　浄化槽以外にもより単純な機構で維持管理が少なくて済む技術としてば透水性土壌を用いた生物処理等が考えられる[31]。屋外の土壌に浸透させることになるが，し尿汚水が入っていないので臭気が少なく，汚濁負荷も低いので，十分対応可能であると考えられている。このようなシステムで高度処理導入型の下水道と同等レベルまで環境への負荷低減を達成することができると考えられる。**図-3.11**にこのような場合を想定した場合の簡単な試算を示した。

　しかし，このシステムで注意しなければならないのは，し尿の取扱いである。これを衛生的に，かつ水環境に負荷をかけないように処理する必要がある。従来型として汲取り式の便所がある。この方式は，汚水が発生しないので水環境への負荷は大幅に削減することができ，かつ水使用量を大幅に削減することができる。しかし，トイレの臭気や汲取り処理の猥雑さといった問題があり，生活空間の快適性の面では課題が残る。また，し尿処理場の建設も必要となる。さらに便槽から浸透しないように考慮しないと地下水汚染も起こりうる。

3.3 新たな上下水道システムの創造

これらを解決するシステムとして，し尿分離型トイレやコンポスト型トイレ等が注目されている[32),33)]。し尿分離型のトイレは，糞便と尿を別個に回収するものであり，資源回収の面が大いに期待されている。とくに尿は病原リスクも少ない有用な肥料として使用可能である。コンポスト型のトイレは，便槽内に多孔性の担体を入れたものであり，し尿と撹拌しながら処理するものである。担体としてはオガ屑等が用いられるが，多孔性のためにし尿が好気的に分解され，かつ水分蒸発効率が高いことから減容化が容易に進むことが特徴である。有機物質はほとんどが無機化されるが，リン等の栄養分は残渣として残ることになるため，このトイレもコンポスト肥料として使用することにより，資源回収が期待される。

(2) 新しいシステムの付加価値

上記にて提案されたシステムは，とくに次のような付加価値を持つ。一つはシステムが簡便で初期投資を抑えることができるということである。現在の下水道システムのコストのうち主要部分が管渠の敷設である。したがって，このコストを省ければ，大幅なコスト低減となる。また処理メカニズムができるだけ単純であれば，それだけ維持管理費を少なくすることができる。つまりハード・ソフトの両面において低コスト型のシステムであり，経済的に厳しい国において有力な選択肢の一つとなるのではないかと期待される。

別の付加価値としては，資源回収という側面がある。食物生産に不可欠なリンは原料のほとんどをリン鉱石に頼っているが，このリン鉱石の埋蔵量は45〜50年で枯渇するといわれている[34)]。リン鉱石の埋蔵量を持たない日本においては，資源の枯渇は生活に直結する大問題であろう。したがって，水系におけるリンの全排出量の半分以上を占める生活系排出からリンを回収することができれば，それはリン鉱石の鉱脈を確保するに等しい[35)]。現在，日本の下水処理場では高度処理を随時導入し，リンの固定化および回収率の向上を図っているが，上述したトイレからの資源回収は，より効率的かつ簡便に行うことができる方法と考えられる。そもそも水洗トイレを含む現在の下水道システムからの資源回収は，高濃度にリン・窒素を含有するし尿をわざわざ清浄水でいったん希釈して下水とし，そこから濃縮もしくは固化して回収することになるわけで，エネルギー的な無駄が多い方法なのである。国家経済やエネルギー獲得において

十分でない地域においては，このようなシステムの構築が一考に値するであろう。

◎参考文献
1) 曽小川久貴：日本における下水道事業と技術開発，日本下水道協会，日中スモールセミナー講演集，2005.
2) 日高平，津野洋，岸本直之，中本正明：前凝集・生物膜ろ過反応器とその運転制御法の開発，土木学会誌論文集，No.713/VII-24, pp.159-170, 2002.
3) 建設省：バイオテクノロジーを活用した新排水処理システムの開発報告書，1990.
4) 建設省土木研究所下水道研究室：バイオテクノロジーを活用した新排水処理システムの開発－建設省総合技術開発プロジェクトバイオフォーカスWTの研究の概要－，土木技術資料，32, 1990.
5) 日本下水道協会下水道史編さん委員会：日本下水道史技術編，日本下水道協会，1983.
6) 日本下水道協会：下水道統計，1980-2004.
7) 国土交通省（建設省）：日本の下水道，日本下水道協会，1980-2005.
8) 田中宏明：都市の静脈－下水道，第14回日本水環境学会市民セミナー，都市生活と水－快適さの舞台裏－講演資料集，pp.23-37, 2005.
9) 下水道新技術推進機構，下水道技術開発プロジェクト（SPRIT21）委員会：下水道技術開発プロジェクト（SPRIT21）「合流式下水道改善に関する技術開発」，2003-2005.
10) 福井聡：水の都大阪再生に向けた大阪市の合流式下水道の改善-きれいな水の流れる道頓堀川をめざして，下水道協会誌，Vol.41, No.495, pp.46-5, 2004.
11) 下水道新技術推進機構：SPRIT21 LOTUS Project ─ .
12) Sakai Y., Fukase T., Yasui H. and Shibata M.：An activated sludge process without excess sludge production, Water Science & Technology, 36 (11), pp.163-170, 1997.
13) K. Arakawa and T. Tanaka：Study on sludge reduction from BNR by ozonation with chemical phosphorus removal process, Proc. of 4th World Congrss, CD-R paperID116648, 2004.
14) W. Saktaywin, H. Tsuno, H. Ngare, and T. Soyama：Advanced sewage treatment process with excess sludge reduction and phosphorus recoveru, Water Research, Vol.39, pp.902-910, 2005.
15) W. Saktaywin, H. Tsuno, H. Ngare, and T. Soyama：Operation of a new sewage treatment process with technologies of excess sludge reduction and phosphorus recoveru, Proc. of IWA Specialist Conference on Nutrient Management in Wastewater Treatment Process and Recovery Streams, pp.705-715, 2005.
16) 田中宏明，岡安祐司，中田秀典，八十島誠：新たに登場してきた下水道の微量汚染物質問題，下水道協会試，Vol.41, No.499, pp.27-30, 2004.
17) 津野洋：省エネルギー型廃水処理技術の開発，環境管理，Vol.41, No.3, pp.44-49, 2005.
18) 津野洋：資源回収型の都市廃水・廃棄物処理システムの現状と展望，水環境学会誌，Vol.27, No.10, pp.618-621, 2004.
19) 津野洋：一元化下水道への期待，ベース設計試料，No126, pp.42-45, 2005.
20) 日本水道協会：上水協議会・日本水道協会100年史，2004.

21) 山本俊一：日本コレラ史，東京大学出版会，1982.
22) 日本水環境学会，非イオン界面活性剤と水環境，技報堂出版，2000.
23) 建設省関東地方建設局：多摩川ハンドブック，1994.
24) 松本順一郎他：下水道工学，朝倉書店，1988.
25) 岡田誠之（編）：新・水とごみの環境問題，TOTO出版，1998.
26) 佐藤敦久，真柄泰基：上水道における藻類障害，技報堂出版，1996.
27) 日本下水道協会：日本の下水道，2002.
28) 国土交通省：日本の水資源，2002.
29) 日本エネルギー経済研究所エネルギー計量分析センター編：エネルギー・経済統計要覧，省エネルギーセンター，2003.
30) 松尾友矩他：水環境工学，オーム社，1999.
31) T. Itayama *et al.*: Development of the distributed and separated domestic waste water treatment system, Proc. of 1st International Symposium on Sustainable Sanitation, pp.61-66, 2003.
32) P.Frohlich *et al*: Separate Discharge and Treatment of Urine, Faeces and Greywater Demonstration Project in Berlin, Germany, Proc. of 2nd IWA leading-Edge conference on Sustainablity, 2004.
33) M.A.Lopez *et al.*: Onsite wastewater differential treatment system:modeling approach, Water Science and Technology, Vol46, No.6-7, pp.317-324, 2002.
34) 浅野孝，丹保憲仁他：水環境の工学と再利用，北海道大学図書刊行会，1999.
35) 水谷潤太郎：総窒素・総リンの物質循環図，土木学会論文集，566/VII-3，1997.

Chapter 4

4 廃棄物工学の変遷と今後の展開

  ごみの戦後史——100
- 4.1 廃棄物問題と対策の歴史——107

- 4.2 廃棄物研究と技術の展開——112
   4.2.1 中間処理——112
   4.2.2 最終処分——119

- 4.3 循環型社会に向けた研究・技術の展開——128
   4.3.1 待ち受けている社会像——128
   4.3.2 持続可能な社会に向けた廃棄物研究・技術の展開——129

ごみの戦後史

年代	社会背景	学会・協会関連	法律・行政	中間処理技術	最終処分技術
1945・46	東京都,大阪市,横浜市,ゴミ収集運搬再開				
1947		都市清掃協会設立			
1952	PCB国内生産はじまる	京都大学の三浦,岩井らが大阪府豊中市でし尿温熱処理実験開始	し尿処理施設に国庫補助開始		
1954		廃棄物処理対策協議会発足(1989年解散)	清掃法公布(汚物掃除法廃止)	嫌気性消化法＋散水ろ床の実施設完成	
1956			し尿処理基本対策要綱設定	高速堆肥化施設(アープ・トーマス式改良型)建設	
1957	東京都14号地(夢の島)で埋立処分開始 大阪市,ごみ分析はじめる	北海道大学に日本で初めての衛生工学教室創設	水道行政3分割の閣議決定	高速堆肥化施設(ダノ式改良型や五十嵐式)建設	
1958		京都大学の岩井ら名古屋市下飯田焼却炉で機械炉の実験			
1959				初めてごみ供給クレーン設置	
1960				岡山県玉島市(現倉敷市)に日本初の機械式焼却炉建設	
1961			し尿処理10ヵ年計画		
1963				最初の全連続式機械炉,大阪市住吉工場が竣工	
1965	東京都夢の島に大量のハエが発生		生活環境施設整備5ヵ年計画 清掃法一部改正施行	日本初のボイラ発電付き焼却炉,大阪市西淀工場建設	
1966				相生市に流動床式焼却炉1号機建設	
1968			清掃施設整備緊急措置法公布		
1969	大阪市で産業廃棄物処理問題化				
1970			廃棄物の処理及び清掃に関する法律の制定		

年代	社会背景	学会・協会関連	法律・行政	中間処理技術	最終処分技術
1971	PCBによる広域汚染実態わかる 東京美濃部都知事,都議会本会議で「ゴミ戦争」宣言				
1972	「成長の限界」ローマクラブ発表,国連人間環境会議（ストックホルム会議）開催 ロンドンダンピング条約採択		廃棄物処理施設整備緊急措置法公布		
1973	化学物質審査規制法公布 PCBの製造・輸入・使用の原則禁止	スターダスト'80 ごみ資源化技術の開発研究始まる			
1974				国内最大,1 800トン/日の東京都江東清掃工場竣工	
1975	六価クロムによる汚染問題化 全国各地で資源ごみ回収,分別収集が実施			流動床式連続炉を型式認定（厚生省生活環境審議会）	福岡市の新蒲田埋立場に初めての準好気性埋立構造が採用
1976		全国都市清掃会議法人化	PCB関連廃棄物の処理基準の設定		
1977	廃棄物焼却炉にかかる塩化水素および窒素酸化物の排出規制（厚生省）		廃棄物処理施設構造指針制定 共同命令により遮水工の設置を明示	高座清掃組合で連続式流動床式焼却炉1号機竣工	千葉市中田廃棄物処分場で合成ゴムによる遮水シートを埋立地全面に敷設
1978			フェニックス計画(大阪湾大規模広域埋立)発表	新日鐵溶融炉,東京実証プラント稼働開始	
1979				新日鐵溶融炉,釜石市に50トン,2基完成	
1981			広域臨海環境整備センター法公布	秩父市にピロックス式熱分解炉完成	
1982		大阪湾広域臨海環境整備センター設立		沼津市で表面溶融炉1号機完成 船橋市にて外熱式二塔流動床式熱分解炉竣工	
1983	有機汚染系化学物質汚染の広が	愛媛大学立川ら,ごみ焼却炉の焼	生活環境審議会「今後の廃棄物処		

年代	社会背景	学会・協会関連	法律・行政	中間処理技術	最終処分技術
	り判明 使用済み乾電池中の水銀が問題 厚生省, 乾電池に含まれる水銀は, 焼却, 埋立てしても問題ないとする「安全宣言」	却残渣中のダイオキシン含有データ公表 わが国ではじめてごみ焼却施設の集じん灰からダイオキシン類が検出されたとの報告	理行政の基本的方策について」答申 浄化槽法公布		
1984		廃棄物処理に係るダイオキシン等専門会議が報告書提出			
1985		生活環境審議会廃棄物処理部会が処理困難な廃棄物及び使用済み乾電池対策について報告書を提出		環境庁が鐘ヶ淵化学工業高砂工場で液状PCBの試験焼却	
1986	アスベストのずさん投棄問題化 八王子市戸吹埋立処分場で遮水シート破損により浸出水漏水事故		厚生省「ごみ処理施設構造指針」改訂通知(8)		
1987				縦型回転溶融炉1号機完成	
1988			廃棄物最終処分場指針制定		
1989	バーゼル条約採択 モントリオール議定書締約国会議(ヘルシンキ) フロン全廃採択 第2次ゴミ戦争 千葉市のごみが青森県三戸郡田子町へ持ち込まれる	廃棄物研究財団設置			
1990	「地球温暖化防止行動計画」閣議決定	廃棄物学会発足	建設廃棄物処理ガイドラインをとりまめ通知 ダイオキシン類発生防止等ガイドライン策定	札幌市でごみRDF化施設竣工(3)	大阪湾フェニックス計画に基づく尼崎沖埋立処分場(1 500万 m³)で, 廃棄物埋立てを開始
1991	一般廃棄物の発生量が5 000万トン突破 マンガン電池の		再生資源利用促進法制定 政令で, PCB, 飛灰, 感染性廃棄	アーク溶融炉, プラズマ溶融炉, コークスベット式溶融炉1号機	

年代	社会背景	学会・協会関連	法律・行政	中間処理技術	最終処分技術
	無水銀化を達成		物が特別管理廃棄物に指定	建設	
1992	バーゼル条約発効 東京都日の出町の谷戸沢廃棄物広域処分場問題で，地下水水質調査結果を公表 アルカリ電池の無水銀化を達成 地球サミットリオ宣言アジェンダ21採択		改正された廃棄物の処理及び清掃に関する法律施行 特別管理廃棄物についての制度が設けられる 産業廃棄物の処理に係る特定施設の整備促進に関する法律公布		
1993	廃棄物処理センターが初めて指定 豊島事件，公害等調整委員会に調停を申請		環境基本法制定 特定産業廃棄物に起因する支障の除去等に関する特別措置法(産廃特措法)公布		
1994	ドイツで「循環経済・廃棄物法」成立		厚生省「ごみ減量化総合戦略」展開 「新エネルギー導入大綱」策定		北海道南茅部町一般廃棄物処分場に電気的遮水シート損傷位置検知モニタリングが初めて採用
1995	阪神淡路大震災で災害廃棄物約2 000万トン発生 実態調査により豊島の不法投棄量50万トン判明		容器包装に係る分別収集及び商品化の促進等に関わる法律(容器包装リサイクル法)公布(6) 厚生省通達により二重シート等による遮水工の強化		
1996		日本容器包装リサイクル協会設立 「次世代型ごみ焼却施設の研究」始まる（廃棄物研究財団）		三井造船キルン式熱分解溶融技術の技術評価取得 プラスチック油化実証施設竣工(廃棄物研究財団)	
1997	「地球温暖化防止京都会議」COP3 京都議定書策定		環境影響評価法公布 ごみ処理に係るダイオキシン類の削減対策通知・新ガイドライン策定し，溶融固化施設の設置実施を促進(1)		
1998	「地球温暖化対策推進法」成立		特定家庭用機器再商品化法(家電	厚生省ごみ処理施設性能指針」	山形村の一般廃棄物処分場に初

年代	社会背景	学会・協会関連	法律・行政	中間処理技術	最終処分技術
	土壌中DXNs濃度の指針出る		リサイクル法)公布(6) 最終処分場に係る技術上の基準命令(基準省令)を改正公布 基準省令の改定で遮水工は二重となり，遮光マットの敷設 一般廃棄物の溶融固化物(溶融スラグ)の再生利用の実施の促進を通達 ごみ処理施設性能指針(10)	策定(従来の構造基準の廃止) 荏原製作所流動床式ガス化溶融炉の技術評価	めての被覆型最終処分場が稼働
1999	廃棄物の減量化目標決定(2010年に1996年の半分) 埼玉県所沢市で産業廃棄物焼却炉からのダイオキシン類による野菜等汚染問題発生		ダイオキシン類対策特別措置法公布 PFI促進法成立 PRTR法成立 廃棄物固形化燃料のTR制定(5) ごみ処理施設計画設計要領出版(8)	シュレッド＆バーン方式ごみ焼却炉の技術評価取得(3)	日の出町谷戸沢処分場にキャッピング施工
2000 環境元年	青森・岩手県境不法投棄事件，投棄された廃棄物を撤去するよう措置命令 福岡県筑紫野市の安定型最終処分場において，硫化水素中毒による死亡事故	管理型廃棄物埋立護岸設計・施工・管理マニュアル策定	ごみ処理性能指針改正炭化施設の熱灼減量規定除外(2) 容器包装リサイクル法施行(4) 建設工事に係る資材の再資源化等に関する法律(建設リサイクル法)公布(5) 循環型社会形成推進基本法公布(6) 改正廃棄物処理法公布(6) 資源の有効な利用の促進に関する法律(資源有効利用促進法)公布(6) 食品循環資源の再利用等の促進に関する法律(食品リサイクル法)公布(6)	サーモセレクト方式ガス化改質施設検証確認書取得(3)	

年代	社会背景	学会・協会関連	法律・行政	中間処理技術	最終処分技術
			廃棄物焼却施設解体工事におけるダイオキシン類による健康障害防止対策通知		
2001	省庁再編で環境庁が環境省へ，廃棄物行政は環境省に一元化		循環型社会形成推進基本法施行(1) 改正廃棄物処理法施行(4) 家電リサイクル法施行(4) グリーン購入法施行(4) 食品リサイクル法施行(5) 改正浄化槽法公布(単独処理浄化槽の新設禁止)(6) PCB特別措置法施行	八女西部広域事務組合でキルン式ガス化溶融炉竣工 青森県中部上北広域組合で流動床式ガス化溶融炉が竣工 荏原製作所・栗本鉄工所ごみ炭化施設の検証確認書取得(2) コンポガス方式生ごみメタン発酵施設の検証確認取得(9) 茨城県神栖町でRDF発電施設竣工(4)	
2002	東海市灰溶融炉爆破事故発生(1) 下北地域広域行政事務組合でガス化改質炉のガス放散塔で爆発事故発生(11) 既存ごみ焼却炉にかかる排出基準等の完全実施(12)		し尿等の海洋投入の禁止 建設リサイクル法施行(5) 使用済自動車の再資源化等に関する法律(自動車リサイクル法)公布(7) 溶融スラグのTR制定	糸魚川地域行政組合でごみ炭化施設竣工(4)	
2003	土壌汚染対策法施行(2) 弘前広域事務組合灰溶融炉爆発事故発生(7) 三重県企業庁RDF発電施設貯留サイロで火災爆発事故発生(8)		ごみ固形燃料の適正管理検討会発足	青森県下北広域組合でガス化改質式溶融炉が竣工 三重県環境保全事業団公共関与による広域灰溶融炉(キルン式ガス化溶融炉)竣工取得	
2004	岐阜市椿洞の善商が敷地に隣接する山林などに約52万立方メートルの廃棄物を無許可で積載 豊島不法投棄物処理施設水素爆発発生(1)		ごみRDF化施設の技術維持管理基準改正		

年代	社会背景	学会・協会関連	法律・行政	中間処理技術	最終処分技術
2005	静岡市新沼上工場灰溶融炉溶融スラグ流出事故発生(7) 京都議定書発効(1)		自動車リサイクル法施行(1) 循環型社会形成促進交付金制度始まる		
2006		支障除去のための不法投棄現場等現地調査マニュアル策定(産業廃棄物処理事業振興財団)(12)	容器リサイクル法改正(6)		

注)(　)内は月を示す。

4.1 廃棄物問題と対策の歴史

　廃棄物の歴史は太古の貝塚から始まり，近世では地球環境にまで影響を及ぼしている。今回はこの問題の対策の歴史が主題であり，少し対策技術に偏る傾向にあるが，廃棄物問題はその背景となる社会を無視しては語れない。

　江戸時代には，廃棄物は大きな社会問題であり1655年には，ごみ（当時は今日でいう一般廃棄物が主体であった）の野焼きを禁止する触れが出された。この当時（1661～1672年）のごみの終末処理は永代島へ専門の請負業者により運ばれて処分されていた。

　当時の江戸は，人口集中による木造家屋が密集していたため，火事は「江戸の華」といわれており，火災後のごみは市中から排出される一般ごみと一緒にして土地造成の材料として「新田」と名付けて，東京湾の埋立てを行っていた。1730年には永代島の埋立てが終了し，深川越中島へと移って行った[1]。

　明治に入って一般家庭ごみ処理の法令が出たのは1888年である。明治に入り海外からの文物が輸入されるようになると同時に，コレラ等の伝染病も流行するようになった。1895年から1896年にかけても伝染病が大流行し，明治政府もその対策の一環として，1901年，ごみ処理の公営化を義務付け，『汚物掃除法』を制定した。これが日本の廃棄物処理に関する法律の第一号になる。大正時代には，収集したごみは取扱場（中継基地）に集められ，ごみは「ウハ塵」と「シタ塵」に区分され，「ウハ塵」は肥料として農村へ運び出され堆肥として利用された。「シタ塵」は金属，木竹片，ボロ，硝子，その他に分けられ，再生原料，左官材料，燃料等として，今で言うReuse, Recycleがなされていた。これ以外のものは，投棄場へ運ばれて野天焼却して埋立材として利用されていた[2]。

　明治に入って1907年に敦賀市に高さ10mの煙突を付け，1日11.5tのごみを焼却する炉が建設された。これが日本の焼却炉の始まりである。東京にごみ焼却場ができ上がったのは，大震災の翌々年1925年であり，大崎に10時間で22.5tの焼却能力を有する炉がつくられた[3]。当時の東京市のごみの組成は，可燃物17.6%，陶磁器，硝子片等0.68%，金属類0.16%，土砂および灰が13.4%，雑物類68.1%という割合で，厨芥や紙類の少ないごみであった。

　東京市では1927年から1936年までに，ごみ焼却場は8施設に増設され，ご

み発生量の45%が焼却処理され，埋立処分45%，肥料・飼料等として10%が利用されていた[3]。

第二次大戦後，農地改革を契機とする農村の大きな変貌と化学肥料の急速な普及により農村がし尿を肥料として利用しなくなり，利用先を失ったし尿の処理が問題となってきた。この時期になると廃棄物処理が，衛生的・快適な生活環境を保持するために環境衛生の見地から取り上げられるようになり，1954年に『汚物掃除法』が廃止され，『清掃法』が制定された[4]。

1890年から1970年に新しい『廃棄物の処理及び清掃に関する法律』（廃棄物処理法）ができるまでの80年に及ぶごみの排出量の歴史を見るうえで非常に貴重な資料「京都市のごみ排出量過去実績値の経年変化」を図-4.1に示す。この図からもわかるように1人1日排出量は，第二次大戦前は1935年の200gを最高に減少し始め，終戦時1945年には40gを切るまでに落ち込んでいる[5]。

今日ごみ問題は，1960年を嚆矢とする。当時の首相である池田勇人氏が所得倍増論を唱え，消費は美徳と社会を囃し立てた。結果としては，所得の急激な増加とあいまってごみの量も急増していった。1970年には1人1日1 000gの排出量を超えるまでになった。昭和40年代は都市に人口が集中しだした時代で，都市の急激な膨張にごみ対策が追いつかず，沼沢地や不用になった溜池等を急場の埋立地に選んだ。図-4.2は，当時の福岡市の埋立地を示す。

これからは廃棄物関連の社会，学会，協会関連，法律，行政，中間処理技術と最終処分技術の各項について，戦後の時代的流れを一覧表にして章頭の年表に示し，この表に沿い廃棄物問題に関する社会的背景を追いながら，学会，法律，行政（処理処分）等の流れを見ることにする。

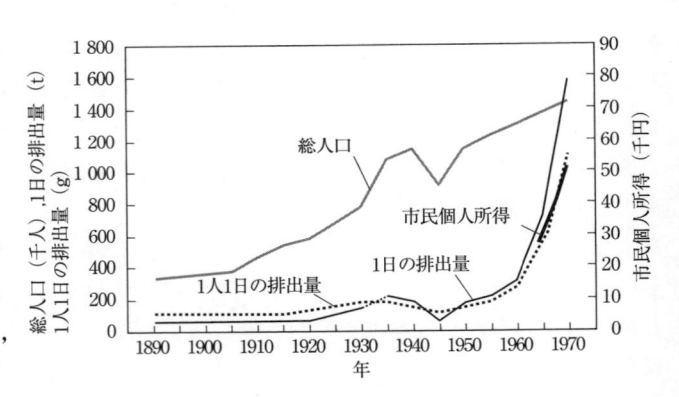

図-4.1 京都市の都市ごみ排出量

4.1 廃棄物問題と対策の歴史

1957年に東京都では23区内のごみを14号地(通称,夢の島)で海面埋立処分を開始している。

1958年には,京都大学の岩井らが名古屋市下飯田焼却炉で機械炉の実験を開始し,1963年には全国初の全連続燃焼式機械炉が大阪市住吉に竣工した。

1965年には東京都の夢の島に大量のハエが発生し,近隣の江東区の住宅では,天井裏が真っ暗になるほどの大量発生であった。

図-4.2 昭和40年代の自然地形を利用した埋立地

1970年12月の国会で14の公害に関する法案が通過した。そして,世間ではこの国会を「公害国会」と呼んでいる。この年に『廃棄物処理法』が成立し,一般的にごみと言われていた廃棄物も一般廃棄物と命名され,産業から排出される廃棄物は産業廃棄物に分類された。この時に,それぞれの廃棄物がアイデンティティを確立するようになった。

1966年に花嶋が福岡大学で,日本で初めて廃棄物の埋立地に関する大型ライシメータを用いた実証実験を始めた。1973年に廃棄物と埋立処理処分という論文を5回にわたって廃棄物専門誌『都市と廃棄物』に連載した。これが,日本で初めての埋立地に関する基礎研究論文であった。

1971年,美濃部都知事は,江東区地先にある廃棄物処分場に端を発した住民運動に,東京ごみ戦争と称して解決に苦慮した。この事件がきっかけになり,埋立処分についての社会的認識が高まった。また,同年には環境庁が発足し,1973年,環境庁から福岡大学に大型の好気性埋立実証実験が委託された(図-4.3参照)。

1972年には,松戸市に日本で

図-4.3 実規模の好気性埋立実証実験

109

初めて流動床式焼却炉が竣工した。1974年には，国内最大の1 800t/日の焼却炉が東京都江東区に誕生した。

1977年に日本で初めて『廃棄物処理施設構造指針』が制定され，同時に共同命令により遮水工の設置が明示され，千葉市中田廃棄物処分場に合成ゴムによる遮水シートが布設された。当時，大都市を中心に海面を利用する最終処分場の計画が持ち上がり，1978年に大阪湾フェニックス計画（大阪湾圏域広域処理場整備事業）が発表され，4年後の1982年には大阪湾広域臨海環境整備センターが設立された（**図-4.4**参照）。

一方，新日本製鉄では溶鉱炉の原理を利用した廃棄物の溶融炉を1979年に釜石市に50t炉2基を設置した。

1980年代にガス化溶融技術が資源化技術研究の一つとして研究開発され始めた。その後，研究は途絶えていたが，平成の時代に入って次世代ごみ処理システムとして積極的に技術導入，研究開発がなされた。

1983年，雑誌『暮らしの手帳』に乾電池からの水銀漏洩問題が発表され，社会に衝撃を与えた。また，同年に愛媛大学の立川らが焼却残渣中のダイオキシン含有を公表するなど，重金属や塩素系化学物質による汚染が社会に大きな衝撃を与えた。

図-4.4 泉大津沖海面埋立地（2000年当時）

1986年には，八王子市戸吹埋立処分場で遮水シート破損による浸出水漏洩問題が住民の埋立処分場反対運動を盛り上げた。

1989年には廃棄物研究財団が設立され，続いて1990年には，廃棄物関係者にとって待望の廃棄物学会が設立された。

1991年には，『再生資源利用促進法』が制定され，廃棄物を資源として利用することを国として法律で定めた。1970年に『廃棄物処理法』が制定されて以来，初めて大型の法律改正を行う。ここで，特別管理廃棄物についての制度が設けられる。同時に，『産業廃棄物の処理に係る特定施設の設備促進に関する法律』を公布した。

4.1 廃棄物問題と対策の歴史

1993年には，香川県豊島の不法投棄の問題がいよいよ県のもとを離れて国の公害等調整委員会に調停が申請された。その年に『特定産業廃棄物に起因する支障の除去等に関する特別措置法』（産廃特措法）が公布された。

ここで改めてごみ処理施設の整備状況を見ると，処理施設の中核をなす焼却施設は，1993年には総数1 854箇所で，その処理能力は日量17万8 000tにもなった。そのうち連続燃焼式焼却施設は，処理能力で全体の約86.6％に達していた。

1994年には最終処分場に関する専門家を集めた最終処分場システム研究会（通称，LS研）を花嶋と北海道大学の古市が中心になって設立した。この研究会にはコントラクタ，コンサルタント，水処理メーカ，シートメーカ等85社が参画した。最終処分場を中心としたアジア太平洋最終処分場国際シンポジウム（APLAS）を主催する団体に成長した。そして，2001年にはNPO法人最終処分場技術システム研究会（NPO法人LS研）として出発した。1995年に日本で初めて廃棄物資源を有効に利用する『容器包装に係る分別収集及び商品化の促進等に関する法律』（容器包装リサイクル法）が公布された。

1997年には，『ごみ処理に係るダイオキシン類の削減対策（新ガイドライン）』を策定し，大気中のダイオキシン類の濃度を世界の平均値並に削減する運動を始めた。この対策として一般廃棄物用のごみ焼却施設のうち小型のバッチ炉の削減を始めた。同時に，焼却灰等を溶融固化する施設の設置を促進した。

1989年に花嶋が新しい埋立処分法として，クローズドシステム処分場研究会（通称，CS研）を起ち上げた。埋立処分法についても，国はこの被覆型最終処分場（クローズドシステム処分場）に補助金を公布することを1997年に許可した。これにより被覆型処分場の建設が急増し，2004年までには，38箇所の被覆型最終処分場が建設された。

1998年には『特定家庭用機器再商品化法』（家電リサイクル法）が公布され，テレビ，洗濯機，冷蔵庫，クーラーの大型家庭用品4品目の収集が始められた。

2000年には，日本の資源を有効に利用し循環する基本法である『循環型社会形成推進基本法』が公布され，同年『建設工事に係る資材の再資源化等に関する法律』（建設リサイクル法）と『食品循環資源の再利用の促進に関する法律』（食品リサイクル法）が公布された。これを支える『グリーン購入法』が2001年に施行された。この頃から硫酸ピッチの不適正処分件数が急増し始めた。2002年には『使用済み自動車の再資源化等に関する法律』（自動車リサイクル法）

が公布され，着々と資源循環型社会が進展している。

今後，3Rを支える適正処理技術の中心にある最終処分場は，環境を保全する都市施設としてますます重要な役割を果たすことになる。

4.2 廃棄物研究と技術の展開

4.2.1 中間処理

(1) 焼却炉機械化への取組み [6]

戦後の復興の中，し尿処理技術開発，それに続く，塵芥焼却炉の機械化に取り組まれた研究者に，衛生工学の祖とも言える京都大学工学部土木工学科衛生工学岩井研究室があった。戦後間もなく，し尿中の寄生虫卵の死滅を目的として，し尿の「屎尿温熱処理法の研究」に着手されている。1952年には，塵芥焼却炉，し尿加熱槽，終末し尿貯留槽から構成された実験プラントにより基礎データの収集がなされた。冬季を除いて寄生虫卵はすべて死滅し，一般細菌も10%以下に低下した。一方で，加熱したし尿は，肥料的価値が低下しないことも確認された。さらに，この実験において有効熱量をいかに引き出すかに腐心され，そのときの知見が後の焼却炉の機械化に生かされることとなった。

(2) 焼却処理技術の種類と特徴

狭い国土での効率的な土地活用および新規の最終処分場の立地が困難な日本においては，焼却処理，埋立処分が社会的に認知されている廃棄物処理である。焼却の目的は，ごみを焼却することにより，ごみの減容化，減量化，安定化，無害化，資源化，埋立地の延命化，輸送コストの軽減化等を高い資源効率かつ低コストで実現することとされている [7]。

最近の清掃工場では100t/24hの中規模工場にも廃熱ボイラを設置し，エネルギー回収がなされている。ごみ焼却エネルギーは，廃熱ボイラにより約80%を蒸気エネルギーとして回収している [7]。

ごみ焼却炉形式は，燃焼様式により連続燃焼式とバッチ燃焼式に分類され，さらに処理規模によって，連続燃焼式は全連続燃焼式と准連続燃焼式，バッチ燃焼式は機械化バッチ燃焼式と固定火格子バッチ燃焼式に分類される。

機械炉の日本第一号機（15t/8h，煙突33m）は，1960年，当時の岡山県玉名

市に建設された。この頃の運転時間は，1日8時間が標準であった。その後，岩戸景気に象徴される戦後の好景気を迎え，ごみの排出量は急増し，全連続燃焼式の要求が高まった[8]（**図-4.5** 参照）。大阪市は全国でもいち早く，24時間の連続運転が可能な焼却炉建設を構想し，1963年，全連続燃焼式の住吉工場を竣工させた。住吉工場の焼却炉は，乾燥ストーカに階段式，燃焼ストーカに移床式が採用された。さらに，マルチサイクロン，電気集塵機を備えており，ばい塵処理を徹底した初めてのものとなった。1963年以降，全連続燃焼式が採用されていく様子が**図-4.6**からわかる[9]。

全連続燃焼式焼却炉が建設された

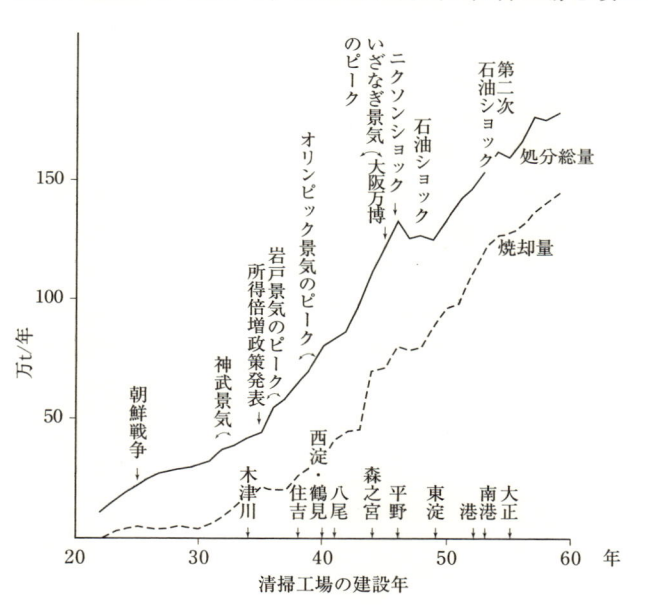

図-4.5 大阪市のごみ処分量総量と焼却量の推移

間もない1966年には，処理能力は8時間当たり3.5tと小さいものの，初めてのごみ流動床式焼却炉が建設された。

このように新たな焼却炉が次々に開発される中で，焼却によらない新しい処理方法が1968年に提案された。鉄化石と呼ばれたこの処理方法は，ごみを圧縮し，鉄板で密封するというものであった。汚水の流出もなく，そのまま埋立処分したり，建材としての利用も可能とのことで，甲府市や横須賀市で採用された。しかし，内部が嫌気的となり腐敗したごみ汚水が流れ出すなどして，この技術は焼却処理にとって代わることなく，消え去った。

(3) 排ガス処理の変遷[10]

日本の本格的な全連続炉は1963年に竣工した，大阪市住吉工場の150t/24h，3基である。大気汚染による公害が社会問題化している時期であり，この大阪市の焼却炉にはマルチサイクロンと電気集塵装置が採用された。1962年，『ばい煙規制法』により定められた排出基準値0.7g/Nm^3に対して，煙突出口の煤塵量は0.01～0.06g/Nm^3が記録されている。1968年には『ばい煙規制法』に代わり『大気汚染防止法』が施行され，硫黄酸化物規制としてそれまでの排出基準に代わり，最大着地濃度（K値）規制がなされ，ノズル付きの高煙突が普及した。1970年には，『大阪府公害防止条例』が定められ，塩化水素除去のための湿式排ガス洗浄装置を設けることが義務付けられた。その後，湿式洗浄装置が普及するとともに，1977年には廃棄物焼却炉にも塩化水素の排出規制が適用されることとなった。この塩化水素排出規制により，湿式洗浄に加えて，設備が簡単で，経済的な消石灰を吹き込む乾式排ガス処理技術が開発された。1973年には窒素

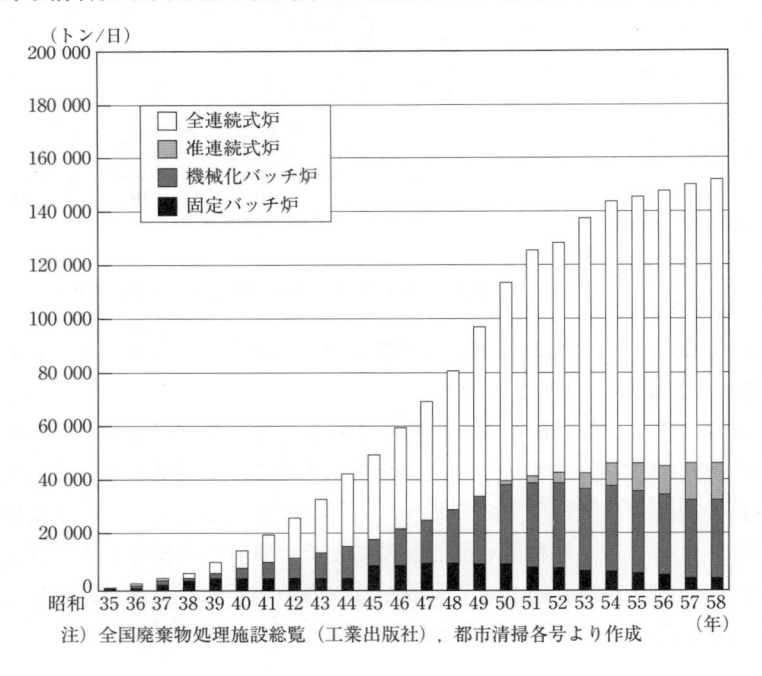

図-4.6 炉形式別処理能力の年次推移

表-4.1 『大気汚染防止法』による規制値と除去能力

項目		排出基準(以下)	発生状況(平均値)	除去設備の要・不要	除去技術	出口排出量
ばい塵 (O_2 12%)	4t/h 以上	一般 0.04 g/Nm^3 / 特別 0.04 g/Nm^3	ストーカ炉 3～6 g/Nm^3 流動炉 12～16 g/Nm^3	要	電気集塵装置	0.02～0.05 g/Nm^3
	2t/h 以上 4t/h 未満	一般 0.08 g/Nm^3 / 特別 0.08 g/Nm^3			バグフィルタ	0.002～0.007 g/Nm^3
	2t/h 未満	一般 0.15 g/Nm^3 / 特別 0.15 g/Nm^3			マルチサイクロン +洗煙シャワー	0.5～0.7 g/Nm^3
塩化水素 HCl		700 mg/Nm^3 (O_2 12%) (約 430 ppm)	300～1500 ppm	プラスチックの分別 以外は要 (高除去率時 要)	乾式 (低温) 半乾式 (低温) 湿式	20～50 ppm 20～50 ppm 20～30 ppm
硫黄 酸化物 SOx	一般	K値：3.0～17.5	20～150 ppm	煙突高さにより要 (高除去率時 要)	乾式 (低温) 半乾式 (低温) 湿式	20～30 ppm 20～30 ppm 20～30 ppm
	特別	K値：1.17～2.34				
窒素 酸化物 NOx	連続炉	250 ppm (O_2 12%)	100～150 ppm	不要 (高除去率時 要)	無触媒脱硝 触媒脱硝 低O_2燃焼制御 炉内水噴射+低O_2 排ガス再循環+低O_2	50～100 ppm 20～50 ppm 80～100 ppm 60～80 ppm 60～80 ppm
	以外の炉 4万 Nm^3/h 以上	250 ppm (O_2 12%)				
ダイオキシン類 DXNs	4t/h 以上	0.1 ng-TEQ/Nm^3	0.5～10 ng-TEQ/Nm^3	要	バグフィルタ	0.1 ng-TEQ/Nm^3以下
	2t/h 以上 4t/h 未満	1 ng-TEQ/Nm^3			バグフィルタ +活性炭	0.1～0.05 ng-TEQ/Nm^3
	2t/h 未満	5 ng-TEQ/Nm^3			バグフィルタ +活性コークス塔	0.05 ng-TEQ/Nm^3以下

注) 1. 火格子面積2m^2 以上，または焼却能力 200 kg/h 以上の炉に適用。
2. 一般排出基準か特別排出基準かは，それぞれ指定地域による。
3. 上乗せ排出基準，総量排出基準は地方自治体で制定でき，法令より優先される。
4. 地域住民との間で結ばれる公害防止協定はすべてに優先される。
5. 除去設備の要，不要は法令による排出基準に対してのもので，上乗せ基準により変わる。

酸化物の排出規制が行われ，無触媒脱硝法，低酸素燃焼制御法が開発された。『大気汚染防止法』による規制値と除去能力を**表-4.1**に示す。

(4) ダイオキシ対策等の規制 [11]

愛媛大学立川らは，1983年，ごみ焼却炉の焼却残渣中のダイオキシン含有データを公表した。1990年には，『ダイオキシン類発生防止等ガイドライン』が策定された。国は，1996年，焼却残渣の処理方法として，新設と既設別の焼却炉の規模に応じてダイオキシン類濃度の基準値を設け，基本的に溶融固化して処理するように通達を出した。このことによって，全国の焼却施設に溶融施設が付設されるようになり，焼却処理後の残渣は溶融処理されることが一般化していくこととなった。1997年には，国は『ごみ処理に係るダイオキシン類の削減対策（新ガイドライン）』を公布し，溶融固化施設の設置実施を促進することを図った。同年，『大気汚染防止法』の一部を改正し，ダイオキシン類を有害大気汚染物質に指定するとともに，排出基準値を定めた。また，1999年には，『ダイ

オキシン類対策特別措置法』を制定し，ダイオキシン類の排出量は年々減少した。ダイオキシン類の最大の発生源は，廃棄物の焼却施設である。1997年度で，都市ごみ焼却施設より発生したダイオキシン類は5 000g-TEQ/年程度と推定されて

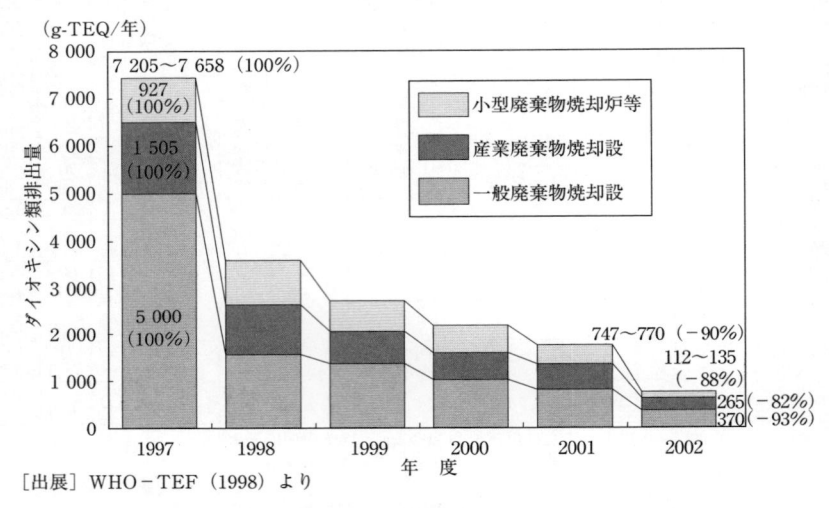

図-4.7 廃棄物処理施設からのダイオキシン類排出量の推計

いるが，規制の強化により2003年で71g-TEQ/年まで低下し，『ダイオキシン類対策特別措置法』に基づき定められた削減目標を達成した。廃棄物焼却施設からのダイオキシン類排出量の推計を**図-4.7**に示す[11]。ダイオキシン類対策として，焼却処理に代わり，溶融固化施設の設置実施が促進された。

(5) 廃棄物の溶融技術[12]

図-4.8に主な溶融炉の分類を示す。溶融施設は，焼却残渣を溶融する灰溶融施設とごみを直接溶融する施設がある。実態調査によると，溶融施設の中で直接溶融施設が1979年に初めて岩手県釜石市に設置され，その後，燃料式灰溶融施設が1985年に，

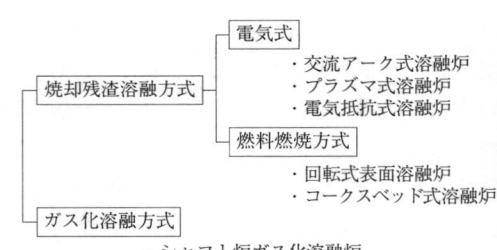

図-4.8 溶融炉の分類

電気式灰溶融施設が 1991 年にそれぞれ設置されたが，溶融施設の設置増加はあまり見られず，1993 年までは 10 施設にも達していなかった。しかし，ダイオキシン類排出削減や国の焼却灰溶融処理の奨励と誘導により施設数は急激に増加し，2002 年度には 132 施設が設置稼働している[12]（図-4.9 参照）。この急増は，『ダイオキシン類対策特別措置法』に基づき，2001 年 12 月からダイオキシン類排出量の新基準が適用されるに伴い，多くの自治体において 2002 年度末までに既設のごみ焼却施設を廃止し，新たに灰溶融施設併設の焼却施設やガス化・直接溶融炉を設置したことによる。

1998 年に『一般廃棄物の溶融固化物（溶融スラグ）の再生利用に関する指針』

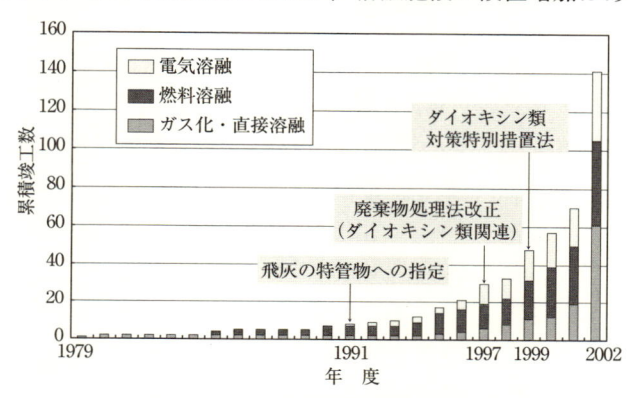

図-4.9 溶融施設累積竣工数の推移

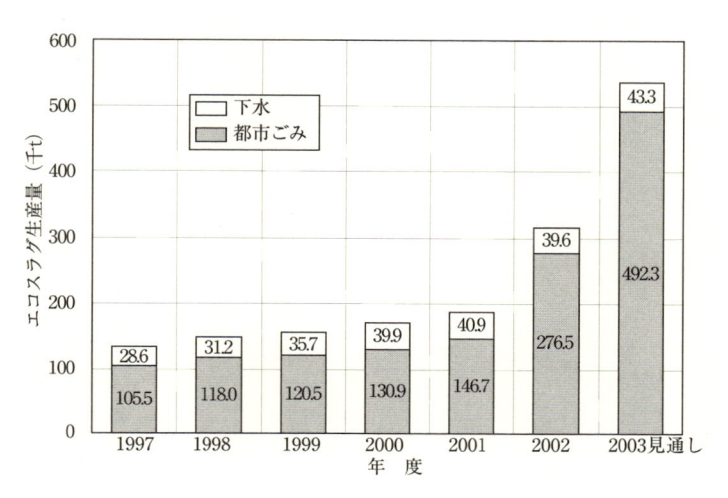

図-4.10 都市ごみ，下水汚泥のエコスラグ生産量の推移

4 廃棄物工学の変遷と今後の展開

が通達され，溶融スラグの積極的な利用が推し進められている。環境安全性評価基準を満足したスラグはエコスラグと呼ばれ，土木資材・建設資材として有効利用される。環境安全性評価は，溶出試験（JIS K 0058-1）や含有量試験（JIS K 0058-2）の結果をもとになされることになる。また2006年には，コンクリート（JIS A 5031）および道路（JIS A 5032）用溶融スラグの規格が定められた。**図-4.10** には，都市ごみと下水汚泥のエコスラグ生産量を示す。2002年度の都市ごみスラグは，全国99施設で生産され，その合計量は約22.7万tであり，そのうち約13.0万t（47%）が有効利用されている。一方，同年度の下水汚泥のスラグは約4万tであり，53%に相当する2.1万tが有効利用された。

(6) 特別管理廃棄物，PCB廃棄物処理

　PCB（ポリ塩化ビフェニル）は，1968年に発生したカネミ油症事件を契機に1972年に製造・使用が中止され，保管が義務付けられた。それまでの間，日本では約6万tが生産された。処理施設の設置が困難なことなどから，過去30年間保管を余儀なくされてきた。また，国際的には2001年，残留性有機汚染物質に関するストックホルム条約（POPs条約）が採択され，2028年までにPCB等

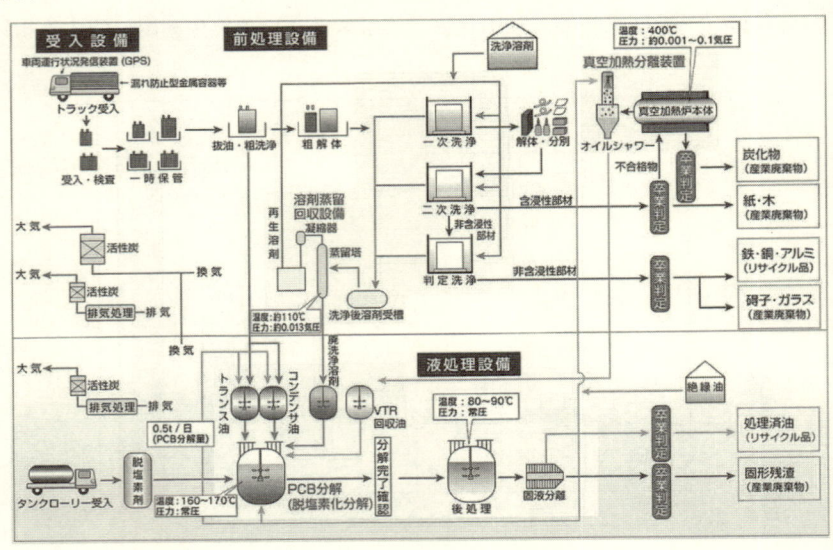

図-4.11　北九州PCB廃棄物処理施設の処理工程（JESCOホームページより）

の POPs を廃絶することとなった。これらを背景に，2001 年に『PCB 特別措置法』が制定され，15 年以内（2016 年 7 月 15 日まで）に処理をすることが義務付けられた。**図-4.11** は，北九州市に日本で最初につくられた PCB 廃棄物処理施設（第 1 期）の PCB 処理工程を示し，PCB 分解能力は 0.5t/日である。

　PCB の処理については，1975 年，高温燃焼法が処理基準として定められた。1987～1989 年，鐘淵化学に保管されていた液状の PCB 約 5 500t が 1 450 ℃で高温燃焼処理された。近年，化学処理技術の進歩に伴い，2000 年までに『廃棄物処理法』に基づく 4 種類の化学分解法（脱塩素化分解法，水熱酸化分解法，還元熱化学分解法，光分解法）が認定された。

4.2.2　最終処分

（1）最終処分場の分類

　最終処分場は 1965 年頃，もっぱら埋立地と称され，ごみが埋め立てられる場所を指していた。これに管理施設，水処理施設等を含めたものを最終処分場と定義した。当時は大都市を除いてはほとんどが山間部や沼沢地や溜池等に投棄型の埋立てがなされた。これが最終処分場として整備されはじめたのは，1975 年に至ってからである。ここで最終処分場は埋立廃棄物の種類，立地および埋立構造から次のように分類される。

（2）埋立廃棄物による分類

　1970 年に『廃棄物処理法』が制定され，そこで産業廃棄物と一般廃棄物に分類される。産業廃棄物の最終処分場は廃棄物の種類により遮断型，管理型と安定型処分場に分けられ，一般廃棄物の最終処分はすべて産業廃棄物で分類された管理型に属している。管理型最終処分場は重金属類，有害物の一定の溶出基準以下の産業廃棄物および，燃え殻，煤塵等にあっては，ダイオキシン類含有量 3ng-TEQ/g 以下の廃棄物を埋立処分するものである。一般廃棄物の最終処分はこのタイプの最終処分場と同一の機能のものである。遮断型最終処分場は，これらの基準を満たさない産業廃棄物を埋立処分する。安定型最終処分場はそのまま埋立ても環境保全上支障のない産業廃棄物でガラス，陶磁器くず，ゴムくず等が指定されている（**図-4.12** 参照）。

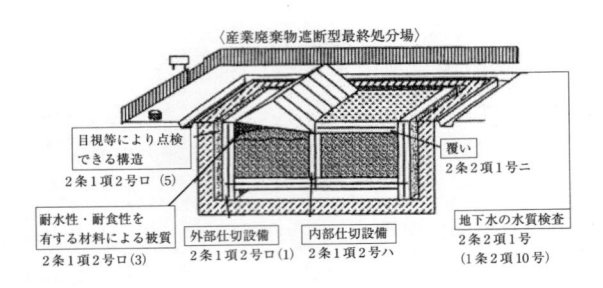

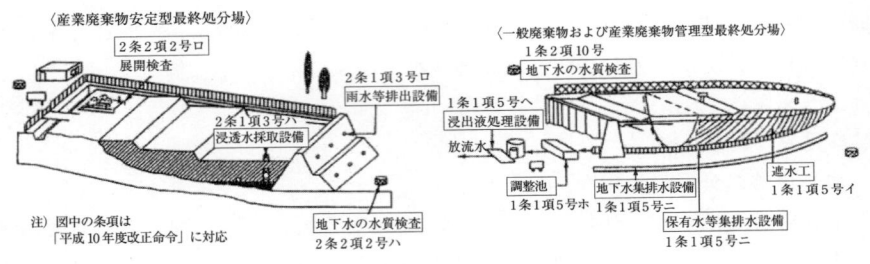

図-4.12 最終処分場の分類

(3) 立地上の分類

埋立地は立地する場所によって，陸上埋立と水面埋立に分類され，それがさらに海面埋立と内水面埋立に分類される。海面埋立は江戸時代から行われていたが，当時は今でいう海面を締め切るのではなく海岸埋立であった。陸上埋立は，山間部が多く平地の埋立ては少なかった[13]。

(4) 埋立構造による分類[13]

日本では，気候条件や社会的要求により世界でも珍しい好気性埋立構造を用いた。欧米の諸外国では嫌気性埋立構造を採用しており，埋立地から発生するメタンガス利用が盛んであった。

好気性埋立構造は花嶋がこの分野で初めて開始したもので，当時は埋立処分に金を賭ける風潮がなかったので，資金のかからない方式を開発し，1975年から用いられ始めたのが準好気性埋立構造であった（**図-4.13**参照）。

この準好気性構造は，埋立地の中に空気を送入することにより内部の微生物の働きが活発になり，埋立地内温度が70℃以上にあがり，内部に発生したガスはガス膨張により外へ排出される。これを助けるメカニズムとして，埋立地内

4.2 廃棄物研究と技術の展開

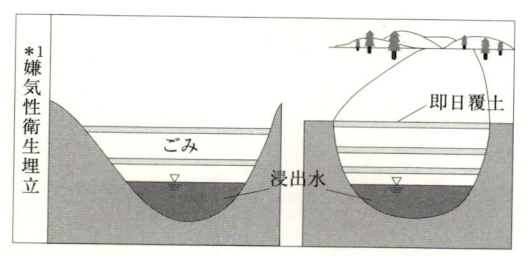

*1 嫌気性埋立に，サンドイッチ状に覆土を行った構造で廃棄物の状態は嫌気性埋立に等しい。

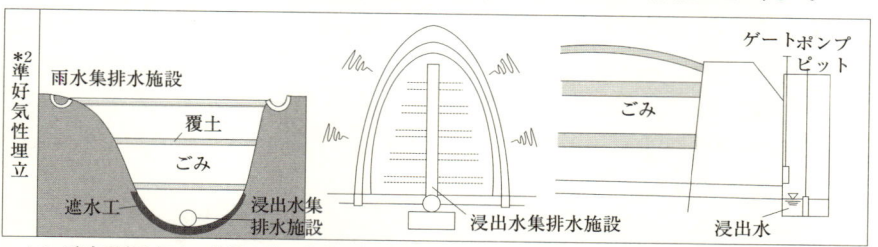

*2 改良型衛生埋立の集排水管に十分の大きさを持たせ，その開口部は大気に接しており，かつ集水管の廻りをグリ石等で巻いた構造で，含水率は小さく集水管より酸素が供給され好気性の状態となる。

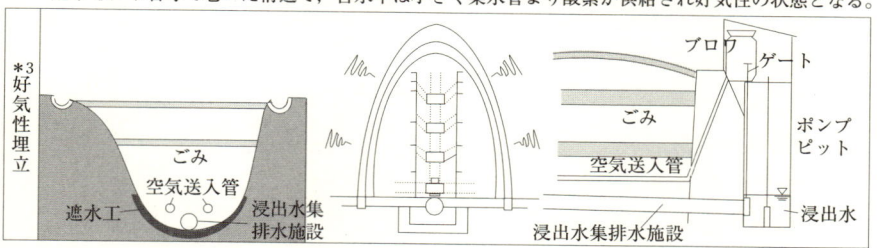

*3 準好気性埋立の集水管のほかに空気送入管を設け，これより強制的に空気を送入しごみ層内部をさらに好気的状態にした状態である。

図-4.13 埋立地の3つの構造

に空気を送入するパイプとその空気を拡散するケルン（石積）を造り，対流により内部へ空気が送り込まれるようにしたものである。幸いに当時から降雨の多い日本では，埋立地からの浸出水を排除し簡易処理をする小型の浸出水の集排水施設が造られており，これを大型化することにより経済的に施設をつくることができた。

(5) 最終処分場内施設と構造
a. 日本の最終処分場の現状 [14]

最終処分場には産業廃棄物用と一般廃棄

物用の処分場がある。一般廃棄物最終処分場は，市町村が管理しているので資料が整っている。全国の一般廃棄物最終処分場の数は，1997年度現在，2 482箇所（約16箇所の埋立閉鎖を含む）あり，埋立面積は 30 000m² 未満の最終処分場が全体の 8%，10 000m² 未満の最終処分場が約 60% となっており，平均は 22 417m² である。埋立容量については，300 000m³ 未満の最終処分場が約 60%，50 000m³ 未満の最終処分場が約 90% となっており，平均は 190 065m³ である[14]。**図-4.14** には，住民の意見を取り入れながら設計された地域と融和した最終処分場の一例（クリーンパーク・きぬ）を示す。

図-4.14 住民合意に基づく地域融和型最終処分場

b. 最終処分場施設[15]

最終処分場内施設の主なものは，貯留構造物，防災調整池，表面遮水工，雨水，浸出水集排水施設，浸出水処理設備，埋立ガス処理施設，管理施設等があげられる。このうちとくに社会的に大きな関心を持たれたのは，表面遮水工と浸出水処理設備である。

① 表面遮水工：廃棄物最終処分場において，埋立地への降水は廃棄物層に浸み込み浸出水となり，

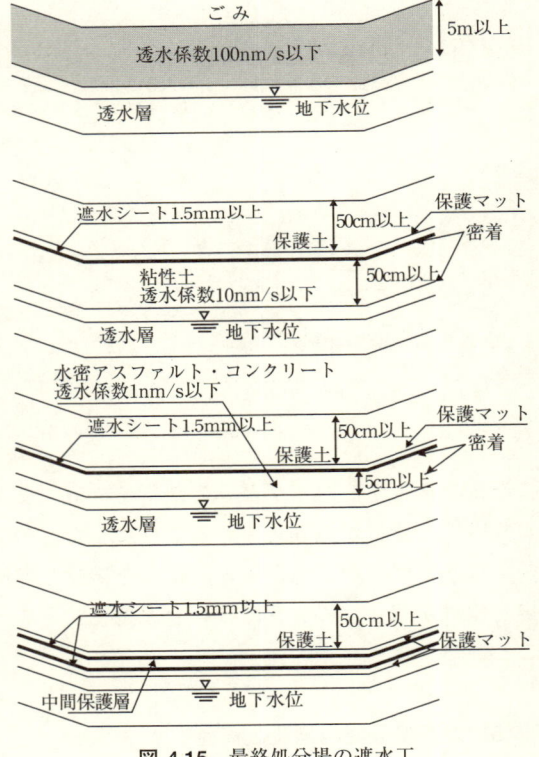

図-4.15 最終処分場の遮水工

4.2　廃棄物研究と技術の展開

やがて底部に敷設された浸出水集排水設備を通して浸出水処理施設に集まる。この浸出水による地下水汚染を防止する目的で遮水工を設置する。遮水工は鉛直遮水工と表面遮水に大別される。最終処分場の遮水工は，1998年6月の基準省令改正により「遮水シートと不透水性土質等の組合わせによる遮水工の二重化，保護層の設置等遮水機能の強化等」が図られた。構造的には透水係数100nm/s（＝ 1×10^{-5} cm/s）以下の粘土層5m以上のもの，透水係数10nm/s以下の粘土層50cm以上のものに，1.5mm以上の遮水シートを布設したもの，水密アスファルト・コンクリートの透水係数1nm/s以下のものに1.5mm以上の遮水シートを布設したもの，1.5mm以上の遮水シートを2重にして中間に保護層とシートの上部と下部に保護マットを布設した4種類に分けられた（**図-4.15** 参照）。

表面遮水材の種類としては合成ゴム系，合成樹脂系10種類，アスファルト系4種類とベントナイト系1種類とその他として鋼鈑等がある[15]。

NPO法人LS研は，2003年度の研究では「遮水工設計・施工マニュアル」の完成を見ている。これは2編からなり，1編には事前調査，基盤の設計，基盤の施工管理，基準省令にみる遮水工の種類と留意点，2編にはシート遮水工の設計・施工，土質系遮水工の設計・施工とアスファルトコンクリート遮水工の設計・施工が含まれている[16]。

② 浸出水処理施設：浸出水処理施設の目的は埋立地内の浸出水集排水施設によって集められた浸出水を放流先の公共の水域および地下水を汚染しないように処理することである。住民が最も心配したのは地下水の汚染であり，表流水の灌漑による農業被害である（**図-4.16** 参照）。

浸出水水質は一般に埋立初期は高濃度であるが，時間の経過とともに変化する水質に対応した処理施設の設計は，たいへん困難なものである。また降雨による水量の変動があるため，

図-4.16　埋立地からの浸出水の流出

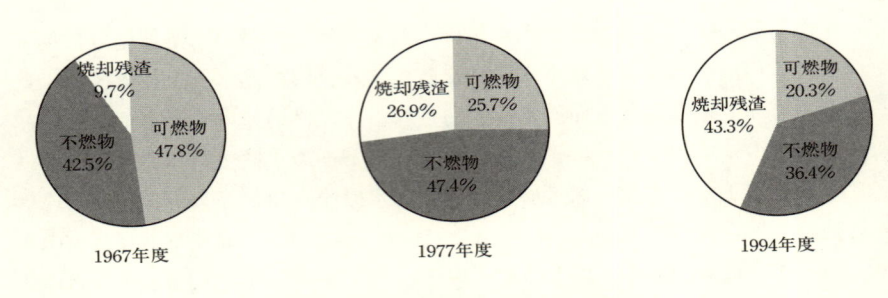

図-4.17 無機化する埋立廃棄物質

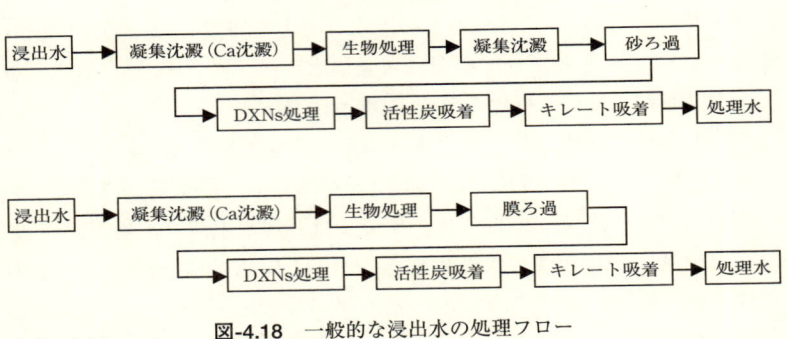

1967年度: 焼却残渣 9.7%, 不燃物 42.5%, 可燃物 47.8%
1977年度: 焼却残渣 26.9%, 可燃物 25.7%, 不燃物 47.4%
1994年度: 可燃物 20.3%, 焼却残渣 43.3%, 不燃物 36.4%

図-4.18 一般的な浸出水の処理フロー

浸出水 → 凝集沈澱（Ca沈澱）→ 生物処理 → 凝集沈澱 → 砂ろ過 → DXNs処理 → 活性炭吸着 → キレート吸着 → 処理水

浸出水 → 凝集沈澱（Ca沈澱）→ 生物処理 → 膜ろ過 → DXNs処理 → 活性炭吸着 → キレート吸着 → 処理水

処理する浸出水量を定めるのが難しい。浸出水の調整槽を大きくすることによって対処しているのが現実である。地域による降雨量の違いも考慮して計画を立てなければならない。とくに積雪地域の融雪時期の対応が難しく積雪の前に中間覆土を厚くするなどして，その対応を図っている。日本の一般廃棄物の埋立地に投入される廃棄物の質は，**図-4.17** に示されるように埋立廃棄物が年々焼却残渣と不燃物主体のものに変わっている[17]。このことによる水処理施設でのカルシウムのスケール生成の影響は，下水処理場等では見られない傾向である。一般的な水処理フローを**図-4.18** に示す[18]。浸出水中のダイオキシン類（DXNs）処理技術は，原水中からDXNsを取り除く分離技術とDXNsを炭酸ガスや水等の無害な物質までにする分解技術に分けられる[18]（**図-4.19** 参照）。埋立地におけるDXNs毒性当量の物質収支を**図-4.20** に示す[19]。

③ 表面遮水工の漏水検知技術：埋立地からの浸出水の漏洩による地下水汚染問題が最終処分場建設反対の一番大きな原因である。そのため最終処分

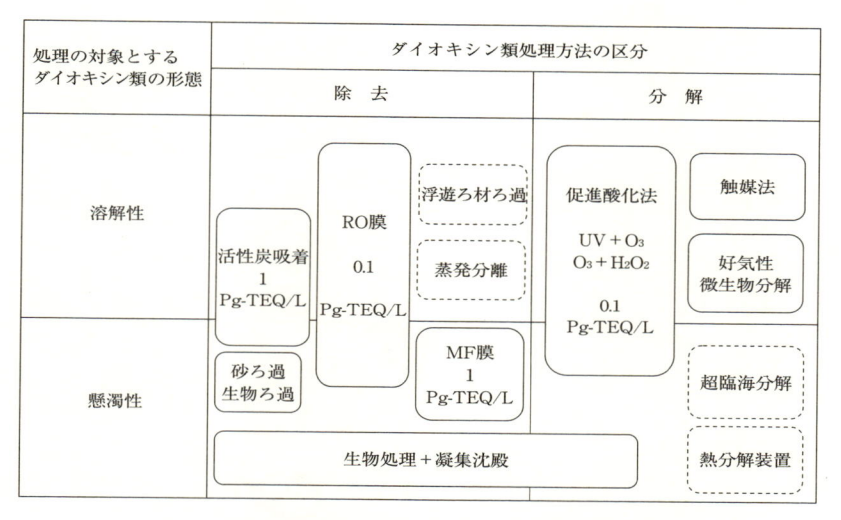

処理の対象とする ダイオキシン類の形態	ダイオキシン類処理方法の区分			
	除　去		分　解	
溶解性	活性炭吸着 1 Pg-TEQ/L	RO膜 0.1 Pg-TEQ/L	浮遊ろ材ろ過	促進酸化法 UV + O_3 O_3 + H_2O_2 0.1 Pg-TEQ/L	触媒法
			蒸発分離		好気性 微生物分解
懸濁性	砂ろ過 生物ろ過		MF膜 1 Pg-TEQ/L		超臨海分解
	生物処理 + 凝集沈殿				熱分解装置

図-4.19　浸出水中の DXNs 分解処理方法

場管理には，特別の遮水工漏水検知技術が要求された。遮水シートに生じた損傷の有無とその位置を検知する方法として大きくは電気的検知法と物理的検知法が開発された。

電気的検知法として電位法，漏洩電流法，パルス法，電流位相法，インピーダース法等，物理的検知法としては真空吸引法，コロイド溶液加圧法等がある。これらの手法によりかなり小さな傷口まで発見できるようになった。

c. 新しい最終処分場 [20), 21), 22)]

① 覆蓋型最終処分場：従来型最終処分場の環境上の問題により，最終処分場に対する地域住民の不信感が高まり，最終処分場の建設推進に支障をきたしている。これを払拭するため1989年に花嶋が研究組織を立ち上げ，覆蓋型最終処分場の研究を開始した。この処分場は構造物で覆われており，クローズドシステム処分場と呼ばれている。

この処分場の特徴としては，(1) 外部からは最終処分場のイメージが薄く，クリーンなイメージの施設である。(2) 閉鎖空間の処分場であるため廃棄物の飛散，臭気の拡散等を防ぐことができる。(3) 発生する浸出水の量は降水（降雨降雪）等の自然現象に左右されない。浸出水量の制御がで

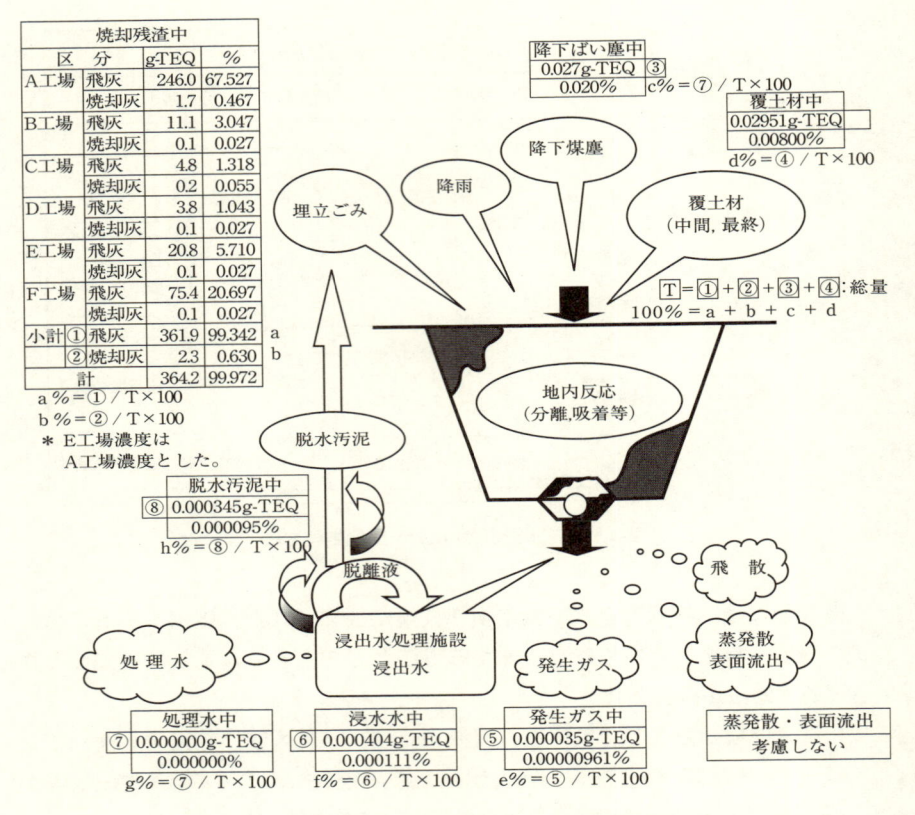

4 廃棄物工学の変遷と今後の展開

焼却残渣中			
区分		gTEQ	%
A工場	飛灰	246.0	67.527
	焼却灰	1.7	0.467
B工場	飛灰	11.1	3.047
	焼却灰	0.1	0.027
C工場	飛灰	4.8	1.318
	焼却灰	0.2	0.055
D工場	飛灰	3.8	1.043
	焼却灰	0.1	0.027
E工場	飛灰	20.8	5.710
	焼却灰	0.1	0.027
F工場	飛灰	75.4	20.697
	焼却灰	0.1	0.027
小計①	飛灰	361.9	99.342	a
②	焼却灰	2.3	0.630	b
計		364.2	99.972

$a\% = ① / T \times 100$
$b\% = ② / T \times 100$

＊E工場濃度はA工場濃度とした。

降下ばい塵中
③ 0.027g-TEQ
0.020%
$c\% = ③ / T \times 100$

覆土材中
④ 0.02951g-TEQ
0.00800%
$d\% = ④ / T \times 100$

$T = ① + ② + ③ + ④$：総量
$100\% = a + b + c + d$

脱水汚泥中
⑧ 0.000345g-TEQ
0.000095%
$h\% = ⑧ / T \times 100$

処理水中
⑦ 0.000000g-TEQ
0.000000%
$g\% = ⑦ / T \times 100$

浸水水中
⑥ 0.000404g-TEQ
0.000111%
$f\% = ⑥ / T \times 100$

発生ガス中
⑤ 0.000035g-TEQ
0.00000961%
$e\% = ⑤ / T \times 100$

蒸発散・表面流出
考慮しない

図-4.20 埋立地におけるDXNs毒性等量の物質収支

きる。また，豪雪地域でも冬季の埋立てができるなどのメリットがあり，現在，住民が環境保全に納得する唯一の処分場である[20]（**図-4.21**参照）。

② WOWシステム：1999年に花嶋，樋口が新しく発想した研究システムで，廃棄物を洗浄して処分するシステムでWash Out Waste Systemの略である。このシステムの発想の原点は，『廃棄物処理法』の1998年改正で最終処分場廃止の規定ができ，処分場が閉鎖されてもそれが廃止の基準を満たすまで長期間最終処分場を管理しなければならず，その間に企業の倒産など社会問題が起きることが考えられる。そこで埋め立てる前に廃棄物を洗浄することにより，閉鎖後の管理期間を短くすることができると同時に跡

4.2 廃棄物研究と技術の展開

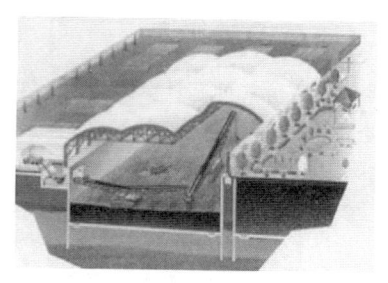

(1) 屋根付きタイプ

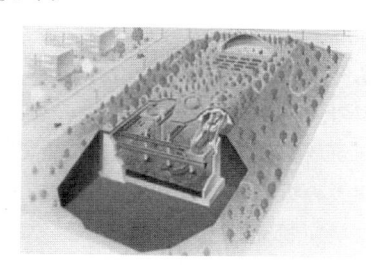

(2) 人口地盤タイプ   (3) 盛立てタイプ

図-4.21 覆蓋型最終処分場の分類

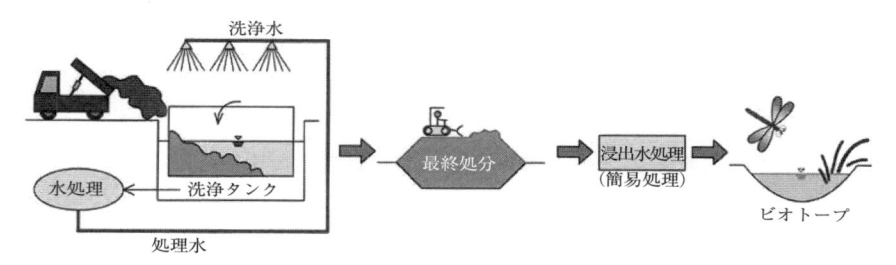

図-4.22 WOW システムの概念

地の内容が明らかになり跡地の売買がスムーズにいくようにするシステムである[21]。現在，某県でこのシステムを取り上げられ具現化されようとしている（**図-4.22** 参照）。

③ 塩類処理とその利用：塩類再利用システム研究会（通称，CS 研究会）を樋口らが立ち上げた研究会で，焼却処理や最終処分場の水処理施設から排水される多量の塩類を再利用塩として低価格の塩酸やアルカリに変えて利

用していく研究会であり，将来の塩類による環境問題の解決に大きな貢献をするであろう。

以上のように最終処分場技術も日進月歩であり，2005年度に国が三位一体の政策の中で補助金を削減し，交付金制度を行うよう方向を変えた。今後，最終処分場単独ではなく，資源利用施設や中間処理施設を含めた総合的環境保全資源循環施設として大きく前進していく方向に向かうであろう。

4.3 循環型社会に向けた研究・技術の展開

4.3.1 待ち受けている社会像

国家の栄枯盛衰は，有史以来の歴史が物語っている。優れた為政者，愚かな為政者が統治する国家の結末は，歴史が物語っている。歴史は，これからの国家，個人の振る舞いを考えるうえで大切であり，大いに役立てなければならない。環境問題を考えるうえでも，鉱物資源の枯渇性や天然資源の更新性を認識せずに，無計画に，かつ必要以上の資源を使用した国家，民族の存続は長くなかったことを忘れてはならない。国家の滅亡と雖も，それらは世界の中の特定地域の問題であり，地球の存亡を脅かすものではなく，その点において我々が直面している地球規模の環境問題と大きく異なる点である。

廃棄物問題は，地球温暖化，海洋汚染，有害廃棄物越境移動と地球環境問題と密接に関係している。地球環境問題に早期に目処をつけることが，現代を生きる研究者，行政者のみならず，市民の個人個人に課せられた最大の課題でもあり，廃棄物資源化の問題から少しでも貢献しなければならない。

待ち受けている社会像について，簡単に整理をして見たい。まず，人口問題である。世界人口は爆発的に増加を続け，現在の65億人から2050年には91億人に増加するとされている。一方で，日本の人口は，2006年をピークに減少を始め，2050年には1億60万人（21%減少）と予測されている。また，年齢構造は，14歳以下が10.8%，65歳以上が35.7%と予測され，少子化，高齢化社会が待ち受けている。それに伴い，経済余剰が減少し，福祉，医療，環境対策等への投資維持が困難になることが予想されている。また，高齢者が利便性の高い都市へ回帰する傾向が強まっている。都市への一層の人口集中が始まっている。一方では，人口減少により，廃棄物の排出量の減少が見込まれる。さらに，戦

4.3 循環型社会に向けた研究・技術の展開

後に建設された道路，下水道等の社会インフラや建築物は老朽化を迎えており，構造物の補修や解体が求められ，膨大な建設廃棄物の発生と新たな建設投資が懸念されている。資源問題に関しては，鉛，金，銀，亜鉛，銅の鉱物資源が2050年までに枯渇し，鉄，石炭，アルミニウムにおいても，ここ300年間で枯渇されているとされている。さまざまな諸問題を抱えている地球環境問題であるが，最終的には，資源とエネルギーの供給問題に帰結するといわれている。また，資源の枯渇はエネルギー問題と密接な関係にあり，日本の責務として，今後，50年間でエネルギー使用を半分程度までに低減させる必要があるとされている。これらの制約条件を受け止めながら，次なる30年の廃棄物問題の在り方を議論しなければならない。

4.3.2 持続可能な社会に向けた廃棄物研究・技術の展開

　持続可能とは，未来世代のために地球を残すことである。その持続可能な社会に向けて，循環型社会形成への取組みが始まった。廃棄物問題においては，この地球存続の鍵となる大きな社会改革に取り組むとともに，まずは廃棄物に関わる負の遺産を解消すべきである。環境汚染のリスクを抱えている現行の埋立基準とは大きくかけ離れた不適正な埋立地を適正化し，環境汚染を食い止めなければならない。1 000万tを超えるとも言われている廃棄物が不法投棄された現場の現状回復もしかりである。取組みは始まっているが，現状のままでは，解決までに相当の時間を要すると思われる。

　『容器包装リサイクル法』の施行に伴い，ペットボトルの回収が始まった。自治体は，その回収費用に悲鳴を上げ，製造メーカに費用負担を要望して，受け入れられたところである。一方，製造メーカは，自治体間に回収費用の差の大きさ，その実態を明らかにするよう要望している。利潤を追求する企業にとって，当然の疑問と思われる。この一例からもわかるように，廃棄物事業費の内訳は複雑であり，市民に公開されているとは言えない。建設－運用－更新－廃棄までを考慮したエネルギー効率の最大を達成する中間処理施設の開発，廃棄物からのマテリアルリサイクル，サーマルリサイクルとしての高効率の発電施設を備えた焼却施設，廃棄物の輸送効率化と輸送距離の短縮によるエネルギー，コストの削減が必要である。

　廃棄物の循環資源化の視点からは，溶融スラグ，焼却残渣の循環資源化がな

されなければならない。土木資材，原料として安心して，安定して使用できる品質と量の確保と適正な価格を提示しなければならい。同時に，天然資源に優先して使われる法的なシステムづくりも欠かせない。高齢化と高齢者の都市回帰に伴い，都市圏におけるディスポーザによる生ごみの下水道放流への要望が高まってくると予想される。また，一部の生ごみはコンポスト化され，バイオマスエネルギーとして回収されるべきである。焼却対象廃棄物に生ごみが入らなくなることにより，焼却炉の設計も見直しを迫られることにもなり得ない。

最終処分に関しては，人口減少に伴う廃棄物排出量の減少，一層のリサイクル推進によって，埋立処分量の減少が見込まれる。しかし，埋立てられる廃棄物質を考えた場合，リサイクルには回せない中間処理施設から排出されるリサイクル残渣等，埋立廃棄物は埋立地で安定化が困難な質へと変化し，性状の悪化に対応できる高度かつ長期にわたり貯留，保管できる埋立地が求められることになろう。焼却残渣に対しては，徹底して自然浄化能力（生物，化学，鉱物学的）を活用し，低コストで，低エネルギーな埋立処分が求められる。さらには，埋立処分において最も問題となるのは浸出水による環境汚染であり，埋立地への必要以上の雨水を流入させないための覆蓋施設やキャッピングによる浸出水発生抑制技術の開発が求められる。

今後とも発生の増大が予想されている社会インフラの更新に伴い発生する建設廃棄物に関しては，延命化を図るとともに，社会情勢の変化に対応した計画的な更新と新たな社会インフラの構築が大切である。また，そこでは，建設資材の最大限のReuse，Recycleがなされるべきである。また，気象変動に起因し，多発する傾向にある洪水，台風，さらには地震等の自然災害に伴い発生する災害廃棄物に適切に対応できる体制づくりと廃棄物処理施設の充実が望まれる。次なる30年に求められる前述の国や自治体を中心とした施策の導入や技術開発とともに，持続可能な社会の構築の鍵となるのは，国民一人一人の自覚であり，生活の量から質へと価値観を転換しなければならない。また，将来を担う若者達だけでなく，高齢者までを含めた環境教育はより大切なものとして位置付けられなければならない。

2005年4月下旬，3Rイニシアティブ閣僚会合（環境大臣主催）がアメリカ，ドイツ，フランス等の20ヶ国の閣僚等および4つの関連国際機関の代表の参加を得て東京において開催されたところである。国内では循環型社会の構築を目

指している一方で，中古品の再利用，資源回収等を目的とした，自動車・バイクの中古品，テレビ・コンピュータ等の中古電気・電子製品，古紙，プラスチック等の日本を含めた先進国から東アジアの発展途上国へ輸出が増加している。資源化に伴う輸出先での環境汚染，廃棄物処理を目的とした悪質な輸出，法律の未整備等，多くの問題を抱えながらも，中古製品・循環資源の輸出量は増加している。国内の循環資源化と有機的に連携した，東アジアの国々との共同による広域圏での循環資源化による地球環境問題を解決する時期を迎えており，アジア諸国との情報提供と交換，技術協力が強く望まれる。

　過去の30年間は，社会問題となるまでに顕在化した廃棄物にまつわる諸問題解決に取り組んで来た時代であり，法的な整備がなされ，多くの技術が開発されるに至った。これからの30年間は，今までの個別の問題解決で済まされず，地球環境の破綻を回避するための持続可能な社会への転換を念頭においた，適正な廃棄物の循環資源化，処理の在り方を提示し，そこに求められる技術開発がなされなければならない。寄り道は許されず，進むべき道を誤ることも許されない，今までにない厳しい時代を迎えている。

◎参考文献
1) 杉並正用記念財団：東京ゴミ戦争－高井戸住民の記録－，pp.8-16，1983.
2) 栗原四郎：ゴミ学百科全書－明治・大正・昭和初期における都市ごみ－，都市と廃棄物，Vol.6，No.2，p.21，1972.
3) 溝入茂：ごみ百年史－処理技術に移りかわり－，学芸書林，p.393，1988.
4) 全国都市清掃会議：日本の廃棄物 '96，厚生省生活衛生局水道，環境部環境整備課監修，1996.
5) 狩郷修：京都市ごみ処理の変遷と将来，都市と廃棄物，Vol.2，No.9，p.15，1972.
6) 溝入茂：ごみの百年史－処理技術に移りかわり－，学芸書林，pp.335-337，1988.
7) 廃棄物学会：廃棄物ハンドブック，オーム社，p.157，1996.
8) 溝入茂：ごみの百年史－処理技術に移りかわり－，学芸書林，p.401，1988.
9) 溝入茂：ごみの百年史－処理技術に移りかわり－，学芸書林，p.421，1988.
10) 志垣政信：廃棄物の焼却技術（改訂3版），オーム社，pp.82-83，2000.
11) 環境省編：平成16年版循環型社会白書，p.80，2004.
12) 大迫政浩ら：溶融施設の稼働状況と溶融スラグの有効利用状況調査，第14回廃棄物学会研究発表会講演論文集，pp.533-535，2003.
13) 全国都市清掃会議：廃棄物最終処分場整備の計画設計要領，p.151，2001.
14) 全国都市清掃会議：廃棄物最終処分場整備の計画設計要領，p.157，2001.
15) 全国都市清掃会議：廃棄物最終処分場整備の計画設計要領，p.213，2001.
16) NPO法人最終処分場技術システム研究会：平成15年度研究成果報告書，p.143，2004.
17) 全国都市清掃会議：廃棄物最終処分場整備の計画設計要領，p.153，2001.
18) 全国都市清掃会議：廃棄物最終処分場整備の計画設計要領，p.362，2001.
19) 堀井安雄：最終処分場におけるダイオキシン類に関する研究，平成13年3月，博士論文，福

4 廃棄物工学の変遷と今後の展開

　　　　岡大学.
20)　花嶋正孝ら：埋立地における高塩類濃度に関する研究，第 1 回廃棄物学会研究発表会講演論文集，pp.337-340, 1990.
21)　クローズドシステム処分場開発研究会：みんなのクローズドシステム処分場，オーム社，p.3, 2004.
22)　WOW システム研究会：2000 年度活動報告書, 2001.

Chapter 5

5　水環境の変遷と環境工学研究

水環境年表——134

- 5.1　水環境問題の現象把握，機構解明，影響評価研究の展開——139
  - 5.1.1　水環境の定義——139
  - 5.1.2　水環境問題の史的変遷と経験——140
  - 5.1.3　水環境に関わる現在の問題と事例——146
  - 5.1.4　水に関わる現象の把握と成果の利用——153
  - 5.1.5　水環境の社会的評価——156
  - 5.1.6　水環境にかかる今後の展開——156
  - 5.1.7　水環境問題解決にかかる学問的課題——157

- 5.2　水環境保全のための対策技術研究の展開——159
  - 5.2.1　直接浄化技術——159
  - 5.2.2　エコテクノロジーによる自然再生——164

水環境年表

年代	社会背景	学会・協会関連	法律・行政	現象解明・対策技術
1890年代	国会で足尾銅山鉱毒事件を討議(1891)		旧河川法制定(1896)	
1900年代	田中正造足尾銅山鉱毒を天皇に直訴(1901)		英国でナショナルトラスト法制定(1907)	
1910年代				
1920年代				
1930年代	大阪府で河川浄化運動第一回委員会(1937)			霞ヶ浦水質調査開始(1933) 吉村信吉「湖沼学」(1937)
1940年代	神通川鉱害対策協議会結成(1948)	土木学会「水理公式集」出版(1949)	東京都,工場公害防止条例制定(1949)	底生動物による水質階級判定法(津田,1944)
1955	イタイイタイ病が社会問題化			
1956	公害問題が深刻化 水俣病の公式発見		工業用水法制定	
1958	本州製紙江戸川工場に沿岸漁民乱入,警官隊と衝突		水質保全法制定 工場排水規制法制定 下水道法制定	
1959	相模湖で大規模な水の華発生		厚生省調査会が水俣病の原因として有機水銀説を答申	
1961	水島海域に異臭魚問題発生			
1962		第1回国際水質汚濁研究会議ロンドンで開催	第一次全国総合開発計画策定	レイチェル カーソン「沈黙の春」出版
1963	熊本大学医学部水俣病研究班,メチル水銀化合物が原因であると発表		新河川法制定	
1964	新潟県阿賀野川流域に水銀中毒患者を発見 琵琶湖で藻類異常発生 厚生省公害課設立	第1回衛生工学研究討論会開催 第1回国際水質汚濁研究会議東京で開催	公害防止事業団法制定	
1965	新潟県水俣病発報告 衆参両院に公害対策特別委員会設置	International Association on Water Pollution Research and Control (IAW-PRC) 設立		
1967	中央公害対策審議会発足		公害対策基本法制定	廃油処理施設の整備(港湾)

年代	社会背景	学会・協会関連	法律・行政	現象解明・対策技術
1968	カネミ油症（PCB汚染）事件		水俣病の原因を排水中有機水銀とする政府統一見解発表 神通川流域のイタイイタイ病原因をカドミウムと発表（厚生省）	
1969			政府初の公害白書発表（1972年より環境白書）	水環境整備事業，河川浄化事業実施（河川）
1970	田子の浦ヘドロ公害問題起こる 公害国会 米国環境保護庁設置 英国環境庁設置		水質環境基準閣議決定 水質汚濁防止法制定 海洋汚染防止法制定	庄司・宮本「恐るべき公害」出版 1970年代水質予測モデル　衛星を用いた水域環境の観測
1971	UNSCO，人間と生物圏（MAB）計画設置	日本水質汚濁研究会設立	環境庁発足 中央公害対策審議会発足 ラムサール条約（1975発効，日本は1980に締約国）	田子の浦港のヘドロ浚渫など公害防止対策事業を開始（港湾）
1972	瀬戸内海で大規模赤潮による漁業被害発生 国連第一回人間環境会議開催（ストックホルム） 全国にPCB汚染問題広がる	国連環境計画（UNEP）設立 ローマクラブ「成長の限界」発表	日米渡り鳥条約調印 海洋投棄規制条約（ロンドン条約）採択（1975発効,日本1980に締約国） 環境庁排水のPCB暫定指導指針を設定 自然環境保全法公布	
1973	足尾銅山閉山 土呂久鉱山周辺の慢性ヒ素中毒症を公害病に認定 水俣病訴訟第一審判決 第一次石油ショック		瀬戸内海環境保全臨時措置法制定 化学物質の審査および製造等の規制に関する法律（化審法）公布 ワシントン条約（1975発効，日本は1980に締約国）	須磨海岸環境整備事業開始（海浜47ha）
1974	水島コンビナートで重油流出事故発生	国立公害研究所開所		港湾区域外の一般海域における浮遊油・ごみの回収を国の直轄事業として実施（港湾） 海岸環境整備事業を開始（海岸）
1975	江戸川区で六価クロム汚染問題表面化		PCB環境基準，排水基準設定	「水質汚濁に伴う生物相変化調査」結果まとまる（環境庁）
1976	ライン河流域五カ国が「ライン河汚染防止条約」調印		宮城県環境影響評価指導要綱制定 川崎市環境影響評価条例制定	緑の国勢調査始まる（環境庁）
1977		OECD「日本の環境対策」発表		

年代	社会背景	学会・協会関連	法律・行政	現象解明・対策技術
1978	第二次石油ショック	「水質汚濁研究」刊行	瀬戸内海環境保全基本計画閣議決定 瀬戸内海環境保全特別措置法制定　水質汚濁防止法の改正（水質総量規制の制度化）	覆砂などの海域環境創造事業の実施（港湾）
1979			滋賀県琵琶湖の富栄養化の防止条例制定 東京湾・伊勢湾・瀬戸内海における総量規制の実施	
1980	中国でも水銀中毒		環境庁含リン洗剤使用自粛要請 河川審議会答申で「河川環境」うたわれる	1980年代エコテクノロジー研究
1981			瀬戸内海の環境保全に関する府県計画策定	
1982			湖沼の窒素およびリンに係る環境基準設定	
1983				
1984	国連環境と開発に関する世界委員会（WCED）発足	第一回世界湖沼環境会議（滋賀県）開催	湖沼水質保全特別措置法制定 「環境影響評価の実施について」閣議決定 東京湾・伊勢湾・瀬戸内海の第一次COD総量規制	曝気による水質改善事業（釜房ダム）
1985				湖沼に係る窒素・リンの排出規制の実施 海水交換の悪化などを軽減する直立消波式透過型防波堤（鹿児島港）
1986		国連学術連合会議（ICSU）総会で，地球圏・生物圏国際協同研究（IGBP）開始を決議		
1987	環境と開発に関する世界委員会が持続可能な開発の考え方を提唱「Our Common Future」（東京宣言）		第二次総量規制の実施	
1988	長良川河口堰本体工事着工			シーブルー事業実施（港湾） 関門航路の浚渫土砂による周防灘の覆砂事業の開始（7500ha）
1989	エクソン・バルディーズ号油流出事件		バーゼル条約採決（1992年発効）	埋立による代償として五日市人工干潟の整備開始（25ha）

年代	社会背景	学会・協会関連	法律・行政	現象解明・対策技術
1990		第15回IAWPRC京都会議開催 地球環境産業技術研究機構(RITE)設立	水質汚濁防止法の改正(生活排水対策の制度化) 「多自然型川づくり」の通達	多自然型川づくり実施(河川) 河川水辺の国勢調査開始
1991	湾岸戦争でペルシャ湾原油汚染	日本水質汚濁研究協会を日本水環境学会に改称	第三次総量規制の実施 湖沼水質保全特別措置法施行令の一部改正(規制対象項目として窒素・リンを追加指定) 環境基準(土壌汚染)告示	魚ののぼりやすい川づくり実施(河川) 三河湾水質浄化のための干潟造成・覆砂事業開始(蒲郡市竹島65ha)
1992	地球サミット(リオ・デ・ジャネイロ)	IAWPRCがInternational Association on Water Quality (IAWQ)に名称変更	生物多様性条約採択(1993発効)	
1993			環境基本法制定	清流ルネッサンス21実施(河川)
1994			環境基本計画策定 水源二法制定	エコポートモデル事業実施(港湾)
1995	気候変動枠組条約第1回締約国際会議COP1開催(ベルリン)		生物多様性国家戦略(地下水の浄化措置命令制度・油事故時の措置命令制度)	
1996	環境ホルモン問題が騒がれる 水道を介したクリプトスポリジウムによる感染症の集団発生		水汚濁防止法の改正 第四次総量規制の実施	エコ・コースト事業実施(海岸) シーア・コルボーンら「奪われし未来」出版
1997	COP3京都で開催 ナホトカ号,ダイヤモンドグレース号油流出事故 諫早湾水門締め切り	第1回世界水フォーラム開催(モロッコ・マラケシュ)	環境影響評価法公布(1999施行) 河川法の改定(治水・利水・環境) 環境基準(地下水)告示	
1998	ダイオキシン問題騒がれる	地球環境戦略機関(IGES)設立	第五次全国総合開発計画策定(21世紀国土のグランドデザイン)	中山水道航路の浚渫土砂による三河湾の干潟・浅場造成,覆砂事業の開始(620ha)
1999	藤前干潟埋め立て計画見直し　三番瀬埋め立て計画見直し	IAWQとInternational Water Services Association (IWSA)が合併し,International Water Association (IWA)に	ダイオキシン類による大気汚染,水質汚濁および土壌の汚染に係る環境基準の告示 海岸法の改正(環境の整備と保全) 持続性の高い農業生産方式の導入の促進に関する法律制定(環境と調和のとれた農業生産)	

年代	社会背景	学会・協会関連	法律・行政	現象解明・対策技術
2000	有明海のノリの不作		港湾法の改正（環境の保全に配慮）	
2001	環境省発足	内分泌攪乱化学物質の無脊椎動物試験標準化に関する国際ワークショップ開催	第五次総量規制の実施 ストックホルム条約採択（2004発効）	清流ルネッサンス実施（河川）
2002	持続可能な開発に関する世界サミット開催（ヨハネスブルグ）		有明海および八代海を再生するための特別措置に関する法律制定 漁港漁場整備長期計画を策定（水産資源の生息環境を保全・創造） 東京湾再生行動計画の策定 自然再生推進法公布	自然再生事業実施（河川） リサイクルポート事業実施（港湾）
2003		第3回世界水フォーラム開催（日本） 土木学会環境工学委員会40周年記念シンポジウム	水質環境基準生活環境項目の拡充（水生生物保全の観点からの環境基準）	
2004		アジア水環境パートナーシップ開始 土木学会環境工学委員会「環境工学公式・モデル・数値集」出版	景観緑三法の公布 大阪湾再生行動計画の策定	
2005	京都議定書発効		湖沼法改正（面源負荷対策強化）	
2006	水俣病公式確認50年			

5.1 水環境問題の現象把握，機構解明，影響評価研究の展開

5.1.1 水環境の定義

環境とは，「人間および生物と，人間および生物を取り巻き，それらと相互作用を及ぼし合うものとして見た外界のすべて」，そして，水環境とは「"環境"のうち，水が直接，間接に関わるもの」とここでは定義する。

この定義に従えば，水環境は図-5.1 のように，流域を空間ユニットとしてまとめられる。水自身は，その存在，移動，機能により水環境を構成する主体となる。水環境の要素は，水自体に加えて，大気，気象，土壌，生物群のような自然系，治水，利水，水産，舟運，景観，レジャーのような人が直接関わっている利用系，土

| 大気 | 気象 | 土壌 | 生物群 | 自然系 |

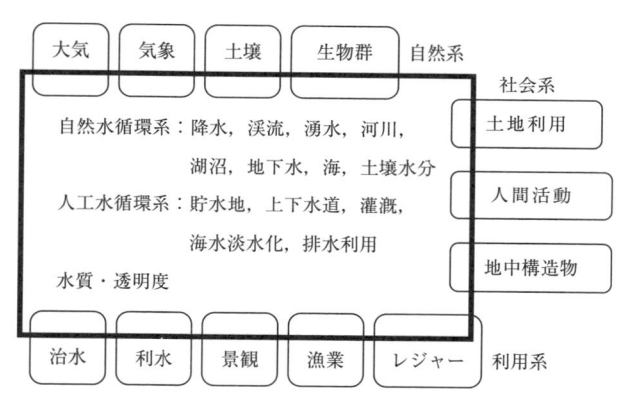

自然水循環系：降水，渓流，湧水，河川，湖沼，地下水，海，土壌水分
人工水循環系：貯水地，上下水道，灌漑，海水淡水化，排水利用
水質・透明度

社会系：土地利用，人間活動，地中構造物

| 治水 | 利水 | 景観 | 漁業 | レジャー | 利用系 |

図-5.1 水環境の構造

地利用，生活，工業生産，農業，畜産等の人間の営みが間接的に影響を及ぼす社会系から構成されている。空間は海域を含めた流域が単位となるが，ものやサービスの移動を含めると影響域はさらに拡大し，時には国外にまで及ぶ。環境質の劣化はこれらの要素が時には個々に，時には複合して発生するし，環境質の改善においても同様である。関係する学問から見れば，水文学，気象学，水資源学，陸水学，河川工学，湖沼学，農学，林学，生態学，植物学，動物学，魚類学，保全生物学，応用生態工学，環境工学，水理学，海岸工学，海洋学，水産学，経済学，社会学，心理学，デザイン・景観等が関わっている。このことは，水環境を論じるには自然科学だけでなく社会科学，さらには文化論にまで及ぶ広範な知識が求められることを意味している。言い換えると，全容を理解するには個別事象を見る目と全体をシステムとしてとらえる目の双方が必要

であることを示している。

5.1.2 水環境問題の史的変遷と経験

水環境問題に関わる課題には負を0に戻す課題と0を正にする課題とがある。前者には公害や鉱害の解消という人為に関わるものや自然現象の影響等を受ける環境質の改善があり，後者には環境創造がある。一般的に言って，前者の公害や鉱害の解消ための技術はおおむね出揃っており，自然現象の影響を受ける環境質の改善や後者のためのものは開発中のものが多い。日本が公害や鉱害を克服してきた過程を振り返ることは，対応法制度や対処技術だけを記憶することだけではなく，そのような事象が生じた原因や社会的条件まで遡り，今後繰り返すことのないようにするともに，発展途上国において同じことを繰り返さないようにノウハウを伝えていくためである。また，公害や鉱害より軽微の環境質の劣化過程にも事象の発生に関わる経験則があるので同様に認識し，今後に伝えていく必要がある。このようなノウハウは文書によりかなりの部分は伝えられるが，そのときの考え方や心構えのように伝えられないもの，言い換えると，人から人へしか伝わらないものが必ずあることも認識しておく必要がある。

(1) 公　害

日本の公害問題の原点は足尾銅山による鉱毒事件であり，水質汚濁に関わる原点は水俣病である。ここでは，これらとイタイイタイ病の歴史的展開，および海外の事例を簡単に述べ，次いで公害防止および環境影響削減の基本的考え方を述べる。

① 足尾鉱毒汚染[1]：足尾における銅鉱脈は1610（慶長15）年に発見され，1611（慶長16）年に精錬を開始した。当時の用途は芝上野の徳川廟の築造や江戸城の増築用屋根瓦，後には輸出用であった。明治に入り1877年には古河市兵衛に払い下げられた。その後，新たな鉱脈の発見等により1885年には全国の39％を産出するに至った。その後，1973年閉山となった。

足尾銅山[1]が引き起こした環境問題は，坑木や燃料確保のための山林の乱伐，荒れ山による保水力の喪失と降雨直後の流出率の増大による氾濫の増加，出水による汚染物質の流出による魚類の斃死，硫酸含有煤煙による周辺森林の劣化であり，栃木県，群馬県から江戸川，利根川流域にかけて

5.1 水環境問題の現象把握，機構解明，影響評価研究の展開

生じたものである。鉱毒の影響は1885年頃から生じ，1896年の洪水によって鉱毒の影響は顕在化した。排煙に含有されていた二酸化硫黄と銅イオンを主とする重金属が原因である。排煙中の二酸化硫黄から硫酸を製造しようとしたが低効率でうまくいかなかった。鉱毒の解消のために時の代議士田中正造が東奔西走したが，解決に到らなかったために1901年に天皇に直訴した。その後，鉱毒調査会の報告を受けて，1910年から1927年にかけて谷中村（後に廃村）に懸濁物質沈殿用に渡良瀬遊水地が設けられた。土砂の流出を防止するために1960年に松木ダムが建設され，1976年7月30日に群馬県，桐生市，太田市と古河鉱業の間で公害防止協定が締結され，さらに1977年に土砂堆積を含め多目的の草木ダムが建設されるに至っている。

② 水俣病[2]：1932年にチッソ（旧 新日本窒素肥料）が水俣にてカーバイドからアセトアルデヒドの生産開始を開始した。1951年までは，触媒としてHg，酸化剤としてMnO_2を使用し，母液に蓄積した$MnSO_4$にアルカリを加えて酸素を吹き込み，Mnを再利用していた。1951年から酸化剤HNO_3でFe^{2+}をFe^{3+}に酸化し，酸化されたFe^{3+}でHgをHg^{2+}に酸化するようになった。このHgが精留塔廃液に蓄積し，メチル水銀として流出するようになった。この転換後，1953年に最初の急性劇症患者が確認された。その際，患者は伝染病と噂され村八分に合う状況にあった。1956年，チッソ付属病院の野田医師が熊本県保健所に水俣の月浦部落に奇怪な病気が発生し4人入院と熊本県に報告し，また熊本大学医学部水俣病研究班が重金属中毒を確認し，さらに，食品衛生調査委員会が厚生省に有機水銀中毒であることを報告したことを受けて，熊本県がこの年公式に水俣病の発生を認めた。1963年，熊本大学医学部水俣病研究班が水俣病はメチル水銀化合物を含有する水俣湾産魚介類を摂食して発症すると発表し，1965年，新潟大学医学部が阿賀野川で第二水俣病の発生を報告し，1968年に至って政府は水俣病の原因はチッソのアセトアルデヒド製造設備内で生成されたメチル水銀化合物と断定し公害認定に至った。この間，チッソ，行政，裁判所等いくつかの責任や補償に関わる判断がなされた。2004年現在の水俣病認定患者は2 265人，1995年の政府の最終解決策による救済者数は1万353人，2004年の最高裁判決による救済37人である。1997年までに水俣病と認定された2 262人のうち1 246人は死亡していた。

水俣病に関わる，患者への誹謗，中傷，差別等が多くあり，地域が殺伐とした状況に陥ったこともあったが，このような状況から新たな展開を図るために，1991年に環境都市水俣づくり「環境創造みなまた推進事業」を住民協働で開始し，「環境・創造・水俣実行委員会」が組織化されるなどの活動に至っている。

③　**イタイイタイ病**[3]：富山県神岡鉱山では16世紀に茂住銀山，和佐保銀山として採鉱を開始した。イタイイタイと訴える患者を1957年から開業医の萩野昇医師が11年間疫学調査し，患者はすべて神通川の水で灌漑された地域に集中していることを見出し，イタイイタイ病の鉱毒説を1968年に発表した。これは，鉱山より排出されたカドミウム，鉛，亜鉛等が農業用水を介して輸送され，水田土壌が汚染されるようになった。その結果，用水を飲料とし，汚染された水田で収穫された米，大豆等を常食していた住民の体内に高濃度のカドミウムが蓄積され，カドミウム腎症，骨軟化症を引き起こした。この農業被害は，第二次世界大戦中，生産の増大に伴い被害は拡大したが，人体被害は多くの死亡者が発生するまで認知されなかった。2004年現在の認定患者数は188人，うち死亡144人である。

　　以上の公害は世界的に見ても特異なものであり人類の経験として共有すべきものである。

(2) 生活環境の汚染

　東京都本州製紙江戸川工場の廃水により漁業被害が発生したのは1958年，製紙会社からの排水により田子の浦にヘドロが集積し始めたのは1960年代，苦情が表面化したのは1970年である。同時に，四日市喘息のような大気汚染の激化をも受けて，1970年の通称「公害国会」では，環境庁（現環境省）を設置（1971年発足）し，『水質汚濁防止法』等を制定した。その結果，事業者の責務，国の責務，地方公共団体の責務，環境基準の設定，公害防止計画の作成，公害に関わる紛争の処理および被害の救済，費用負担原則等が導入された。一方で，高度成長期にあった日本では経済成長優先を掲げ収入の増加を図った結果，生活は豊かになり，種々の電化製品が行きわたり，インフラも整備されるに至った。しかしながら，利便性や快適性を追求するあまり，環境の重要性の認識に至らず生活環境の劣化を招くことになった。例えば，水道が普及した際，井戸

5.1 水環境問題の現象把握，機構解明，影響評価研究の展開

を廃止し，下水道が普及した際，各家屋で有していた簡易な沈殿槽を廃止することになったが，これらのことが人々の心を環境から遠ざける機能を果たしたことは否めない．また，合成洗剤の洗浄力や仕上げのきれいさを求めた結果，水質汚染を招いたこともあった．農薬も効能だけを追い求め，副作用をあまり気にしなかった，あるいは気付かなかったこともあった．自動車の排ガスによる汚染もひどくなった．行政をはじめ，人々は経済的余剰のもとで技術が問題をなんとか解決してくれると考えたために，被害を受けていない人々が環境を気にしなかったことも確かである．

日本に水質汚濁が出現した時期，世界の先進国においても水質汚濁が同様に出現し，五大湖，北海，バルト海等でも汚染が顕在化した．その対策のために，アメリカでは地方公共団体の責任で下水道を整備することになったが，下水処理場の不備等で水質問題が発生した．それを受けて，アメリカ連邦政府は下水処理場整備の資金援助のために『連邦水質汚濁防止法 1948』（Federal Water Pollution Control Act 1948）を制定し，1952，1961，1965 年に改定した．1966 年当時の大統領ジョンソンは「河川水質汚濁を解消するためには，連邦，州，地方公共団体，住民があらゆる手段を尽くして結集し協力しなければならない．そして河川の源から河口まで河川全流域を浄化・保全する」ことを提案した．これを受けて，『連邦水質汚濁防止法改正 1966』と『連邦水質回復法 1966』（Federal Clean Water Act 1966）が制定されて，連邦政府所管事務は内務相のもとに一元化され，「公衆衛生指向」から「水資源総合管理の一環への指向」に転向した．そして，1970 年 2 月，『環境汚染防止に関する一般教書』を連邦議会に送った．同年 10 月，第 1 回日米公害閣僚会議開催が開催され，同 11 月，日本の公害国会にて『水質汚濁防止法』が成立した．同年 12 月，アメリカ連邦政府内関係 15 機関が統合され，USEPA（連邦環境保護庁）が創設された．また同月，イギリスが環境省を設置した．このような背景のもとで，1972 年 6 月，ストックホルムで「国連人間環境会議」が開催されるに至った．このように身の回りの水環境問題は先進国でほぼ同時に生じ，また時を同じくして法制度を整備した．このことは，同じような水準にある国家間の情報交換が欠かせないことを示している．

(3) 汚染物質出現順序の経験則

日本の水質汚染は，重金属，感染性病原菌，有機物，栄養塩，難分解性化学物質，内分泌攪乱化学物質の順に生じてきた。

栄養塩の過剰負荷による富栄養化として，瀬戸内海で赤潮発生とハマチの大量死は1970年）から1990年にかけて，湖沼の富栄養化は1980年以降，海域の富栄養化は1990年以降に激化している。有機塩素化合物のような難分解性物質は，1945年以降アメリカから持ち込まれ，ノミ，シラミの防除用に大量に用いられていた時期もあったが，健康リスクから見て，これら殺虫剤利用の便益の方が大きかったのも確かである。一方，健康リスクに関わらない使用が農薬や熱伝導媒体として始まり，PCB汚染（1980年代）やダイオキシン類汚染（1990年代）として顕在化してきた。PCBがカネミ油症を引き起こしたのは，熱媒体としてのタンク内の細管に開いた細孔から食用油に混入したためであり，変圧器内の絶縁油として使用されていたものは，北九州市をはじめ全国数箇所で分解処理中である。現在は，製造，使用，輸入いずれも禁止されている。また，ダイオキシンは廃棄物焼却炉からの発生も収まっているが，かつての農薬の不純物として混入していたものが蓄積しているものも多く存在している。内分泌攪乱化学物質はRachel Carsonが著書の『Silent Spring』により1962年に警鐘を鳴らしていたが，1990年代になって，奇形，インポセックス，孵化しない卵等として顕在化した。

汚染源は，工業化と生活水準の向上につれ順々に現れるものと都市基盤施設の整備により順々に消滅するもの，世界の物質合成と利用の進展につれ現れてくるものに分けられる。重金属，感染性病原菌，有機物，栄養塩は前者であり，難分解性化学物質，内分泌攪乱化学物質は後者の例である。後者は何らかの毒性のある生物分解性の低い物質の利用開始が契機となっている。

(4) 経験から得た環境劣化に関わる経済的法則

環境劣化は図-5.2のような経過をたど

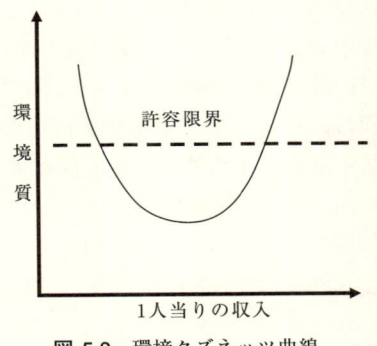

図-5.2 環境クズネッツ曲線

5.1　水環境問題の現象把握，機構解明，影響評価研究の展開

る。これは，Kuznetz曲線と呼ばれるものであり，1995年（平成7），Simon Kuzunetsにより提案されたものである。

経済の発展に伴い生活環境の質は一度悪化した後改善される。これは環境質の改善に投資できる経済余剰に応じて環境質が変化することを意味する。経済発展過程は，当初一次産業が，その後，重工業等の二次産業が，次いで三次産業が増加する道筋をとる。この順に，収入が多くなるために図-5.2のような現象が生じる。日本ではこのような現象が30年かけて出現したが，開発途上国では10年程度と短期で現れている。前輪の轍を踏まないという後発者の利益を享受しえていないだけでなく，対策費用を短期間に多量に要することとなり，対策に困難をきわめている。

また，人々の環境問題への関心は，図-5.3に示すように下位から上位へと展開する。このように，環境問題への関心は身の回りの欲求が片付いた後に増加するのが常である。今日の生存が保障され，安心感が高まると明日の安定を願うようになる。明日の安定性が保障されると感じられると，生活の利便性を求めるようになり，ついで生活の快適性を願うようになる。これらが満たされると時間的，空間的に離れた所の環境にも心が及ぶようになり，地球環境保全の議論が可能になる。なお，江戸時代に環境が保全されていたのは，資源循環という環境制約の中で安心安定つまり食料を確保していたことによる。この関心の順を変えるには，理性や倫理観に期待するしかないと思われる。

図-5.3　環境への関心度

公害，鉱害を含め，環境質の劣化原因をとりまとめると，以下のようになる。
① 劣化に関する科学的知識・情報の不足，
② モニタリングデータの欠如，
③ 汚染対策の遅延，
④ 処理技術の欠陥，
⑤ 不適切な処理方法の適用，
⑥ 処理時の予測しない物質の生成，
⑦ 汚染物質の意図的，非意図的投棄，

⑧　不適切な土地利用,
⑨　事故,
⑩　住民の環境への関心度の低さ.

　足尾鉱毒,水俣病やイタイイタイ病は①〜④が原因の主たるものになっている。このことは,未知の現象が生じた際,因果関係を科学的に明らかにすること,現象が不明でも推定される原因に対し対策を早急に施していくことの重要さを示している。水俣病と第2水俣病への対応の時間的長さの差に因果関係の推定の可能性の差が現れている。開発途上国の金精製現場で同様の被害を繰り返しているのは残念である。また,水俣病においては行政の判断遅れがあり,行政の責任ある立場の方が自ら命を絶ったこともあった。これらは今後の教訓とすべきである。

　モニタリングは,対策後にはその効果を検証するために当然必要であるが,そのような事象が生じる以前のデータも必要なので,普段から計画的にデータを取得しておくことも必要である。行政機関は法定の事項しかモニタリングしないので研究者の継続的モニタリングはきわめて重要である。また,モニタリングされたデータの保存期間が法的に限られているので,生データの保管制度の確立も今後の課題である。

5.1.3　水環境に関わる現在の問題と事例
(1) 生物生息環境の保全
a. 沿岸域における生物　　日本の沿岸漁業は衰微の一途をたどっている。同様に非水産対象魚種も多様性,存在数を減じていると思われるが,既存データは多くない。絶滅危惧種に指定されているもの,例えばカブトガニは比較的調査が進んでいる例である。

　有明海を例にとる。沿岸漁協での漁獲高,ノリ生産量は**図-5.4** [4]のようである。魚介類は漁獲高であり資源量ではないこと,漁業従事者の高齢化と減少により,資源量を正しく表していないが,ほぼ資源量に比例している(漁業従事者の減少は漁獲量の減少を後追いしていること,現地での漁業従事者の談話等から推定)とすれば,1978年頃を境に魚介類の生息環境は劣化し続けている。諫早干拓の調整池が締め切られたのは1997年であることからも他の要因による影響が大きいことがわかる。魚介類の漁獲高の減少に加えて,現在の問題点と

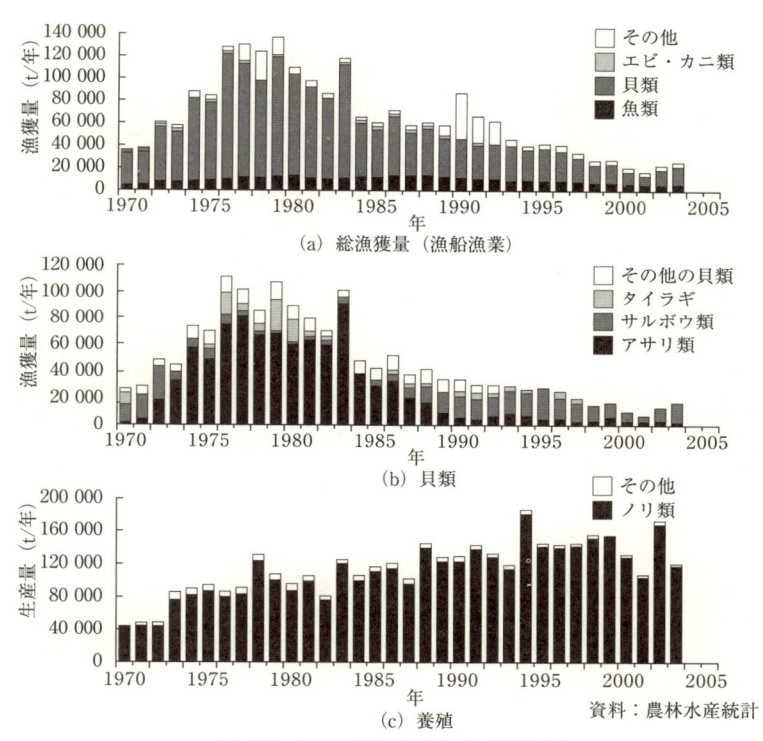

5.1 水環境問題の現象把握，機構解明，影響評価研究の展開

図-5.4 有明海の漁獲量・生産量変化
(a) 総漁獲量（漁船漁業）
(b) 貝類
(c) 養殖
資料：農林水産統計

して，生産物の品質の不安定化，貧酸素水塊の拡大，生物多様性の減少，底質有機物含有率の増加，赤潮の発生等が指摘されている。このような有明海の生物生息環境に及ぼす影響として，平均水位の上昇，海水温の上昇，それに伴うナルトビエイの湾内進入と貝類の摂餌，干拓の進行による潮流の減少，ダムや構造物の増加，浚渫やそれに伴う土砂輸送の減少，ノリ養殖を主とする営為の増加，それに伴う酸処理剤廃液の増加，日常生活の中で使用する化学物質の増加，1人当たりの廃棄物量の増加等が考えられている。ただし，陸域からの栄養塩の負荷はほぼ定常ないしは漸減状態にあり，増加していないだけではなく，ノリ養殖の最盛期の冬季には貧栄養になってしまうため施肥がなされている。ただ，この施肥の量は厳密に管理されているとはいえない状況にある。これら環境要素の関係性を**図-5.5**に示す。

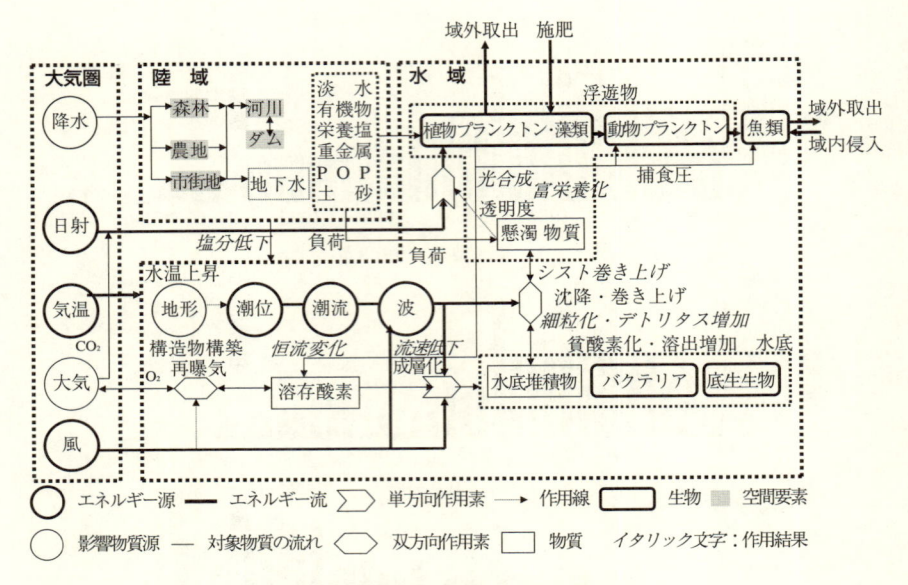

図-5.5 有明海の環境影響要素の関係性

また，生物の保全はその生活史にわたって考慮されなければならない。魚類や甲殻類は多産多死型であるので，最も死亡率の高いステージの所を護ると効率が良くなることは言うまでもない。

このように，生物への影響は複雑に関係し合っているので，単一要素の調査により因果関係が認められように見えても，それだけで因果関係を結論付けることはできない。考えられる要因をすべて考慮するための現在考えられている手法は，俯瞰型の生物生息環境モデルを用いて各要素の影響度を感度解析することである。しかしながら，モデルは既知の情報をもとに構成されるので，未知の事象を明らかにすることはできない。その意味から未知の事象を明らかにすることの重要性に変わりはない。

一方，有明海をノリ養殖の立場で見ると，生産量（枚数）よりは売上額が漁業者にとって重要である。一次生産物はすべてそうであるが，日本ではおしなべて輸入品の方が廉価である。ノリも中国，韓国からの輸入品の方が安価であり，現在の輸入制限（2006年度で12億枚）が撤廃されると，国内生産が輸入量の増加につれて減少する可能性がある。有明海において生産が減少すると，ノ

リによる栄養塩の系外取出しが減少し，富栄養化がひどくなる。これは国際的な自由貿易（マクロな経済）が地域の環境（ミクロな環境）を大きく左右する例である。対策として，日本では，商品をブランド化し高価格でも販売可能であるようにするか，国民に高価格を承知の上国産の一次生産物を優先的に消費してもらい食糧安全保障を確保することが環境保全につながることを理解してもらうしかないと思われる。

閉鎖性海域の環境質の劣化はいずれの国においても問題になっており，世界的な課題である。日本は対策から見ると，後発に属する。

b. 河川・湖沼の水辺植生と生物　水辺の植生は動物に棲息空間を提供し，生態系を維持する機能を高める。しかも，水域の景観に大きく寄与する。すでに，河岸の植生が洪水時流下能力に及ぼす影響は，ヨシをはじめとし種々の植物について検討されている。さらに，ダム運用による流量変動の平準化と減少が河岸の植生に及ぼす影響についてもかなり検討されており，植生の河道への進出についてもよく知られている。ただ，議論が局所的な検討にとどまっており，河川全川を対象に検討された例はない。この意味で，河川水辺植生保全手法の開発が願われる。湖岸や沿岸域では植生への波の影響もかなり調べられているし，このような影響を回避する岸辺の設計法も検討されている。とくに，霞ヶ浦ではアサザの保全に尽力されている。総体的に見て，植物の特性を踏まえきれていないなど課題があり，今後の展開に期待したい。

人の営為がほとんど及ばない渓流地帯においても動植物の種数が全般的に減少気味である。また，両生類の減少は世界規模で生じているが，原因は不明のままである。

c. 河川における動物　河川には水生動物が多く棲息する。これらの動物の生息を保障するには生活史を通して必要空間を提供できるようにしなければならない。河川の連続性を確保し，サケ，アユ，ウナギ，シロウオのような海域と河川を必要とする魚類や支川を含め河川内を上下流に移動するだけの魚類にも棲息の場を提供する必要がある。また，河床特性は粒度分布で評価されがちであるが，トビケラやカニ類のような底生生物には礫間の空間が必要であるので，空間の空隙分布の検討も必要である。河川は上流の落葉供給から始まるエネルギーの流れ（食物連鎖系）を維持する必要もある。

汽水域では，汽水性の動物が種数は淡水域や海域に比べて少ないが存在する。

5　水環境の変遷と環境工学研究

甲殻類のうち，希少種であるカワスナガニの成体は塩水楔の上端近傍の粒径10mm程度の礫の淡水の所に生息する。幼生は海水に近い塩分を好み海域に出ないように塩水楔内と淡水層とを使い分けているようである。このような甲殻類の保全には，望ましい粒度の礫を塩水楔の進入長にあわせて堆積させる必要があるので，土砂の堆積を制御する河川の逆設計法の開発が願われるところである。

河川における生物生息空間の評価はHEP (Habitat Evaluation Procedure)等を利用しているヨーロッパが先進地であり，オーストラリアではヨーロッパのものを改良して，Ausrivasとして指標化し環境評価や改善に役立てている。日本の河川は，ほとんどに人の手が入っており，環境修復の目標像を定めることが現在の課題になっている。

d. 底床堆積物　沿岸域や湖沼の底床堆積物は，ベントスの生息空間であるばかりでなく，物質の蓄積場所として水質に大きく影響している。**図-5.6**に酸化還元状況を示しているが，現実はこのようにきれいな分布を示すことはない。バイオターベーションにより表面は時間経過とともにかなり撹乱されるし，土粒子の構造が均一ではなく団粒状をなしている。そのために，好気層中に無酸素や嫌気部分が発生し，脱窒や硫酸還元が生じることがあるし，物質のフラックスがかなり大きくなることがある。

嫌気状態になると物質は還元される。とくにリンは溶出しやすくなる。閉鎖性海

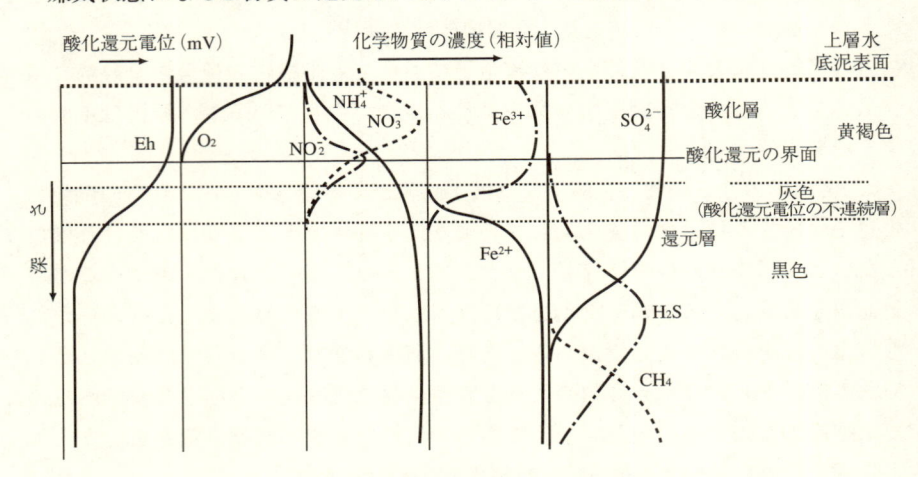

図-5.6　底床堆積物中の物質変化[5]

域では陸域から負荷された有機物や増殖した植物プランクトンの沈殿物をバクテリアが分解することにより酸素が消費され貧酸素水塊が発生することがしばしばである。この底床堆積物の挙動と機能はさらなる検討を要する対象である。

(2) 水量と水質の保全

水環境の保全にはまず水量の確保が第一である。水資源賦存量は近年の気象異常により平均値，年変動いずれも変化している[6]。ここ15年間のデータによると，平均値はやや減少傾向にあり，年変動は以前に比し大きくなってきている。しかも，ひと雨における降雨強度も大きくなっている。このため，2000年の名古屋市の新川における氾濫や2005年の新潟や宮崎のように氾濫が増え，2005年の吉野川の早明浦ダムのように完全に空になってしまったものが一雨で満水状態になるようなことも生じている。これらのことは，近年の気象変動を考慮した水資源計画の基本的考え方の樹立や大渇水のように稀にしか起こらない事象の精度の高い確率表現化を求めている。さらに，水環境の考え方に降雨形態の変化に応じた修正を加えなければならなくなっている。

日本では水域や地下水の水質は環境基準を満たさなければならないが，現行の環境基準は生活環境や健康保持のために定められたものであり，生物生息のための環境基準は亜鉛を除いてこれからの作業である。環境基準は制定時に達成可能な値に定められたこともあり，環境の改善に伴ってより上位の基準に改められる傾向にあるが，現在は土地利用や負荷状況に応じてある定値とすることができる時代に入ったと考えられる。生物生息のための環境基準の設定においては，水質と生物生息環境を生物の生活史を通して検討できるようにすることが課題である。一方，ダイオキシン類は『土壌汚染防止法』とは異なる法により定められている。

また，湖沼では近年フミン質系CODが増加する傾向[7]にある。種々の物質の吸着や微生物への影響はかなりあると推察され，生物への直接間接的影響はこれからの課題である。

新たな農薬，微量化学物質，難分解性有機塩素化合物および工業材料の生物への毒性や内分泌攪乱の影響の検討は今後も続く課題であり，飲料水源としてのリスク評価も常に求められている。従来，水道水源は人間活動域から離れた汚染に無縁の地域に水源を確保し都市圏に送水することが理想とされてきた。

現実には水を占有して使用できる許可（通称，水利権）を得るためには，河川下流域から取水せざるを得ないことが多く，理想をほとんど達成できない状況にある。近年テロの可能性が高く，水源の意図的汚染が生じる可能性が高くなっているので，新たなリスクを評価に入れて取水位置を考える必要が生じている。

水質がいかに清浄であっても水量が少ないと問題になる。河川流量が減少するとハビタットを破壊することになるし，ビオトープの状況も大きく変化する。国管理の一級河川では維持流量の他に正常流量を定め，生物の保全も図っている。しかしながら，これら流量の科学的根拠を今後より精度高くしていく必要がある。また，河川の流量観測点は順流域にあるので汽水域の混合形態の保持を直接できるようにはなっていない。この点も課題として残されている。水量だけでなく，水位も主要な要素である。湖沼の水位低下は湖岸植生を劣化させ，その結果，生物生息空間をも破壊することになる。

河川のような流水の水質は流量（流量そのものに加えて流出時の掃流力）に大きく依存しているが，水量と水質を合わせて負荷許容量として議論されるには至っていない。日本ではあまり問題にされていないが，このことは諸外国のように排水基準が受水域の混合状態（河川では流量）に依存して定められていないことからも明らかである。水質と水量の積で求められる物質の輸送量は水環境，とくに受水域の環境を左右する。主要なものの一つに土砂輸送がある。受水域への土砂輸送は，底質からの溶出を抑制する効果がある。河川経由の物質輸送量の必要確保量の算定は未だなされていない。山地からの土砂輸送量を確保するなど，総量規制的管理が必要なところは少なくない。

(3) 水域の利用と水環境

水域は，治水，利水以外に水産業，舟運，観光，レクレーション等に利用されている。それぞれの利用方法から求められる水量，水深，水質等は，それぞれの条件に応じて異なる。必要な水量を維持水量と称し，河川ごとに定める作業が続いている。これらの要求を満たすために，河道の形態や陸域における水利用計画も必要である。

近年，日本では陸域からの栄養塩の負荷が減少気味である。汲取り式便所を標準的な下水処理に転換すると栄養塩の負荷量が増え，内部生産により除去有機物質量より多い有機物が生産される結果になる。そのために下水処理の高度

5.1 水環境問題の現象把握，機構解明，影響評価研究の展開

化が求められているが，ノリ養殖を行っている海域では夏季に栄養塩流出を抑制し，栄養塩が不足する時に施肥されているので，ノリの成長期に多めに出すなどの細やかな配慮が必要になってきている。また，水稲でもコシヒカリのような品種では稲の伸びすぎを抑制するために施肥を抑え気味であるので，このような変化にも留意する必要がある。一方，水田面積の減少が地下水の涵養量を減少させていることが，地下水に水源を依存している地域，例えば熊本市ではかなりの問題となっている。

地下水の汚染，とくに硝酸性窒素による汚染は，世界中で進行中である。そのために，施肥を極力減少させるべく努力されてきている。しかしながら，環境中に排出して初めて機能する肥料や農薬のような物質を高度に制御することは容易でない。海域への地下水による負荷が表流水の3～30％と推定されており，地下水の海域への影響はいまだ未知の点が多い。

(4) 水と大気

大気と水は，自然水循環の基本を構成する。大気に比べて循環速度の遅い水の循環速度は気象条件とともに土地の利用形態，土壌水分，植生により規定される。水は循環に伴い潜熱として熱も輸送する。農地における土壌水分は蒸発量を大きく支配する。また，潜熱を利用するために都市内河川や水辺を配置して都市における微気象の改変を図ったり，地域一斉の「打ち水」がなされたりしている。ビルの屋上や壁面緑化による効果も潜熱による。

関東平野の河川源頭付近における水質がかなり汚染しているのは東京湾からの海風による輸送が大きく効いていることが知られている。大気は西から東に移動するので，日本では中国から口蹄疫が運ばれてくるように，大陸の状況を把握しておく必要がある。

5.1.4 水に関わる現象の把握と成果の利用

水環境問題に関わるユニットプロセスは，水循環過程として，降水，蒸発，蒸散，浸透，流出，流下，取水，貯水，利水，排水，水質過程として，物質の生成，排出（散布），輸送，反応，吸脱着，分解，蓄積，生物摂取，生物過程として，摂取，増殖，競合，捕食，捕獲，死滅等からなる。水循環と水質過程を空間で見ると，大気，林地，農地，裸地，都市域，貯水，河川，地下水，湖沼，

海域，底質（堆積物）からなる。**図-5.7** に水の移動に関わる時空間スケールの関係性を取りまとめておく。

このような空間における水環境の研究には，いくつかの方法論がある。現象の説明，設計への利用，問題の解決である。

(1) 現象の説明

未知現象解明の第1の意義は科学としての知の集積である。その結果として現象を定性的，定量的に説明できるようになる。しかしながら，流体としての水が直接関わるユニットプロセスで未知の事象はほぼない。流体事象を説明する流体力学はすでに完成しているし，化学反応にも常温である限りほぼ説明できる。ただ，生物事象は，生理，行動等について不明な点が多く，今後の展開の余地を大きく残している。

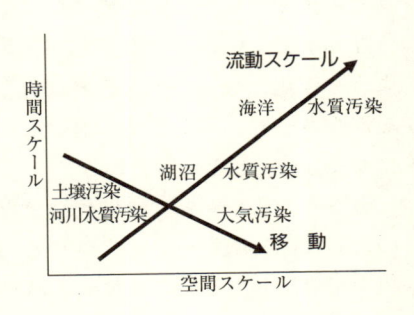

図-5.7 水に関わる時空間スケール

現象の解明も簡単な問題の解決に直接利用できる。例えば，特定物質の移動を定量的に把握しようとすると，採水，採取，分析等の手段によりたいていの場合明らかにできる。しかしながら，地中や底質において微生物反応や特異な化学反応を受けるような場合にはユニットプロセスを理解できていても現象の全容を説明することは容易でない。水の流下過程，共存物質，存在微生物，環境条件等が不明である場合はなおさらである。多量に存在する物質，例えば窒素やリンを追跡することは，識別が困難であるため，放射性物質を用いてラベリングすることも必要になるであろう。

環境を取り扱う場合，事例研究をいくつか重ねることは必須条件であるが，その成果を普遍化する作業が必要である。つまり，個々の研究成果を整理し体系化する作業である。それにより，体系化された知識体系ができあがる。この作業には，広範な知識と体系化に関わるセンスを有する collaborative director を必要とするが，日本では専門職化していない。

同じ水に関わる事象であっても，山地からの流出のように対象物の変化時間スケールが100年にもわたるものは，確固とした継続性のある組織が明確な目標を持って継続して初めて有用な成果が得られることになる。日本にこの種の

発想や組織が少ないのは残念である。また，事例研究に関わる場合，研究の進展につれて対象がさらに細分化されより深く研究する必要が生じる。無限の研究課題を生み出していけるので研究はエンドレスとなるが，研究の費用便益による評価が強化されてきているので，いずれかの時点で閉じさせるようにする配慮も必要となってきている。

（2）設計への利用

設計への利用は，「計画」と言い換えることもできる。個々の知識を必要に応じて選択して一体のものとして，社会的に，時には産業として利用していくことを意味する。

事例研究から対象とする要素を抽出し，要素抽出時の条件を整えたうえで，代表性のあるデータとして利用することになる。具体例としては，物質負荷原単位がある。社会条件が空間的にも時間的にも変化していく中で，計画値をかなりの期間一定として扱えるようにする表現方法にも工夫がいる。

（3）問題の解決

現在の研究者は細分化された研究分野を担当している。そのために，環境問題のように多くの要因，要素から構成されているシステムが抱える問題を解決するには，単なる研究協力では済まず，全体を包括的にとらえる仕組みと専門家が必要となる。問題解決にあたり，システムを構成する要素や外的要因を確定する必要があるが，不明の事象について要素をあげることはできない。そのため，システム内にブラックボックスを含むことを容認せざるを得ない。ただ，ブラックボックスといっても，入出力関係は明らかにされていなければならない。このシステムの解析，挙動推定のためにモデルがしばしば用いられる。モデルは多くの要素を含み精緻なものほど良さそうに見えるが，係数の数が増えてくると，すべての数値を決めきれず推定値を与えることになるので，かえって精度が低下することになる。そのために，係数に最適数が存在する。さらに，科学的な解析用の数値モデルでない場合には，目的を達成できるならば簡単なものほど使いやすさの点で好ましい。

生物が関与する現象は，与条件のもとでの生物の挙動が明らかになっていない場合，たいていの場合はそうであるが，その挙動を完全に再現することはで

きない．その場合，適応的管理が必要で，何らかの仮説を立て対処法を案出し，実施した後，仮説を検証し，正しければそのまま，正しくなければ修正の後，再度実施することになる．

5.1.5 水環境の社会的評価

日本の水に関わる環境基準のうち健康項目に関わるものや飲料水の水質基準はWHOの基準とほぼ同じである．その意味では，社会の満たすべき最低基準といえる．他の環境基準は国によりかなり異なる．ヨーロッパ諸国の河川や湖沼の水質は日本に比べて質が劣る．このような基準値はそれぞれの国の風土，環境に対する考え方，経済的余剰により異なる．環境のきれいさや安全度はリスクと負担に対する国民の受容に従う．その意味では，日本では経済的負担を考えた環境基準値の設定にはなっていない．

生物多様性条約の批准により日本は遵守する義務を負っており，また環境基準も定まっているものの，非水産生物やCOD1mg/Lのような経済的に評価しにくいものの価値を負担の視点で徹底的に議論していない．身の回りのリスクを横ならびに見て，かつ負担額と質の向上を検討しておくべきであろう．検討に際しては，現在の人間にとっての利益だけでなく，次世代以降の人にとっての利益をいかに考慮するかも検討しておく必要がある．何らかの方式で，これらの解を与えなければ，環境の問題を解決できない．

5.1.6 水環境にかかる今後の展開

水環境にかかる今後の展開は，公害や環境劣化を防止しつつ，環境修復や創造を試みながら，併せて流域マネジメントにおいて水環境や水循環を正常の範囲内に保っていくことになろう．

日本では，水田をはじめ生産過程として生み出された生態系が，二次的とはいえ人々が自然と感じるようになっている．米の消費量の減少により減反がなされているように，米作は減少傾向にあり，そのため若年の農業従事者が減少の一途をたどっている．さらに，取水の管理強化方針に従って効率的な利水施設を構築すると農家が費用の一部を負担しなければならないので，冬季に水路に水を張ることもしなくなってきている．このことは，水田地帯の生物多様性を減じている．また，都市においては人口減少が始まりつつあり，節水機器の

5.1 水環境問題の現象把握，機構解明，影響評価研究の展開

普及と併せて必要都市用水量も減少傾向にある。したがって，水資源配分を環境を考えたものにできる時期が到来していると言える。水資源に関わる事象は降水量や権利関係に依存するので地域ごとに問題は異なる。

　流域の水マネジメントについては，簡単に取りまとめるにとどめる。流域の全域を一括してマネジメントすることは社会の複雑性から考えて容易ではない。流域は土地利用により，山地，農地，市街地，沿岸域等に分けられるので，それぞれを管理する各セクターが，情報を実時間で全体に伝達しつつ，その情報に基づいて各セクターが自律的に意思決定して行動し，全体として最適解，つまり，全体として我慢度が最小になる解（我慢最小解）になるようにするのが基本的考え方である。何をもって我慢最小解にするかは，地球的，国家的，次世代からの要求を除いては地域特性に応じたものとなる。こうすることにより，流域内対立（上下流，左右岸）を極力減らすことができる。その際，上位概念として，食糧安全保障，社会の持続性確保，最小のエネルギー消費，最低の費用負担を満たしておく必要がある。さらに，水域・地下水の水位と水質の確保，地域の水の流れの確保（湧水，河川），用水の量と質の確保，流域の生産の確保，他地域への依存度の削減，水害リスクの低減，陸域・沿岸域の生態系の保全等が目的指標となる。

　最近は海水淡水化による造水が技術的に可能になってきたが，エネルギー消費とコストから見て推薦できる対象ではない。

5.1.7　水環境問題解決にかかる学問的課題

　すでに述べたように，環境問題の研究方法は大別すると，現象解明型と問題解決型となる。設計利用型もあるが，ここでは解明された現象のまとめ方として現象解明に含めることにする。

　ここでの現象解明型，つまりデカルト流の分析学的手法を適用する科学を環境科学と呼ぶことにする。これは，現実の対象の理解を目的として多数の相互に独立の領域化された整合的体系として記述される領域知識を増加させることを目的とする。この研究方法は，個々の解明目標を自ら深めていく傾向にあり，無限の広がりを示すもので，デカルト流の発想に従う，西欧流学問の伝統的な方法である。この方法論において，所与の目的を目指して分析的研究を続けると，細分化は果てしなく続いて解決までの時間を無限に要するようになり，言

い換えると個々の研究では時間空間を有限にとって結論を出し，枠組みは固定化し，得られた成果は社会的必要性から大きく離れるようになる可能性が高い。また，現実的意味や現実の価値の創出を目的として相互に独立な領域知識を正しく選出し統合するための知識を駆使できるようにする操作知識があり，領域知識と操作知識を合わせて，設計学や社会科学ができあがる。

　一方，問題解決型の研究方法を環境学と呼ぶことにする。現実の環境問題を解決するには，相互に独立な領域知識と操作知識だけでは不十分である。領域知識と操作知識に加えて，少なくとも入力と出力に関する因果関係が明らかにされているか，時には因果関係すらわからない場合があり，この未知部分へ対処するための手法を導入した方法論と対象を有限の時空間で閉鎖させる条件設定手法が必要となる。保全生物学の分野では adaptation（適応）なる概念を導入し，仮説を立てて実施してみて想定目標と異なると，仮説を変更してやり直すことを容認している。環境問題の解決には，このような思考形態を取る環境学の発想が欠かせず，しかも考慮時間空間をかなり長く取る，できれば無限大をとることが求められ，学問としてのディシプリンが環境科学とは大きく異なる。

　このようにディシプリンが異なる学問体系をいかに身につけるか，教える側として，そのためのカリキュラム編成方針をいかに立てるかが課題となっている。また，環境問題解決型研究では環境をシステムで考えることが必須で，解決すべき問題の把握，目的関数（評価関数），制約条件，計画変数・制御パラメータの選択，問題の定式化・モデル化，最適化手法の選択，技術改善，モニタリング（住民意見聴取）によるフィードバックが環境研究の流れとなる。問題解決型研究で要素研究を行う際には，要素のシステム内の位置付けを知ることが求められる。大学や研究機関において発表論文数が最重要指標である限り，環境研究は現象分析・解明型の環境科学が主流となる。このような状況では，論文は続々と生産されるが，実際に利用可能な成果はあまり増えず，環境問題が解決されるに至らない。環境科学が栄え，環境が滅びることになる。いずれの時点で，研究者の業績評価方法を改めるかが課題である。

5.2 水環境保全のための対策技術研究の展開

5.2.1 直接浄化技術
(1) 直接浄化技術の種類

水域への汚濁負荷は，水域内から発生する負荷（内部負荷）と陸域から流入する負荷（外部負荷）に分けられる。内部負荷は，底泥から水中に溶出する物質や水中で生産される物質を言う。外部負荷には工場や下水処理場のような特定の場から流出する点源負荷（特定汚濁発生源）と農地や市街地から発生する面源負荷（非特定汚濁発生源・流出水負荷）とがある。

有機汚濁の代表的な指標であるBOD，CODの最近の環境基準の達成状況（2005年度）は，河川87.2％，湖沼53.4％，海域76.0％と少しずつ向上しているものの満足できる状態ではない。とくに湖沼，内湾，内海等の閉鎖性水域では依然として達成率は低い。閉鎖性水域を中心に水環境改善が思わしくない理由として，面源対策がほとんどなされていない，小規模事業場の対策が不十分である，点源の窒素，リン除去が不十分であるなどがあげられる。汚濁源の除去は，発生源対策が最も効果的であるが，点源ですら発生源対策が十分でないことを考えると，水の流達過程で対応するか，公共用水域に入ってから対応せざるを得ない。ここで用いられるのが直接浄化技術である。すなわち，用排水路，川，沼，溜池，貯水池，河岸，湖岸，海浜等で汚濁物質を削減あるいは除去することが直接浄化である。その場所で直接処理をするので直接浄化と呼ばれるようになったと言われている。

直接浄化には直接方式と分離方式がある[8]。図-5.8に直接浄化法の種類が示されている。直接浄化の対象となる物質は，BOD，COD，SS，窒素，リン等のいわゆる生活環境項目である。さらに藻類の異常増殖（アオコや赤潮），DOの減少やかび臭の対策にも直接浄化が適用されている。発生源対策が可能であっても莫大な費用と時間がかかるので，一時的に直接浄化を活用することがある。また，特定の流域を考えた場合，直接浄化方式のみで点源および面源を対応するのは無理であり，通常の排水対策を補助する対策として活用することが望まれる。図-5.9は直接浄化をまとめ，多くの排水対策を地域特性に応じて適用する概念を示したものである[9]。

直接浄化は方式によっても異なるが，通常の排水処理のように高い効率を望むのは無理であり，また，高濃度の汚水には適さない。動力費をまったく必要としないものや省エネルギー方式のものもあり，これからの地球環境の保全の視点からも直接浄化は大いに推奨されるべきで，これからも新たな技術が開発されることを期待したい。

(2) 浚渫・覆砂

底泥対策は，内部負荷と言われる底泥からの栄養塩の溶出を抑制するという意味を持ち，底泥の除去と底泥の改善に分けられる。

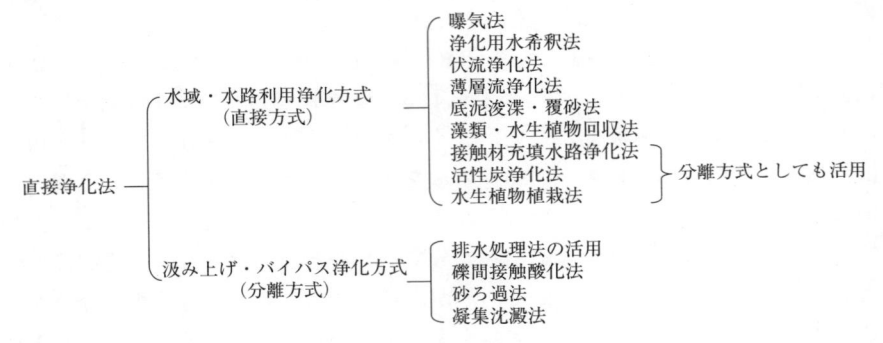

```
                          ┌ 曝気法
                          │ 浄化用水希釈法
                          │ 伏流浄化法
         水域・水路利用浄化方式 │ 薄層流浄化法
         （直接方式）        ┤ 底泥浚渫・覆砂法
                          │ 藻類・水生植物回収法
直接浄化法 ┤                 │ 接触材充填水路浄化法 ┐
                          │ 活性炭浄化法        ├ 分離方式としても活用
                          └ 水生植物植栽法      ┘
         汲み上げ・バイパス浄化方式 ┌ 排水処理法の活用
         （分離方式）             │ 礫間接触酸化法
                                ┤ 砂ろ過法
                                └ 凝集沈澱法
```

図-5.8　直接浄化法の種類 [8]

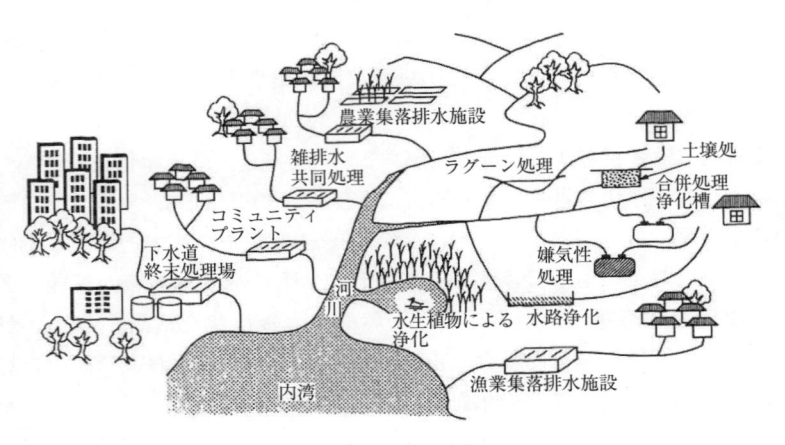

図-5.9　地域特性に応じた生活排水処理システム [9]

5.2 水環境保全のための対策技術研究の展開

　浚渫は，1970年代に公害防止技術として汚染・汚濁物の系外除去や底泥からの栄養塩溶出防止を目的として実施され，最近では生育・生息域の修復・創造等の環境改善へとその目的を拡大している。浚渫工事に伴う底泥の巻上げが水環境に及ぼす影響や浚渫した底泥の適正な処理方法（再利用）等の問題が懸念される。また，富栄養化の進行した東京湾等の海域では，航路浚渫に伴う窪地に貧酸素水塊が形成され，湧昇により青潮の原因となることも指摘されている。

　覆砂は，汚泥化した底泥の上部に砂等を被せる手法で，底泥からの栄養塩溶出抑制や底泥によるDO消費抑制を目的とし，浚渫と同様に底質改善の最も代表的な技術である。従来は底泥汚濁が進行した閉鎖性水域での実施が主であったが，近年，浅場造成手法としての実施が多く見られる。覆砂工法は，一時的には溶出量が抑制され水質が改善されるが，数年後には底泥の表層に新生堆積物（有機物）が沈降し，新たに底泥が形成されることから一時的に物質の動きを遮断する効果はあるものの効果の持続性には疑問が多い。

（3）曝　気

曝気循環法には，大別して深水層曝気と全層曝気とがある。

① 成層状態にある貯水池の深水層に曝気した湖水を吐き出させて底層部での有機物分解によるDO消費に見合うDOを供給し，底質からのリンの内部負荷を削減し，硫化水素，メタンガス等の発生を抑制する（深水層曝気）。最近，マイクロバブルや高濃度酸素溶解水による底層水を好気的に維持するための新たな手法も開発されている[10]。

② 躍層上部で曝気による流動を加え，湖水を移動させることにより循環混合層を形成させ，表層水温の低下，植物プランクトンの有光層以深への引込み，藻類の拡散や藻類の増殖・集積の抑制，とくにアオコの発生原因となる藍藻類の増殖抑制を図る（全層曝気）。この方法でも底層水にDOを供給することも可能である。一方，底層の水温を上昇させるために底泥からの栄養塩の溶出を助長する危険性もある。

　日本で最初に曝気循環法が適用されたのは，1972年，水道専用ダム貯水池において底層水の嫌気化によるマンガンの溶出抑制，赤水障害対策として導入された[11]。また，植物プランクトンの光制御装置としての機能から大規模な貯水容量のダム貯水池に本格適用されたのは宮城県釜房ダムであり，『湖沼法』指定

以前の 1984 年,当時建設省が実験を開始した。釜房ダムの場合は *Phormidium* によるかび臭対策として初めて取り組んだ先駆的事業でもある。曝気循環による *Phormidium* の抑制効果は著しく,1995 年まではかび臭の発生は皆無であったものの,1996 年からはとくに冬場にかび臭等の異臭味がたびたび発生する状況となっている。このかび臭の再発原因は不明であり,発生種の生理的,生態的な特性についての理解とともに曝気装置による水質変化のさらなる解明が必要である。

曝気は *Microcystis* の異常発生によるアオコの対策や放線菌由来のかび臭対策を含め,港湾(大船渡湾,大村湾等)や養殖漁場においても貧酸素改善策として適用されている。近年,噴水の降水滴による遮光や蒸発散により表層水温の上昇を防ぎ植物プランクトンの増殖抑制を期待し,親水性や景観の向上を目的として設けられてきた噴水装置に水質浄化の効果を期待するケースもある[12]。共通の課題として,大規模な貯水池では影響範囲が限られるため,適切な曝気装置の設置数や箇所等が把握できるよう水域に応じた検討を行うことが肝要である。

(4) 植生浄化

排水や汚濁河川水を導水し,ヨシ等の植物の生態的機能を活用した浄化方法である。その浄化作用は,

① 根による窒素およびリンの吸収
② 根圏部との接触による懸濁物質の沈殿
③ 水中の根茎部表面の付着微生物による溶存態物質の吸着・分解
④ 根からの酸素供給による有機物の分解

などがあげられる。また,浮漂植物(ホテイアオイ等)は,他の植物と比較して遮光による植物プランクトンの増殖抑制効果も見込めることや沈水植物ホザキノフサモは浮遊藻類の増殖抑制するアレロパシー効果を有することが報告されている[13]。植生浄化法は直接方式としても,また,分離方式にも使用されている。本方式は窒素やリンの除去を目標として使われていることが多いが,通常の排水処理での窒素・リン除去と処理特性を比較して示したのが,**表-5.1** である。

本法の特徴は,太陽エネルギーを利用した浄化方法であり省エネであること,生育した植物を回収し再利用できることなどである。処理効率が低く敷地面積を必要とするため都市部においては実用化が難しいが,敷地の確保が可能な農山村地等の地域で有効である。当初,ヨシやガマ等を中心に検討されてきたが,

5.2 水環境保全のための対策技術研究の展開

表-5.1 生活排水対策における植栽法と生物・物理化学処理との比較

	水生植物植栽法	生物物理化学処理	
		従来法	高度処理
基本原理	生態工学	生物工学・化学工学	
生物群集	多様化	単純化	
設計	生物群集の自己設計システム（人間の動力必要）	人間による設計	
開発経費	安い	高い	
維持管理費	安い	高い	
エネルギー	太陽エネルギー	化石燃料	
敷地面積	広い	狭い	
滞留時間	長い	短い	
除去速度	△	○	◎
処理の安定性	△	○	◎
BOD・SS除去	○	○	○
窒素の除去	◎	△	○
リンの除去	◎	△	○

処理性能：◎有利　○やや有利　△不利

　農業集落排水の二次処理水に対してのケナフ，花卉類の利用や汚濁湖沼水に対してのクウシンサイ，クレソン等の生育後の再利用可能な植物が選定されるようになった。

　冬季には植物の活性が低下するため，国内では水温低下時に生長が可能な植物の選定が必要である。環境条件（気温，光，水質）に応じた植物の特性を定量的に理解することで，地域に応じた浄化システムの設計が可能となる。さらに植物による浄化は，枯死した植物を放置するなど管理が不十分な場合，逆に栄養塩の供給源となってしまう。刈り取った植物や枯死体も含めた堆積土の一部は肥料となるが，生産されたバイオマスの処分，再利用が重要な課題となっており，流通の問題を考慮した取組みが必要である。また，植生浄化施設を使った環境教育や住民参加型の環境保全運動は意識啓発のためのツールとして大いに役立てることができる。

（5）礫間接触酸化

　この浄化法は，河川における自浄作用を人為的に再現したものである。つまり河床に相当する部分を礫等の利用によって効率的に集約させ，汚濁物質を礫材と接触，沈殿・吸着させる（接触沈殿），礫の表面に付着した細菌等の微生物

から構成される生物膜によって有機物を分解無機化させる（接触酸化）機能を強化させる原理である。1983年に当時建設省が最初の実用施設を多摩川支流に建設し[14]，以後各地で河川浄化事業として展開されている。また，海域においても当時の運輸省と民間会社による「シーブルー・テクノロジー工法研究会」より，例えば礫を充填したケーソン内や礫を積み上げた消波堤防を潮汐による往復流を通水させる実証実験が行われた。その結果，海水でも生物膜は発達して浄化に使えること，懸濁態の有機物，栄養塩に対しては効果が大きいこと，貝の付着による目詰まりを防ぐため大きめの礫が有利であることなどを示している[15]。なお，生物膜の付着材質として礫に代えてプラスチック等の素材を加工した接触ろ材が使われることも多い。

本手法では，発生汚泥を長時間滞留させると腐敗して，有機物や栄養塩の溶出，臭気の発生等の原因となるため，適切な汚泥の引抜きが不可欠であることや流入水中の汚濁負荷が大きい場合には，DO回復のために曝気装置が必要といった施設の維持管理や経費の問題が生じてくる。汚泥の引抜き等の適切な運転管理は，試行錯誤的，経験的に行うのではなく，前もって設計できることが望ましく，そのためには生物膜の増殖，剥離の機構を理解する必要があるが，これらは水温，有機物濃度，流速の環境因子に左右されることから十分な研究は進んでいない。この機構に関する解明が進めば，運転・管理方法や処理水質の予測等に対しても提言ができる。

また，最近ではBOD，SS等の汚濁物質より微量に存在する環境ホルモン等の化学物質の除去に関する報告も見られるが，今後十分な知見の集積と除去機構の研究が必要である。

5.2.2　エコテクノロジーによる自然再生
（1）エコテクノロジーの導入

水環境保全は，海岸や田畑の中に大都市にあるような立派な下水処理場をつくって汚水を浄化すればよいという単純なものではない。本来，水環境には多様な生物種が豊富に生息していなければならない。赤潮生物しかいなかったり，細菌や原生動物しか生活しないような水域は人間にとっても望ましい環境ではない。当たり前のことであるが，水域を生態系としてとらえ，生態系の各種の機能が健全に確実に発揮されるようにすることが地球にやさしいということで

5.2 水環境保全のための対策技術研究の展開

あり、そのような環境は人間と自然の共存を可能にするはずである。生態系の健全さは、まず種の多様性によって認識できる。

生態系の機能を強化し、破壊された生態系を修復し、生態系の機能を利用することは、エコテクノロジー（ecotechnology）あるいは生態工学（ecological engineering）と呼ばれており、1980年代末からこの分野の雑誌や成書が出版されている[16)-18)]。最近では環境に調和した技術や環境にやさしい技術全般を生態工学と呼んでいる。生態工学はヒトと自然との共生を可能にし、ヒトが生き延びることを目指す工学で、これからの発展が期待される。このように考えると工業、農業、水産業等あらゆる産業に生態工学の導入は必要である。環境に重点をおいた場合は環境生態工学、そのうちでもとくに水環境を対象にした生態工学を水環境生態工学と呼ばれており、いくつかの大学で生態工学関連の講義はなされている。

生態工学は、生態系の機能をコントロールして生態系を保全・修復する技術である。生態系はもともと自己設計能力を有しているので、人間はそれが発揮できるように、糸口を与えたり、促進者として援助するだけである。エネルギーの基本は太陽エネルギーにあることはもちろんである。

森林、草地、湿地、湖沼、河川、沿岸の再生・回復、持続性ある農業生態系の保全等について、生態系の機能を背景にして技術開発を進めることが環境生態工学の中心である。通常、技術は生態系を無視して開発されるから生態系や自然とは隔絶されている。しかし、環境生態工学では人間の経済社会と自然生態系が共存できる仕組みが模索される。このように見ると、例えば江戸時代の社会に戻すことであって新しい技術は何も必要としないと思われがちであるが、そうではない。生態学の発展があり、生態系の機能も大分わかってきたのであるから、これを工学の中に入れていくことが必要である。

(2) 多自然型河川

河川の自然環境の保全が本格的に行われ出したのは、当時建設省より1990年に「多自然型川づくり」の通達が出た頃である。治水対策に伴い整備された構造上単調で画一化された直立護岸河川からの脱却を図る多自然型川づくりは、日本の公共事業の中でいち早く自然環境の保全に着手した事業であり、施工上さまざまな工夫を凝らしながら各地で積極的に実施され、現在では自然再生事

業として継続されている[18]。その目的は，生育・生息場としてのエコトーン効果を狙ったビオトープ創出と同調した自然浄化機能の強化である。河川再生の考え方は，自然に手を加えない，単なる自然保護を言っているのではなく，必要な治水対策は行いつつも自然の重要性を認識し人間と自然が共生することをものである。さらに人為的影響の少ない河川にあっては，多自然型で整備するにしても，元の河川と異質な環境を新たに創造するよりも現況の姿を保全していくことが重要で，手を加える場合にも川は川につくらせることが重要で当初の流路が出水時に破壊されたとしても，瀬，淵，植生等で構成される河川環境はなるべく自然の復元力にまかせることが必要である。

河川水質の面から見ると，これまで河川水質の管理は有機物を対象としてきたが，今後は栄養塩の管理も重要であるとの議論がなされている[19]。河川生態系を支える基礎生産に対しての付着藻類の役割が大きいことは知られているが，栄養塩濃度が高くなると，付着生物膜の現存量や生長に伴う有機物の流出量が変化すると考えられる。自然再生事業に伴う河川の自浄作用や生態系を評価するうえで，河川水中の有機物や栄養塩の挙動に関与する栄養塩濃度の違いによる河床付着生物膜の作用を定量的に明らかにすることは重要な課題である。また，『生活環境の保全に関する環境基準』(2003年)の中で，全亜鉛の基準値に関する類型区分が水域に生息する水生生物種ならびにその生物の産卵場または幼稚仔の生育場により分類されたことから，今後も水生生物等の生態系の保全に留意した環境評価が重要視されることは容易に想像される。

(3) 人工干潟

人工干潟造成の歴史は，港湾事業における環境への取組みとして多く見られる。1980年代末からは海域環境創造事業（シーブルー事業）やエコポート事業として，航路の浚渫土砂を利用した干潟・浅場造成，近年では，自然再生に向けた取組みとして，生態系機能の強化や創造，自己回復力を発揮できるための干潟システムや管理手法の検討がされている[20]。

一方で干潟等の浅海域の浄化能力の消失が沿岸域の有機汚濁化の一因であるとも考えられている。しかし，有明海における諫早湾干陸化の影響評価の例に見られるよう干潟の浄化能力の評価に関しても今後の研究成果を待たなければならない部分が多い。人工干潟の創出等の自然共生型公共事業が進められつつ

ある中で，その意義を明確にし，かつ失敗のないように進めていくためには，新たな環境の創出がもたらす効果の評価を具体的に定量的に行うことが必須である。これまでの研究では干潟の水質浄化機能を定量的に評価し，提示することに成功していない。

　干潟における物質循環は，沖合から流入してくる有機物の底生生物による捕食（栄養塩の放出）や沈降，光合成に伴う有機物の生産（栄養塩の吸収），二枚貝，多毛類，付着藻類や微生物等の生物化学的な作用によるもので，その定量化は干潟に流入する水質の変動や気象の変化に応じた生物相の動態がモデルで再現できるかどうかが鍵となる。現時点で干潟における物質循環の定量的な評価は十分に行われていないことから，内湾の富栄養化モデルにおいて干潟生態系システムを組み込んだ例はほとんどなく，内湾の水質改善に向けての浄化対策を陸域からの負荷削減に頼る結果となっている。将来的には内湾の水環境改善に向けた人工干潟の最適な規模や配置問題の根拠の提示が可能となり，流入負荷削減等の施策と併せて干潟の造成方法についても評価できることが今後富栄養化対策の主流となってくると思われる。

　また，人工干潟は水質浄化の面だけではなく，親水性，生産性といった複合的な機能として働き，我々はその恩恵を受けている。生物機能を利用して海域環境保全・修復を目指す場合，機能が十分発揮できるよう，少なくとも生物が生息できる環境（場）を提供してやることが求められる。例えば，貧酸素水の影響を受ける場の生物は持続して機能を発揮することは難しいが，曝気等の貧酸素化を防止するような手法による水質改善策を同時に行うことが必要な場合もある。

　人工干潟の造成に関しては，地盤高の変動やアオサの堆積や干潟底質の泥化による環境変動に伴う生物相の変化といった造成後の機能性の予測は課題として残されている[21]。これらの解決には物理的なアプローチも必要とされることから水理分野との連携を図り，知見を積み重ね人工干潟の設計システムにフィードバックしていくことが必要である。

（4）藻場の造成

　浅海域において海草（藻）類のもつ高い生物生産力や環境保全機能などに期待し，生態系維持のための海域環境を整備する藻場造成事業は，人工干潟と同様，1980年代末から始まり，現在は自然再生事業として引き継がれている。造

成される藻場の種類は，ガラモ場，海中林，アマモ場などがあり，これまでに藻場を維持，整備する場合の物理的，化学的，生物的環境条件に関する知見は，各機関においてハンドブック等としてまとめられ[22]，土木工学的手法による生育基盤の整備も十分可能となった。

　一方，富栄養化の進行した海域において，過去の良好な水環境を修復しようと藻場造成を試み，赤潮・貧酸素水の影響による枯死等の生態系が維持できない事例が見られる。もちろん，慎重な造成の適地選定が重要となるが，その際，過去から現在において藻場が消滅した理由を明確にし，その要因を排除，簡単にできなければ影響を及ぼさない工学的な操作（手助け）が必要であり，我々は何ができるかを検討しなければならない。

　現在の閉鎖性海域は，浅海域の埋立てから始まり，赤潮・貧酸素水の問題まで水質悪化の悪循環が形成されている。その救世主として干潟・藻場が造成されるが，これまでは干潟・藻場の独立した生態系での造成が主であり，富栄養化が進行した水域では，この負の循環を止めるに至っていない。健全な浅海域は，干潟と藻場が連続した空間であり，このような複合生態系は水質汚濁にある程度耐えられたのではないかと思われる。つまり，海域の水質汚濁が進行すると，植物プランクトンの増加に伴い光量不足を生じ，海草（藻）が消失するが，藻場と水塊が往来するエリアに二枚貝の生息する干潟があれば，浮遊藻類（植物プランクトン）等のSSを二枚貝がろ過摂食してくれることから藻場水域の透明度の向上が期待できる。このように干潟は藻場にとって負のインパクトに対する緩衝的な機能を発揮してくれる。このシステムを真似ることが持続性を備えた自立型の生態系創出への近道と考えられる。これまで干潟・藻場の有機物・栄養塩循環に関する研究は，独立した場の生態系機能について蓄積されてきたが，今後は共存しながら相互作用を及ぼしているという観点での研究が重要であり，その相互作用の仕組みを定量的に明らかにすることが必要である。

(5) 水生植物帯の復元と管理

　沈水植物や抽水植物等で構成される水生植物帯を抱えた湖岸や河岸は魚介類の産卵や幼稚仔の保育場，水鳥の繁殖の場であるばかりでなく，高い水質浄化機能も有し，生物生産にとって重要な役割を果たしている。一方，活発な産業活動に伴う産業系・生活系排水の増加や開発工事等の人為的な改変により，自

然湖岸，水生植物帯が急速に損傷，消失し，護岸構造物が生態系を分断するなどの問題が生じている。その結果，多くの魚介類が減少，絶滅の危機に瀕している。近年，ビオトープ理念の進展や生物多様性の保全等の観点から湖沼沿岸帯や水生植物帯の復元が各地で望まれている。

　復元を成功させるためには，なぜなくなったのか？　という減少要因を理解することが最も重要である。例えば沈水植物の場合は，水質悪化による透明度の低下が直接影響を与える。要因を排除する前に，復元に取り組んでも維持できないのは当然である。富栄養化水域において水生植物の復元を考える場合には，水生植物，浮遊藻類，付着藻類等の一次生産者によるエネルギーフローの解明，また，魚類や底生生物，付着動物が自身を含む物質循環にどのように作用するかという理解が不可欠である。また，水域の環境保全には，栄養塩濃度を下げるためだけではなく，水域周辺生態系のバランスとその維持を図る必要がある。この観点から生育・生息域，生態系の安定を提供する多機能な水生植物帯の役割は今後も重要な位置付けとなる。

　維持管理に関しては，多自然型河川，干潟，藻場，水生植物帯等に共通する事項であるが，自然再生の考え方として生態系の不確実性を認識したうえで造成した場に何らかの不具合が生じた場合，適宜修正を加えるといった生態系の健全性を持続できるような順応的管理の手法が重要とされる[22]。物理・化学的，生態工学的手法いずれの環境修復技術も適用後における水域の生物相の変化の予測等，生態系の応答に関してはいまだ不明な部分が多く，容易な課題ではないが，広域的かつ長期的なモニタリング等を通じて，科学的知見を広く集積していかなければならない。

(6) これからの展開

　地球における急激な人口増加は，フラスコで培養された微生物あるいは小さな沼のアオコに類似している。個体群が少ない時は本来その生物が有している増殖速度で指数的に増加するが，個体群が増大すると，環境が悪化し個体群は定常から減少に向かう。個体群の変動を解析するのによく用いられているロジステックモデルで見れば，微生物はr戦略（常に増殖速度を高く維持する生き方）をとって，環境条件によって個体群密度は激しく変化する。通常，自然界では環境収容量よりかなり低い個体群密度を維持するが，アオコのような場合

は環境収容量に達して激減する。ヒトは他の哺乳動物と同様にK戦略（環境収容量に近い高密度を維持する生き方）をとって本来個体群は平衡状態にあって安定するはずである。先に述べたような急激な人口増加は科学技術によって環境収容量を大きく広げた結果により，一時的にヒトはr戦略をとったと言える。しかしながら環境収容量の拡大も限界にきており，大型動物が本来有するK戦略をとることが迫られている。地球におけるヒトの環境収容量はおそらく100億人程度であろうが，これらが生存できるための環境保全は並たいていではない。環境収容量に近づけば近づくほど競争は激しくなり，一般に環境は悪化する。

このような状況のもとで，21世紀は持続的発展というよりもヒトが生き延びるための方策や技術を取り組んだ方がよい。科学や技術は，人間の利便の追求によって発展してきたのであるが，これからは利便よりも生き延びることに価値観を変える必要がある。ヒトと生物の共生を保証するための技術が先に示した生態工学（エコテクノロジー）である。

生態系の機能が強化され，破壊された生態系が修復され，生態系の機能を巧みに利用する技術が開発されれば，ヒトと自然の共生が可能になるはずである（自然共生社会）。農業生態系および農山村の周辺生態系が健全であれば，都市生態系を支えることができる。これらの相互関係を示したのが，**図-5.10**であるが，農業生態系および周辺生態系のような人為生態系の健全性が多くのヒトを生き延びさせる基本になる。

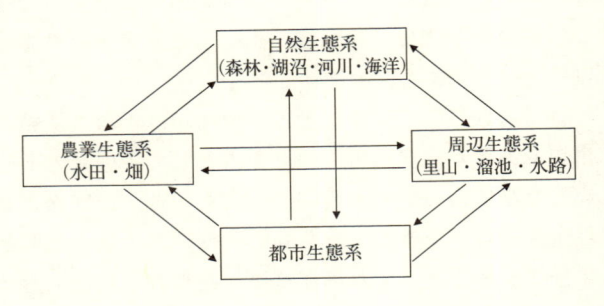

図-5.10 4つの生態系の相互関係

これからの技術は，先に示したように人間社会と自然生態系が共存できる仕組みが模索されねばならない。環境を保全し再生する技術は，反応速度は遅く，効率は低く,小規模自己完結型技術とみなされるが，ヒトをより長く生き延びさせることはまず間違いない。このような技術が21世紀の最も重要な技術として発展できればヒトを含めたあらゆる生物を救う手法が生み出されるといっても過言ではない。ヒトと自然との共生は種の多様性を豊かにするはずである。そ

れは農山村における生態系の健全な維持によって支えられる。生物の中に不要な種は一つもいないことを肝に銘ずるべきである。

あらゆる生物がそれぞれの場で生育・生息場を確保できるようになれば，水環境は本来の姿を取り戻し，温暖化問題も解消に向かい（低炭素社会），地球の将来は明るくなるはずである（持続可能な社会）。

とくにこれからの環境保全技術を進める中で，環境生態工学の活用は重要な課題である。現代社会のなかに江戸時代の生態系を再生し，管理していくことになるかもしれない。しかしながら，生態系の管理は難しいことで容易に達成することはできないであろう。環境問題の解決の中ではこれまで以上に他の環境技術の開発と普及を期待しなくてはならないが，環境生態工学との組合わせや環境生態工学からの評価が必要である。

このように生態工学は先端技術を標榜する工学関連の研究活動からすれば古いロウテクノロジーと思われるかもしれないが，21世紀の最も重要な技術であると確信している。人類を救う最後の工学といっても過言ではない。

生態工学は，水圏や土壌圏の環境保全のみでなく，水産，林業，農業等の生物資源産業にも共通する考え方である。これらの分野ではすでに経験的に生態工学が採用されているとみなすことができるが，環境分野では，やっと緒についたばかりである。その基礎は10年，20年かけて築く必要があり，性急に効果を期待することは慎まねばならない。変革しようとする生態系は，何十年，年百年，何千年かけて育まれてきたことをいつも念頭におく必要がある。

修復，再生，復元，創出とは言っても長い期間を要するので，気長に取り組まねばならない。当面，試行錯誤はやむを得ないが，不安がある時はごく小規模での模擬実験での確認が望ましい。

地球温暖化や酸性雨，オゾン層破壊等の地球環境問題が国際的に真剣に議論されているが，その程度には不確実性があるにしても，20～30年後には人類に確実に大きな損害を与えるほど顕在化されることが予想される[23]。今までの公害問題は技術開発によって克服されてきたが，地球環境問題も同じ方向で解決できるはずはない。

◎**参考文献**

1) 環境科学辞典, p.9, 東京化学同人, 1984.

5.2　水環境保全のための対策技術研究の展開

2)　環境科学辞典, p.195, 東京化学同人, 1984.
3)　環境科学辞典, p.43, 東京化学同人, 1984.
4)　農林水産統計より作成.
5)　栗原康編：河口・沿岸域の生態学とエコテクノロジー, p.37, 東海大学出版会, 1988.
6)　国土交通省水資源局編：日本の水資源, ぎょうせい, 2004.
7)　篠原梓, 今井章雄, 松重一夫, 小松一弘：霞ヶ浦湖水及び藻類由来物質における糖類評価, 第39回日本水環境学会年会講演集, p.468, 2005.
8)　須藤隆一：水域の直接浄化の意義と展望, 用水と廃水, 32 (8), pp.663-667, 1990.
9)　須藤隆一, 西村修：生活排水対策の意義と重要性, 空気調和・衛生工学, 68 (7), pp.515-522, 1994.
10)　井芹寧, 森雅佳, 松岡陽子：閉鎖性水域における異常発生藻類の制御技術, 資源環境対策, 38 (11), pp.1137-1148, 2002.
11)　小島貞男：湖水強制循環による富栄養化対策, 水質汚濁研究, 5 (5), pp.252-257, 1982.
12)　ダム水源地環境整備センター（編）：ダム貯水池の水環境Q&A, 山海堂, 2002.
13)　島谷幸宏, 細見正明, 中村圭吾：エコテクノロジーによる河川・湖沼の水質浄化, ソフトサイエンス社, 2003.
14)　長内武逸：礫間接触酸化法による河川水の直接浄化, 用水と廃水, 32 (8), pp.676-685, 1990.
15)　港湾環境創造研究会：よみがえる海辺, 山海堂, 1997.
16)　栗原康（編著）：河口・沿岸域の生態系とエコテクノロジー, 東海大学出版会, 1988.
17)　W. J. Mitsch and S. E. Jorgensen：Ecological engineering, John Wiley & Sons, 1989.
18)　須藤隆一（編）：環境修復のための生態工学, 講談社サイエンティフィク, 2000.
19)　河川環境管理財団：栄養塩濃度が河川水質環境に及ぼす影響に関する研究, 2003.
20)　古川恵太：港湾事業における環境修復への取り組み, 月刊 海洋, 35 (7), pp.502-507, 2003.
21)　環境省：平成15年度 自然を活用した水環境改善実証事業評価検討調査報告書, 2004.
22)　国土交通省：第2・3巻 干潟編・藻場編（海の自然再生ハンドブック）, ぎょうせい, 2003.
23)　環境省：21世紀環境立国戦略, 2007.

Chapter 6

6　地圏環境研究の変遷と今後の展開

地圏環境問題年表——174

- 6.1　日本における地圏環境問題と対策の歴史——179
    - 6.1.1　日本の地圏環境問題——179
    - 6.1.2　地圏環境管理技術の展開——182
    - 6.1.3　地圏環境の汚染修復フローと調査研究課題——187
    - 6.1.4　地圏環境管理の技術システム——191

- 6.2　地圏環境の持続可能型利用と今後の展開——193
    - 6.2.1　地圏環境を取り巻く状況——193
    - 6.2.2　持続可能性を考慮した広域地下水資源管理——194
    - 6.2.3　土壌汚染エキスパートシステム作成の必要性——196
    - 6.2.4　土壌汚染は健康リスクから生態リスクへ——198

地圏環境問題年表

年代	社会背景	学会関連分野の動向	法律・行政	対策技術
1930年頃	関東平野などで地盤沈下を観測			
1940年代から1950年代	米国，ヨーロッパなどで井戸水中硝酸性窒素による乳幼児の健康被害多発		1956年，地盤沈下の防止を目的として，工業用地下水を対象とした「工業用水法」制定	揚水規制
1960年代	全国各地で地盤沈下を観測			
1963			冷暖房用等の建築物用地下水を対象とした「建築物用地下水の採取の規制に関する法律」制定	
1968	富山県神通川流域におけるイタイイタイ病が，農地のカドミウム汚染が原因であることが判明			
1969				
1970			公害対策基本法の一部改正により，典型公害に「土壌の汚染」が追加され，その実施法として「農用地の土壌の汚染防止等に関する法律（土壌汚染防止法）」を制定	
1971		土壌肥料学会に環境保全部門新設	全農用地を対象に，その土壌の汚染の有無を把握するための概況調査を実施	
1972			「農用地土壌汚染防止法施行令の一部を改正する政令」公布（銅に係る指定要件の設定）	
1973	東京都江東区における六価クロム鉱滓埋立による土壌等の環境汚染が発見され，大きな社会問題となる			「固化・不溶化・封じ込め」等の処理法。主に重金属汚染の浄化に関する技術開発
1974				
1975			「農用地土壌汚染防止法施行令の一部を改正する政令」公布（砒素に係る指定要件の設定）。	
1976	米国でラブ・カナル事件発覚（有害化学物質による土壌地下水汚染）			
1977			廃棄物の処理及び清掃に関する法律の一部改正により，廃棄物最終処分基準等を整備	

年代	社会背景	学会関連分野の動向	法律・行政	対策技術
1978				
1979	米国シリコンバレー・フェアチャイルド事件（１１１-トリクロロエタン等による地下水汚染）			東京都公害局による東京都江東区における六価クロム鉱滓対策の発表・実施（掘削,還元処理,埋立を基本とする）
1980			米国で包括的環境対処・補償・責任法（CERCLA,通称：スーパーファンド法）制定	
1981			地盤沈下防止等対策関係閣僚会議が設置され,それぞれ地盤沈下防止等対策要綱が定められた	
1982	環境庁の調査により,日本における地下水の硝酸性窒素による汚染が顕在化		環境庁：シリコンバレー（米国）で大規模な地下水汚染が問題となったこと等をきっかけに,全国の15都市,1,360本の井戸を対象として,地下水の実態調査を実施。トリクロロエチレン,テトラクロロエチレンが調査全体の3割近くの井戸で検出	揮発性有機化合物の処理に関する技術開発が進む
1983			環境庁：前年度調査でWHOのガイドラインを超過した井戸について追跡調査を実施	
1984			環境庁：トリクロロエチレン等の排水に係る暫定指導指針を定める	
1985				
1986			公共用地として転換される国有地についての「市街地土壌汚染に係る暫定対策指針」が環境庁から示される 米国ではスーパーファンド法改正（再授権法,SARA）によって汚染土壌の浄化を推奨	米国で様々な浄化技術の開発が活発化 バイオレメディエーション,ファイトレメディエーション,土壌ガス吸引法,熱脱着法,エア・スパージング法,熱溶解,溶媒抽出法,トリートメントバリアなどの新技術開発へ
1987				
1988	千葉県君津市におけるトリクロロエチレンによる地下水汚染報道がなされ,地下水汚染に関し国会で議論			

年代	社会背景	学会関連分野の動向	法律・行政	対策技術
1989	されるなど，大きな社会的関心		水質汚濁防止法の一部改正により，有害物質を含む水の地下浸透を禁止，都道府県知事に対する地下水質の常時監視の義務付け	環境庁より「地下水質調査方法」が準拠すべき原則的方法として示された
1990			「有害物質が蓄積した市街地等の土壌を処理する際の処理目標」を環境庁が示す	90年代になりバイオレメディエーション技術などが日本に紹介された
1991		第1回地下水汚染とその防止対策に関する研究集会を京都で開催（日本地下水学会，日本水環境学会主催）	環境庁が「土壌の汚染に係る環境基準」を制定。基準項目は10項目	
1992		環境庁：土壌汚染の実態や対策の実施状況を明らかにするため，47都道府県及び水質汚濁防止法に定める74の政令市を対象に調査を実施 土壌浄化事業に関心を持つ民間企業により「土壌環境浄化フォーラム」設立	環境庁が土壌環境基準と整合を図るため，暫定対策指針の見直しを行い，「国有地に係る土壌汚染対策指針」を策定	
1993	このころから日本において地下水汚染から土壌汚染へと関心が移っていく		人の健康の保護に係る水質環境基準が改正されたことに伴い，地下水の評価基準も改正 有害物質の追加など，地下浸透規制の強化 神奈川県秦野市において「秦野市地下水汚染の防止及び浄化に関する条例」を策定，翌年1月より施行	日本ではこのころから汚染物質を封じ込め，地下水への溶出や汚染場所からの移動を阻止する工法から，汚染物質を積極的に除去する工法に移行
1994		第1回地盤工学会環境地盤工学シンポジウム開催 第3回地下水・土壌汚染とその防止対策に関する研究集会開催（集会名に土壌汚染が加わる） 土木学会土木施工研究委員会第1施工小委員会で土壌・地下水汚染問題に関する研究を開始，	土壌環境基準の項目追加（トリクロロエチレン等9項目の有機塩素系化合物，シマジン等4項目の農薬など合計15項目を追加） 環境庁は「国有地に係る土壌汚染対策指針」を廃止し，土地一般に活用できるよう「重金属に係る土壌汚染調査・対策指針」及び「有機塩素化合物等に係る土壌・地下水汚染調査・対策暫定指針」を	米国でリスクベース浄化策（RBCA）の標準手法開発 揮発性有機化合物の浄化対策の主流がアクティブレメディエーションからパッシブレメディエーションに移り始める

年代	社会背景	学会関連分野の動向	法律・行政	対策技術
		その後,土木学会の様々な研究小委員会で土壌・地下水汚染に関する研究が始まる	都道府県等に通知	
1995	所沢で土壌の高濃度ダイオキシン汚染発覚	「土壌汚染等修復技術開発」プロジェクト(NEDO:新エネルギー・産業技術総合開発機構により実施)バイオレメディエーションの実証試験など実施		90年代中頃に効率的に酸素を供給する方法として過酸化マグネシウムを主成分とする酸素徐放剤が開発されたことにより,バイオレメディエーションが飛躍的に普及
1996	ISO14000シリーズの発行とともに,土壌汚染事例発覚の急激な増加が始まる	土壌環境センターが環境省主管団体として発足		
1997		第5回地下水・土壌汚染とその防止対策に関する研究集会開催(主催に土壌環境センターが加わる)	地下水環境基準(地下水の水質汚濁に係る環境基準)設定。水質環境基準で定められた「人の健康の保護に関する環境基準」に準ずる26項目 水質汚濁防止法改正では,都道府県知事による汚染地下水の浄化措置命令が導入された	
1998		第1回国際土壌・地下水環境ワークショップ開催		このころ米国でMonitored Natural Attenuation(MNA)の適用が活発化
1999	テレビ朝日ニュースステーション「所沢産野菜ダイオキシン汚染報道		硝酸性窒素,亜硝酸性窒素,フッ素,ホウ素を地下環境基準に追加	環境庁:ダイオキシン汚染土壌の浄化技術に対する実証調査を実施。(ダイオキシン類土壌汚染対策技術等検討会) 難分解性有害物質の浄化技術の開発が盛んとなる
2000			フッ素,ホウ素を土壌環境基準に追加 ダイオキシン類を暫定指針の難分解性有機化合物として指定 ダイオキシン類による土壌の汚染に係る環境基準制定	揮発性有機化合物の浄化対策としてORCなどのEnhanced Natural Attenuationが注目される
2001				

年代	社会背景	学会関連分野の動向	法律・行政	対策技術
2002				環境省による低コスト・低負荷型土壌汚染調査対策技術検討調査始まる
2003			「土壌汚染対策法」施行	
2004		東京都による土壌汚染処理技術フォーラム開催 第10回地下水・土壌汚染とその防止対策に関する研究集会開催（地盤工学会が主催団体に加わる。200編以上の発表の多くが処理技術に関するもの）		この頃から行政によるリスクコミュニケーション技術の普及推進
2005				
2006	日本におけるブラウンフィールド問題の顕在化	第12回地下水土壌汚染とその防止対策に関する研究集会開催（廃棄物学会が主催団体に加わる）	環境省「油対策ガイドライン―油含有土壌による油臭・油膜問題への対応―」公表	
2007			環境省「土壌汚染をめぐるブラウンフィールド対策手法検討調査」中間とりまとめ公表	

6.1 日本における地圏環境問題と対策の歴史

6.1.1 日本の地圏環境問題
(1) 地圏環境汚染の経緯

　自然環境は，しばしば地圏，水圏，気圏の3圏に空間的に区分される。しかし同時に，これらの圏域を空間的に内包する区分として，都市圏（人々の集住生活圏），農山村圏，陸域生態圏等の圏域区分が学術的・実際的に用いられており，管理の対象としての「地圏環境」をいかに認識し定義するべきかについては多くの議論があると思われる。ここではひとまず，人々の生活が営まれる陸域，とりわけ表層土壌域と地下水とに注目し，その人為的な汚染を工学的に管理する視点から地圏環境問題について論じることにする。

　日本の記録に残る土壌汚染は，渡良瀬川流域の鉱毒被害（足尾鉱毒事件：銅による汚染）が最初であるとされる。初期の土壌汚染の多くは，鉱物資源採掘に関連する鉱毒被害として報じられている。神通川流域の鉱毒問題（イタイイタイ病：カドミウム）や土呂久鉱山周辺のヒ素による汚染等がその代表的な事例である。これらの著名な汚染事例に限らず，鉱毒被害は有史以来継続していたものと思われる。1970年代に問題になった六価クロム鉱滓事件等も，鉱業に関連する大規模な地圏環境汚染の事例である。最近では都市再開発による工場の移転，跡地の用途変更等に伴い，多くの市街地土壌汚染が報告されるようになった。その実数を確認する方法がないが，日本の土壌汚染サイトは数10万箇所にのぼると言われることが多い。香川県豊島や青森・岩手県境に見られる大規模な産業廃棄物不法投棄事件等，廃棄物処分に関連する土壌汚染事例も多い。鉱毒被害の主要原因物質が特定の重金属であることに対し，最近の土壌汚染は複数の有害物質による複合汚染である事例が多く，とりわけ廃棄物に関わる土壌汚染のケースではこの傾向が顕著である。

　一方，清浄な水として長く飲料水として利用されてきた地下水の汚染が記録にとどめられた歴史は，土壌汚染に比較すると，新しいと言える。飲料水としての高度な地下水利用がその汚染を防除する原動力になっていたものと想像される。地下水汚染が全国的な関心を集めるのは，1980年代の初頭に全国各地で発見されたトリクロロエチレン等の有機塩素化合物による地下水汚染が契機に

6 地圏環境研究の変遷と今後の展開

なっている。

　土壌汚染と地下水汚染とでは，汚染域の空間的広がりや健康リスク等への波及の態様，汚染監視や修復技術の内容等が異なるため，両者は異なる型の汚染として取り扱われてきた。しかしながら，地下水汚染の機構調査や土壌汚染の修復経験を経て，土壌汚染と地下水汚染に統一した対応が必要であることが認識されるようになってきた。汚染機構の解明やモデル化，汚染の将来予測等，学術研究の場においても両汚染は統一して取り扱うのが自然である。土壌汚染と地下水汚染は，地圏環境の汚染をいずれか一方の視点から見た汚染現象である。

　環境省調査による日本における市街地土壌汚染の「調査事例」および環境基準を超える汚染が発見された「超過事例」の件数の推移を**図-6.1**[1]に示す。市街地土壌汚染の調査件数は，土壌環境基準が設定される頃から増加し，市街地土壌汚染の判明件数は，地下水環境基準が設定され，土壌・地下水汚染に係る調査・対策指針の検討が具体化される頃に一段と増加している。環境基準等が制定され関連法令等が整備されることにより，汚染事例が明示される社会的機構を見ることができる。他の環境汚染対策と同様に，地圏環境汚染対策が法整備により誘導・促進される特性を示している。

(2) 地圏環境管理の枠組み

　市街地における地圏環境（土壌・地下水汚染）管理の枠組みの概略を**図-6.2**[2]に示す。土壌や地下水の汚染は，汚染が予想される場における調査，一般的な環境調査，土木建設工事等の過程における汚染への遭遇等，種々の契機により「発見」され，汚染の修復と事後の管理を内容とする管理の最終局面に進行する。汚染

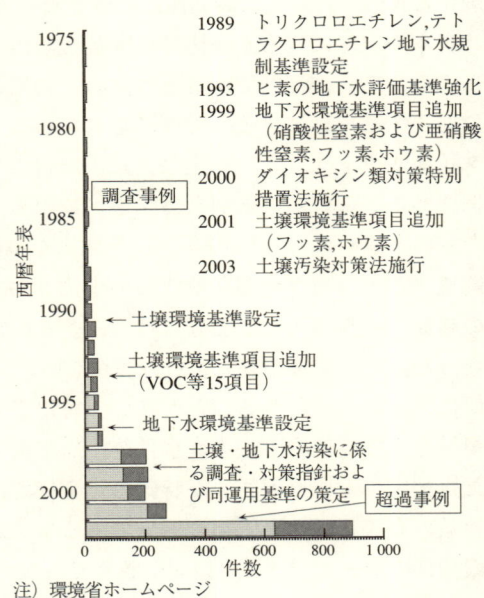

注）環境省ホームページ
（http://www.env.go.jp/water/report/h16-05/03.pdf）等から作成

図-6.1　市街地土壌汚染事例の判明件数の推移

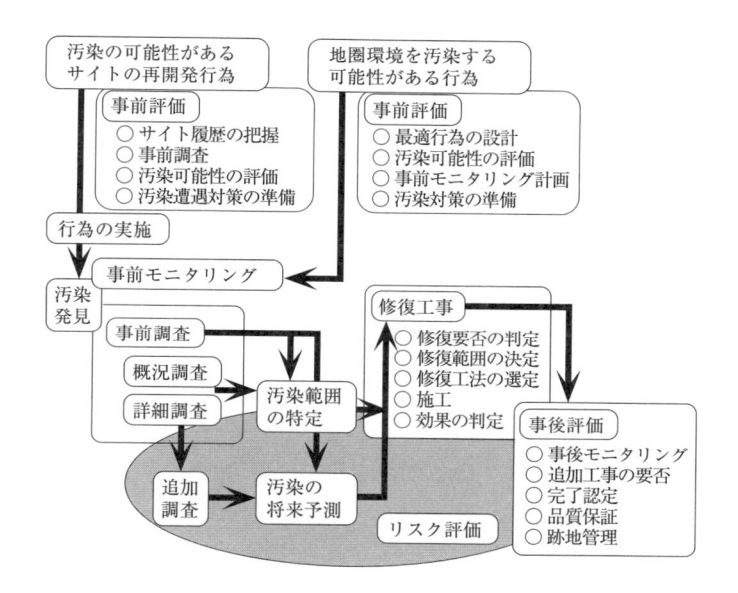

図-6.2 地圏環境（土壌・地下水汚染）管理の枠組み［文献2）から引用，一部改変］

「発見」後の状況の変化は現時点では一様ではなく，種々の問題を含みつつ，遷移している。この意味で，地圏環境管理の枠組みについてはなお議論の途上にあり，枠組みのあり方やその内容そのものが研究の対象である。

図-6.2は，地層や地下水層を保全し，汚染を修復することを第一とする視点から描かれている。そのうち，結果として汚染をもたらす行為の立案から最適実施案の選定までの，当該行為実施以前の一連の手順は，通常は，環境アセスメントの枠組みとして把握される。同図は，地圏環境を保全するためには，環境アセスメントの他に事前および事後の環境モニタリング，事故・汚染対策，跡地管理等の作業が不可欠であることを示している。環境モニタリング，事故・汚染対策，リスク評価，跡地管理等の事後の管理作業の概略は，当該行為が実施されるまでに準備・策定されていなければならない。本稿では，**図-6.2**に示す枠組みに沿って，地圏環境管理のための研究とそのあり方について検討する。

6 地圏環境研究の変遷と今後の展開

6.1.2 地圏環境管理技術の展開
(1) 汚染修復技術研究の推移

日本では，土壌・地下水汚染の機構解明や汚染評価モデル構築等の基礎研究の多くは大学等の研究機関により，また汚染処理技術を開発するための基礎研究や実用的な規模での汚染修復技術の開発・施工は企業等により担われている。これらの基礎研究や汚染修復技術開発研究の成果がほぼ網羅的に発表される場として，『地下水・土壌汚染とその防止対策に関する研究集会』[3]が開催されている。

ここでは，過去11回，延べ15年にわたる『研究集会』における発表論文を参照・分析することにより，汚染修復技術開発研究の経緯をたどる[4]ことにする。

土壌・地下水汚染の発見から汚染修復後の跡地利用や管理に至る一連の調査・研究プロセスを図-6.2を参照し，「調査分析・事前評価」→「技術開発・工法選定」→「修復工事」→「事後管理（システム管理）」に区分して表現する。「基礎研究」や「リスク評価」は上記のいずれのプロセスにも共通に関与するとみなすことにする。ここでは，現場における環境モニタリングは「調査分析」に，モニタリング網の設計等に関する研究は「基礎研究」に分類している。

上記の各区分に属する研究発表件数の経年変化を**図-6.3**に示す。総発表件数は継続的に増加しており，とりわけ最近5年の発表件数の増加が著しい。市街地土壌汚染の判明件数が1998年度から明確に増加（**図-6.1**参照）しているのに対し，総研究発表件数は約3年先行して1995年から増加に転じている。

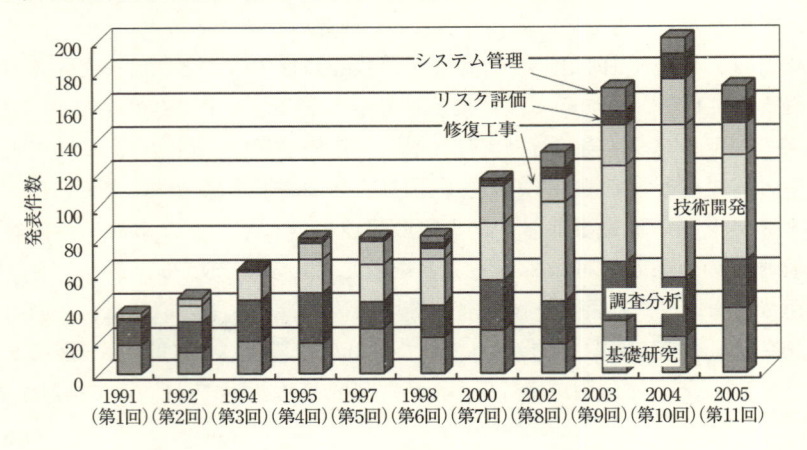

図-6.3 『研究集会』における総発表件数とその内容の推移

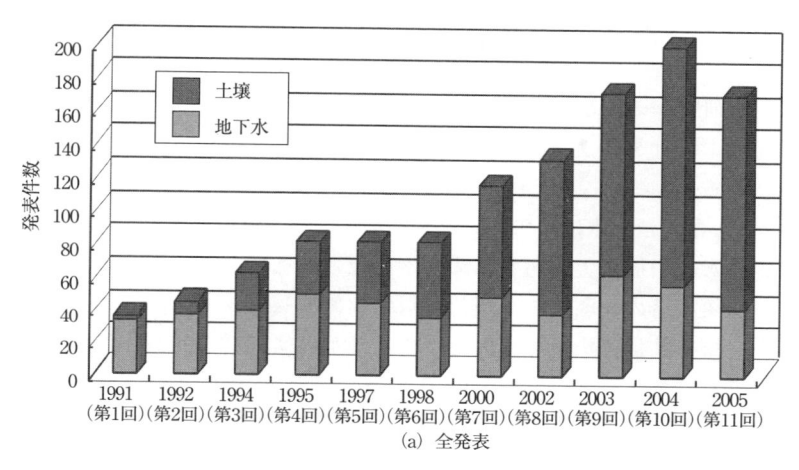

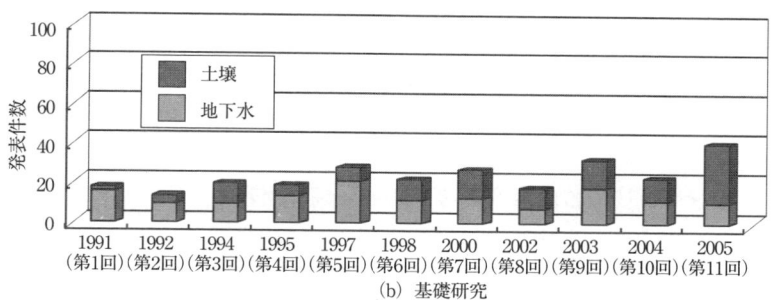

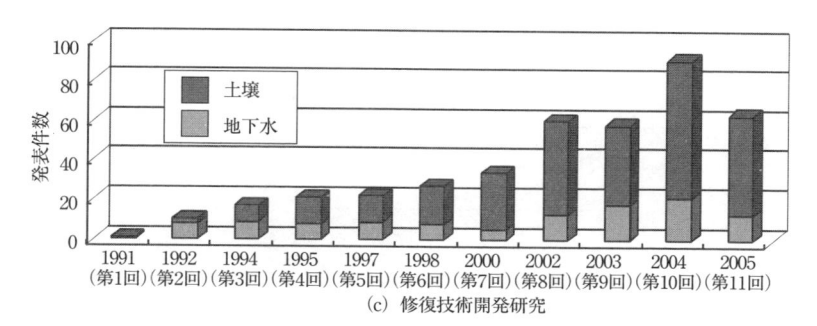

6.1 日本における地圏環境問題と対策の歴史

図-6.4 『研究集会』における土壌・地下水領域別発表件数とその内容の推移

基礎研究や調査分析法に関する発表件数がほぼ一定の件数を維持しているのに対し，汚染物質処理の技術開発研究の伸びが著しい。修復工事の事例報告，

6 地圏環境研究の変遷と今後の展開の歴史

土壌・地下水汚染のリスク評価や汚染修復システム全体を対象にする研究が見られるようになってきたのが最近の特色である。特定の工法や処理技術等に集中していた研究が一段落し，それらを統合し全体としてより合理的な処理システムの開発や設計を目指す段階に，この分野の研究レベルが成熟しつつあることを示唆している。

図-6.4 (a) は，地下水に関する研究発表がほぼ一定数を維持していること，研究発表総件数の増加が土壌汚染に関する研究の増加を反映していることを示している。汚染機構の解明やモデル化，数値シミュレーション，有害物質の収脱着係数や分解特性値の決定等を内容とする「基礎研究」の発表件数が土壌と地下水とで大きく変化していない [図-6.4 (b) 参照] のに対し，土壌汚染に関する発表件数の増加は「汚染修復技術の開発」研究の増加 [図-6.4 (c) 参照] を反映していることがわかる。

修復技術開発関連の発表件数を汚染原因物質に注目して分類した結果を図-6.5に示す。揮発性有機化合物（VOCs）を対象にする研究発表件数はほぼ一定の水準を維持しており，重金属，油，PAH，PCB/ダイオキシン等の，処理がより困難な物質に対する研究の発表件数が増加している。同じく，修復技術開発関連の発表件数を修復技術の内容（表-6.1 参照）別に整理して図-6.6 に示す。修復技術の開発に関する発表件数の増加は著しく，この分野の研究開発がきわめて活発に行われていることを示している。総発表件数の増加（図-6.3 参照）や参

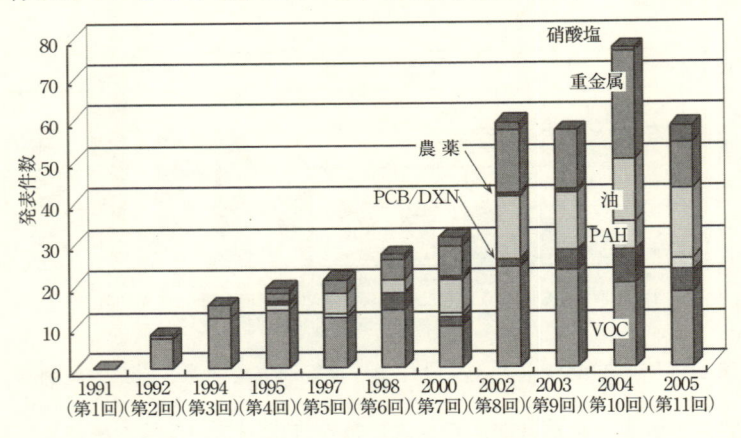

図-6.5 『研究集会』における対象物質別修復技術開発発表件数の推移

6.1 日本における地圏環境問題と対策の歴史

表-6.1 土壌・地下水汚染修復技術の内訳

修復処理技術の区分		技術の内容	主要な対象物質
分離・分解	生物処理	微生物を利用する有機性汚染物質の分解，高等植物を利用する重金属等の経根濃縮，他	VOCs，油類，硝酸塩類，重金属類
	物理化学処理	酸化・還元剤（鉄粉他）を利用する酸化・還元処理，電気分解，光分解，吸・脱着・ろ過分離，溶媒抽出，他	VOCs，油類，硝酸塩類，重金属類
	物理処理	土壌ガス吸引，空気注入(気化促進)，土壌洗浄，揚水曝気，土壌分級・選別分離，他	VOCs，PAH，油類，重金属類
	熱処理	加熱脱着，熱分解，溶融固化，他	PCB/DXN，油類
安定化	固化・不溶化	固化剤による固化，薬剤による不溶化，他	重金属類
	封じ込め	地中遮水壁，止水矢板，遮水シート等による遮断・遮蔽	VOCs，油類，重金属類，他
自然減衰(MNA)		自然浄化能を利用する継続モニタリング下での自然浄化	VOCs，硝酸塩類，油類

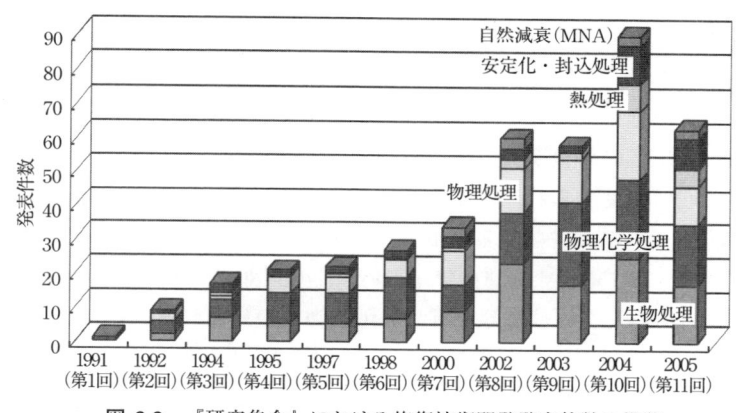

図-6.6 『研究集会』における修復技術開発発表件数の推移

加者数の増加が同様の傾向を示しており，地圏環境管理はきわめて活発に研究資産が投入されている領域であることがわかる。

ただし，研究発表会で発表される研究論文としての性格から，例えば修復技術に関する研究発表件数が多いからといって当該技術が頻繁に活用されているとは限らず，また発表件数が少ないからといって当該技術が実用されていないとは限らない。研究発表件数は当該技術の実用に先立って活発になり，技術の実用化が進めばむしろ減少する。

(2) 土壌・地下水汚染修復技術システムの展開

すでに概観したように，土壌・地下水汚染対策研究は，地下水から土壌へ，トリクロロエチレン等の揮発性有機化合物（VOC）から重金属や油等の対策がより困難な物質へ，個別処理技術から複合処理技術，技術システム開発へとその重点を移している。この傾向は今後も継続されるであろう。汚染した地下水を汲み上げて地上で処理したり，土壌ガスを地下水とともに吸引して処理するなどの土壌・地下水汚染修復対策では，当初は効率よく汚染物質が回収されたが，汚染レベルが低下するにつれて処理効率も低下する事例[5]が報告されるようになった。能動的な処理によって短期間の内に汚染レベルをある程度にまで減少させ，その後は，単位時間当たりの修復効率が小さくても総投入コスト（資源，エネルギー，時間，費用等）の少ない方法に引き継ぐなど，既存の技術を組み合わせて利用する対策の有用性が論じられている。

バクテリア等を利用する伝統的なバイオレメディエーションに加えて，特定の物質を選択的に吸収する高等植物を利用する方法[6]が具体的に検討されるようになったのも最近の特色である。日本は，カドミウム汚染・準汚染土壌が分布する農用地を抱えており，米等の食品中カドミウム濃度基準値が強化されれば，広大な農用地の修復が必要になる。また，水田等には従来から使用してきた農薬等の残留が認められ，水田中の残留農薬等はその不純物や代謝生成物質を含め，環境汚染の大きなリスクポテンシャルである。汚染除去速度は遅くても，低濃度で分布する汚染物質の実用可能な処理対策の開発が急がれる。

地中に棲息するバクテリア等が有する汚染物質の分解能力（自然の浄化能力）を再評価し，汚染地を管理下に置きながら，修復の進行を見守る方式が新たな注目を集めている。科学的自然減衰（Monitored Natural Attenuation:MNA）と呼ばれる汚染地の管理技術[7]である。汚染の状況やその変化を注意深く監視し，リスクを評価し，必要に応じて能動的な対策を講じることができる態勢を整えておくことにより，より少ないコストの投入でより効果的にリスクの発現を抑制することができる。

各務原台地における地下水の硝酸塩による汚染事例[8]では，施肥を管理する等の対策により地下水への硝酸塩の供給を抑制し，自然の浄化能力による硝酸塩の分解を待つことにより，地下水高濃度汚染域の拡大が抑制されている。鉄粉等を負荷した反応性の大きい透過層[9]を地下水層中に構築し，汚染した地下

水が透過層を通過することにより汚染濃度が低下する，例えば「透過反応壁」と呼ばれる工法がトリクロロエチレン等による汚染を対象にして実用化されている。反応壁を構築する能動的な対応と，汚染地下水の反応壁通過に伴う汚染物質の分解を自然に任せる受動的な対応とが組み合わされ，効率的な対策技術システムが構築されている。地下水流動の上流側に存在する汚染物質を直接的に処理するために利用できる技術ではないものの，汚染範囲の拡大を阻止したり，管理対象区域外への汚染物質の流出を防止しつつ，管理対象区域内での汚染物質の自然減衰を確保するなど，汚染対策の戦略を多様化することができる。維持管理に要する総投入コストをトータルに節約できる可能性が大きい。

種々の技術を組み合わせて，汚染場の特性に応じた修復の技術システムを構築すること，それらの技術システムを最適設計し，最適管理する試みの具体化が強く望まれる。これらの試みは，汚染修復技術システムの選択肢を拡大し，より合理的な対策を設計することを可能にする。また，汚染の発見から汚染の修復，修復の品質保証や跡地の利用・監視等の一連のプロセスを全体的に管理し，最適な管理システムを設計・運用する試みの具体化が強く望まれる。**図-6.3**に示したように，その試み[10]はすでに開始されている。

地下水の汚染対策は，土壌汚染対策に比較して遅れが認められるようになってきた。多くの地下水が飲料用水源や生活用水として利用されていることから，地圏環境汚染によるリスクを低減するためには，地下水汚染に対する対策を忘れてはならない。公共財としての地下水の管理体制を整備・強化する必要がある。

6.1.3 地圏環境の汚染修復フローと調査研究課題

図-6.2に掲げる地圏環境管理の汚染修復フローに沿って，必要と思われる個別の調査研究課題を**表-6.2**に整理して示す。個々の調査研究・技術開発の成果を統合し，汚染修復・地圏環境管理のためのシステムを定着させる必要がある。それらの課題として以下を掲げることができる。

(1) 修復戦略のシステムデザイン

土壌・地下水汚染の修復経験が蓄積するにつれて，複数の処理技術をミックスして適用することにより，より効果的・効率的な修復が可能になる事例が生じつつある。強度な汚染には直接的・能動的な修復技術を適用し，残存する低

6 地圏環境研究の変遷と今後の展開の歴史

表-6.2 地下水・土壌汚染修復対策のフローと課題

対策のフロー		調査研究の内容（目的）	必要な検討課題
1st Step	○ 事前調査 ○ 調査計画立案	○ 概況調査（文書，現地踏査），汚染診断 ○ 現地調査計画 　・環境省調査マニュアル基準 　・新調査法の開発（数理計画⇒シミュレーション，実証）	⇒問題点・改良点の発掘 ⇒マニュアル改訂
2nd Step	○ 現地概況調査 ○ 現地詳細調査	○ 汚染物質の特定 ○ 汚染範囲の把握（水平，鉛直：汚染レベル別） ○ 汚染の将来予測 　・動態評価のための基礎実験 　　物理化学的存在形態の評価 　　対土壌反応特性（分配係数，……） 　　土壌特性（浸透能，……） 　・簡易分析法の検討 　・汚染の将来予測手法の検討 　・信頼性評価手法の検討 ○ 調査マニュアルの有効性評価	⇒汚染物質量の把握手法 ⇒対策範囲の決定手法 ⇒リスク評価手法 ⇒実験手法の標準化 ⇒簡易分析法開発・標準化 ⇒土壌汚染予測手法 ⇒マニュアル改訂 ⇒信頼性評価手法
3rd Step	○ 修復計画の立案	○ 修復技術の評価 ○ 修復技術の選定 　・修復技術の比較検討（修復技術コンペ） 　　標準汚染土壌，テストフィールド 　・修復技術の経済性・環境負荷評価 　・修復技術の特性評価 　・修復技術のベストミックス ○ 修復目標の設定（目標達成度評価指標の設定） ○ 修復費用・修復期間の見積もり	⇒修復技術の評価基準 ⇒修復技術の選定基準 ⇒目標設定手法の提示
4th Step	○ 修復作業	○ 修復工事 ○ 目標達成度の確認・品質管理 　・確認手順の設定 　・修復の品質保証	⇒品質保証制度・体制
5th Step	○ 事後評価 ○ 事後管理 ○ データベース	○ サイトの事後モニタリング 　・モニタリングシステムの最適配備 　・モニタリングの頻度 　・モニタリングの継続期間（停止の規準） ○ 修復計画の事後評価 　・修復技術（修復レベル，汚染物質回収量，リスク低減効果） 　・経済性 　・環境負荷・環境リスク ○ 修復跡地の利用・事後管理 　・指定区域，MNA対象地，封じ込め地の管理 ○ 修復工事・技術データベース	⇒最適配備設計手法 ⇒事後評価枠組の標準化 ⇒事後管理の指針 ⇒標準化
総合課題		○ 汚染修復フローと調査研究課題 　・汚染修復戦略のシステムデザイン　　・汚染修復の品質管理・保証 　・汚染残留サイトの管理と利用　　　・関連技術分野との連携 ○ 地圏環境管理の技術システム 　・管理技術・システムの開発と検証　・土壌生態系管理への展開 　・地圏環境汚染防止への取り組み　　・環境リスクの総合管理 　・新たな汚染解析手法の開発	

6.1 日本における地圏環境問題と対策の歴史

濃度の汚染対策には時間がかかっても資源・エネルギーの消費レベルが低い受動的な修復技術で対処するなど，長期的な戦略に基づいた修復対策を設計する必要がある。

汚染した土壌・地下水を，例えば環境基準値以下に完全に修復することは困難な場合がある。多くの場合，いくらかの汚染が残存する可能性を覚悟しなければならない。土壌・地下水汚染では，汚染物質の分布が確率統計的な変動を呈するからである。修復漏れの確率を減少（修復の信頼度を向上）させようとすると，土壌・地下水の修復量が膨大になり，結果的に汚染していない土壌・地下水を修復対象に加えざるを得ないことになる[11]。必然的に，修復コストが増加する。汚染範囲を特定するための現地調査密度を増加させることにより，汚染範囲の把握精度が向上し，修復対象量にしたがって修復コストを低減させることができる。信頼度の大きい修復を実施すれば，事後のモニタリング等の規模を縮小することができる。すなわち，汚染の発見から修復完了までの全プロセス（図-6.2 参照）に要する総コストを要素プロセスにどのように配分するかによって，汚染修復の効率や信頼度が決定される。地圏環境管理の全プロセスを視野に納め，管理対策を合理的・戦略的に設計する必要がある。

(2) 汚染修復の品質管理・保証

相当のコストを負担して修復した土地に「限度」以上の汚染が残存していることが事後に「発覚」するなどの事態は，当該修復工事のみならず修復技術や修復システムそのものの信頼を失う事態に発展する可能性がある。このような可能性の残存は，例えば後述するように，「不動産市場における障害」の大きな要因になる。土壌・地下水汚染の修復工事に対しても品質管理・保証が必要であることに疑いの余地はない。

修復工事の終了後に残存する汚染物質の量や汚染範囲を確率統計的な期待値として提示することは可能である[11]。汚染修復の目標を確率統計的に設定し，残存する汚染に対しては事後の環境モニタリングや科学的自然減衰法により対処するなどの対策がとりうる代替案の一つであろう。しかし，この代替案が受け容れられるためには，残存する汚染が「限度」以下に制御されている必要がある。

ここで言う「限度」の設定を含め，社会的に合意が得られる修復目標をどの

ように設定するかが汚染修復の品質管理・保証を検討する出発点[12]になろう。検討が急がれる課題である。

(3) 汚染残留サイトの管理と利用

汚染を封じ込め，汚染の拡大がないことをモニタリング等により確認措置を継続するサイトも少なくない。『土壌汚染対策法』により指定区域に指定されるサイト，法が適用されないサイトの他，科学的自然減衰法による緩やかな汚染修復を待つサイト等，汚染物質と折合いを付けつつ土地利用を継続するケースの管理手法を構築する必要がある。

有害物質を含む廃棄物を集積することによりその機能を発揮している廃棄物埋立処分場が全国各地に存在する。埋立処分場として運用されている期間は土壌環境基準の適用対象から除外されているが，処分場が「閉鎖」され，処分場跡地が他の目的に転用されると，土壌環境基準が適用される場合がある。閉鎖された埋立処分場跡地が宅地に転用された例もあるが，多くは公園・緑地や運動場等として利用されている例が多い。法が適用されない一定規模以下の処分場等ではその所在が確認できない例もあり，遭遇型土壌汚染[13]の原因になる等，多くの問題を潜在させている。処分場の閉鎖基準を策定し，跡地を一定の制約のもとで，積極的に活用する枠組みを設定する必要がある。

(4) 関連技術分野との連携

『土壌汚染対策法』により汚染の修復義務が土地所有者に課せられたこともあり，土壌汚染の有無が土地取引や土地の不動産価格・担保価値等，「不動産市場における障害」になる可能性が問題になっている。『土壌汚染対策法』が要求する対策に比較して，不動産取引に伴う汚染修復の要求はより厳格であると言える。

不動産業界では，これらの障害への対処策の一つとして，土壌汚染リスクの診断システムを導入している。土地の履歴調査（フェイズⅠ），土壌ガス調査等を内容とする現地調査（フェイズⅡ）およびボーリング調査等を内容とする現地詳細調査（フェイズⅢ）で構成される診断システムの構造は，対象地の資料等調査，概況調査および詳細調査で構成される『土壌・地下水汚染に係る調査・対策指針運用基準』[14]に定める調査・対策の流れとほぼ同じである。

この分野では，土壌汚染対策に関わる研究者・技術者と不動産鑑定士等の専

門家との連携が十分でないように思われる。土壌環境センターが提供している「土壌環境管理士」等の資格を含め，組織的な連携を強化する必要があろう。

6.1.4　地圏環境管理の技術システム
(1)　管理技術・システムの開発と検証
　土壌・地下水汚染の修復技術が開発され，その実用規模での適用経験が集積されつつある。これらの技術や経験を統合し，地圏環境を総合的に管理するために必要なシステムを整備する必要がある。汚染の発見から汚染範囲の特定，修復の必要性を判定し，最適な修復技術の選定，修復工事の施工，修復完了の確認，事後の監視等，一連のプロセスを全体として管理するためのシステムの開発を急ぐべきである。

　開発したシステムは，その信頼性，実用性等をフィールドにおいて検証する必要がある。こうしたフィールドの確保が必要であることは，多くの識者，土壌・地下水汚染の対策に関わる行政担当者・技術者により従来から指摘されている。よく設計・管理された方式により汚染状況の把握から修復の完了確認・事後監視に至る一連のプロセスを実施・検証するとともに，関連データを学術的に公開するプロジェクトの実施が強く望まれる。

(2)　土壌生態系管理への展開
　『土壌汚染対策法』の制定に際し，衆・参両院共通の付帯決議の一つとして「土壌汚染による生活環境や生態系への影響，油類等の汚染実態の把握等について，早急に科学的知見の集積に務める」が採択されている。日本における土壌・地下水汚染の影響は，人の健康リスクを対象にして調査・研究が実施され，その管理策が具体化されつつある。人の健康リスクと同ウエイトで対処するべきとされる生態リスクへの対応は，水圏生態系等の他の分野と同様に，日本では大きな遅れが見られる。土壌生態系において特に遅れが大きいと言える。土壌生態系の状態を表示する指標の選定やその変化を特定する調査・試験法の設定等[15]，検討すべき課題は多い。この分野の研究者は限られているが，『地下水・土壌汚染とその防止対策に関する研究集会』において基礎的な研究発表が見られるようになってきた[16]。新たな組織的な取組みが必要な領域である。

(3) 地圏環境汚染防止への取組み

『土壌汚染対策法』の施行や土地取引における種々の制約は，既存の汚染に対する対策を促進するのみでなく，新たな汚染を防止する原動力としても機能していると言える。なお，地圏環境の汚染を未然に防止する法律の制定が望まれる。

多くの事業所において，ISO14000s 環境監査の認証が取得され，自律的な環境管理が進められている。地圏環境管理が環境監査システムにどのように位置付けられているかは不明であるが，環境監査システムは，土壌・地下水汚染防止にも大きな効果をもたらすと期待される。地下水汚染ポテンシャルマップ等[4]は，その支援ツールとしても効力を発揮すると期待される。

2001 年度から『PRTR 法』が施行され，指定物質の排出量の公表が 2002 年度から開始された。大気中に放出される種々の物質が，雨水による洗浄・沈着等の機構により土壌表面に蓄積されることを考慮すると，土壌・地下水汚染管理に対する社会の関心はますます大きくなると思われる。

地圏環境の包括的な汚染予防に効力を有すると期待されるこれらの環境管理システムを積極的に導入し，活用する必要がある。

(4) 環境リスクの総合管理

現に汚染されている場所の修復の要否を評価する場合，汚染される可能性がある場所の汚染予防策を，その緊急度や優先順位を含めて，合理的に立案する場合等には，汚染によってもたらされるリスクを定量的に評価する必要がある。リスクの態様は**図-6.2**に掲げる各ステージにおいて異なることから，それぞれの態様に応じたリスク評価が求められる。

土壌・地下水汚染の原因物質はきわめて多く，それらの物質のほとんどは健康リスク評価のために必須の情報である毒性データ（用量-反応関係）が把握されていない。人について用量-反応関係が把握される，すなわち何らかの悪影響が人々に発現するのに先立ち，健康リスクを評価し適切な管理策を設計する必要がある。このためには，健康リスクを予見的に評価するための新たな枠組み[17]を構築する必要がある。

(5) 新たな汚染解析手法の開発

地圏環境中での物質輸送に関する理論的・実験的研究は近年その精度を飛躍

的に向上させている。本稿ではその現状を紹介することができなかったが，広域の地層を対象にした3次元の非定常汚染解析が可能になっており，シミュレーション結果を図示するソフト等も充実している。しかし実フィールドにおける環境調査の精度は，モデル等によるシミュレーションの精度をはるかに下回っている。高度な発展を見せるシミュレーション技法の現場での検証も今後の課題である。

地下水汚染に比較して，例えば移流分散モデル等の決定論的な汚染解析モデルの適用が困難であった土壌汚染に対しても，決定論的モデルと確率統計モデルを統合したハイブリッドモデルが提案されるなど，理論的検討が進められている。最近では，地球統計学（Geostatistics）と呼ばれる手法の土壌汚染解析への応用[11]が盛んになり，土壌汚染のシミュレーション技術の革新が認められる。

土壌・地下水汚染の現場では，環境モニタリング等で把握される数値情報に加えて，当該土地の使用履歴や汚染原因物質の使用態様等の『土壌・地下水汚染に係る調査・対策指針運用基準』[14]に定める「対象地の資料等調査」や「土壌汚染リスクの診断システム」のフェイズⅠ調査の他，現場管理者に対する聞取り調査等により，必ずしも数値化されていないが有用な情報を入手することができる。これらの情報を数値化し，土壌・地下水汚染の現況を推定するとともに汚染地の修復・管理計画を設計する試み[18]が開始されている。

表面水の汚染や大気の汚染が依然として汚染原因物質の環境への排出抑制手段によって対処・制御されているのに対し，土壌・地下水汚染は，汚染した環境そのものを修復の直接的対象として，種々の対策が講じられようとしている。他の型の環境汚染に比較して，土壌・地下水汚染対策のみが有するユニークかつ先進的な側面である。我々の生活を支える地圏環境の総合的管理を目指す研究がますます活発になることを願う。

6.2 地圏環境の持続可能型利用と今後の展開

6.2.1 地圏環境を取り巻く状況

地圏環境の利用としては，水資源としての地下水の利用と生態系の存在基盤としての土壌の利用がある。地下水を取り巻く世界的状況は，日本で感じられる以上に深刻である。今世紀，水資源の争奪を原因とする国際紛争が多発する

であろうとの予測は，世界のさまざまな場所・機会で述べられている[24]。爆発的に増加する人口を支えていくための食糧生産の必要性，貧富の差の拡大と都市への人口集中の悪循環が招く都市水資源の枯渇，淡水資源の過剰利用が招く水質の悪化，これらの問題はすべて，世界の利用可能な淡水資源のほとんどを占め，20億人が飲料水源として使用している地下水資源が世界の多くの場所で危機的状況にあることを意味している[25]。一方，土壌についての状況も楽観視できない。世界的には化学肥料の不適切な利用や農地の酷使が招く土壌流亡の問題が注目を集めているが[26]，これについては沖縄等を除けば国内ではあまり深刻視されていない。前節にもあるように日本では市街地土壌汚染問題が十数年ほど前から注目を集め，社会的問題となっている。これまで汚染の可能性があまり考慮されてこなかったサイトにおいて土壌汚染問題が発覚するケースが増えており，とどまるところを知らずといった風勢である。本節では地圏環境の利用可能性を未来へとつなげていくために，持続可能型利用としての地下水資源管理と関連する新たな技術，そして今後の土壌汚染対策に関連した新たな技術として，とくに生態リスク評価手法の展開について述べる。

6.2.2　持続可能性を考慮した広域地下水資源管理

　日本における地下水資源管理としては，まずは地盤沈下に関係した量的規制があげられる。最近は工業用水の利用減少等に起因する地下水位上昇に伴う地盤上昇問題も生じており，地下水位の定常性を保つための地下水利用のあり方が議論されることも多い。都市部における新たな地下水の使い方として，夏季におけるヒートアイランド対策への地下水利用が注目されている[27]。一年中比較的水温が安定している地下水を利用して，夏季の都市部を冷やそうという考えである。この場合に利用する地下水量は，地盤上昇による被害が発生しないだけの量であるべきであり，また地盤沈下等を起こさないレベルに抑制する必要もある。このため，このような地下水利用を推進していくためには，地下水利用量と地盤の応答を正確に予測するための技術が必要とされる。

　地下水の利用において考慮すべき点として，上記のような量的問題のみでなく，地下水質の劣化を防ぎながら使い続けていくという，質的問題がある。**図-6.7**は1991年に京都盆地桂川右岸流域において筆者らが行った浅層地下水質調査の結果得られたMn濃度分布である。この図に示すように，桂川に近い領域にお

6.2 地圏環境の持続可能型利用と今後の展開

いて，MnやFe濃度が高く質的に劣化した地下水の分布が認められた。これは従来は主として西部の山地からの浸透水が浅層地下水の涵養源であったと考えられる桂川右岸領域において，小畑川周辺における大量の地下水揚水が，河床等で溶存酸素が消費された桂川河川水の浅層地下水への涵養を誘導し，その結果，還元的状態となった地下水中に土壌粒子中のMnやFeが溶解して生じた分布と推定された[28]。このような事態は，地下水涵養源の変化を予想しながら流域全体での地下水使用計画を策定していれば避け得た事態である。筆者らはこのような流

図-6.7 桂川右岸地域における浅層地下水のMn濃度分布（1991年）

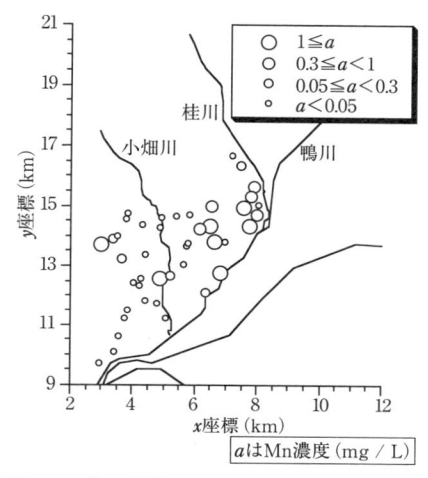

域地下水使用計画策定に役立つ資料として**図-6.8**のような地下水汚染ポテンシャルマップの作成を提案している[29]。これは各地点における新たな地下水使用がその地域における地下水水質に及ぼすであろう影響の大きさを図に表すことを目的として，各地点において単位量の地下水揚水があった場合，水質悪化の原因となる桂川からの涵養が増加する量を計算し，その増加量を各地点での値として地図にしたものである。このような図の作成には，その地域の地下水の涵養，流動，浸出等の量的なメカニズムに加えて，その地域の地下水質を決定している化学的・生物学的メカニズムに関する情報の収集と，そのシミュレーション技術が必要となる。シミュレーション領域も単に帯水層を対象とするのではなく，表流水も含めたシミュレーションが必要とされる場合もあり，対象とする因子が増えるに従って，モデルも複雑化して，必要となるパラメータも増えてくる。計算量も膨大なものとなってくるが，最近のクラスター計算機の普及がこのような計算を可能なものとするだろう。

モデルの評価で必要とされる各種パラメータ値や評価領域の性状を確定する作業では，GISの利用が活発となっている。また，近年，これに加えて衛星リモートセンシングデータの利用も各種試みられている。地表面含水率のマイクロ波データの利用による推定，地表面温度や表流水温度の分布からの浅層地下

水位の推定，植生分布からの地下水位分布の推定，重力サーベイによる地下水賦存量の推定，インターフェロメトリック SAR による地盤高変動の観測による地下水位変動の推定等が試みられている[30]。これらの多くは，平面的解像度が数 km のものが多く，まだ不十分であるが，インターフェロメトリック SAR は数 mm から数十 cm の地盤高の変化を測定して，地下水位変動を推定するものであり，地下水流と地盤マトリックス構造との力学的応答モデルの数値計算技術の発展と合わせれば，実用化の近い技術であると考えられる。

6.2.3 土壌汚染エキスパートシステム作成の必要性

地下環境のパラメータは実測することが困難なものが多いため，例えば地下水の浄化効率を予測するために数値シミュレーションを利用する場合，必要となるパラメータ値が未知である場合が多い。さらに前項で述べたように計算のためのモデルの複雑化によって，このようなパラメータは増大する傾向にある。このため，別の汚染サイトでの経験や，より実測しやすいデータから必要とされるデータを推定するために，今までに得られているさまざまなデータをデータベース化して，おおよそのパラメータ値を推定するために利用する方法が考えられる。例えば，土壌汚染の分布を確率論的に推定するために，空間的に相関のあるデータを扱うための統計手法である地球統計学的手法を適用する方法がある。この手法を適用するためには，土壌汚染の統計的空間構造を表す関数の推定が必要となるが，そのための十分なデータを得るには多大な費用を必要とする場合が多い。例えば土壌汚染濃度の空間的相関の強さを以下の式で表すことがある[31]。

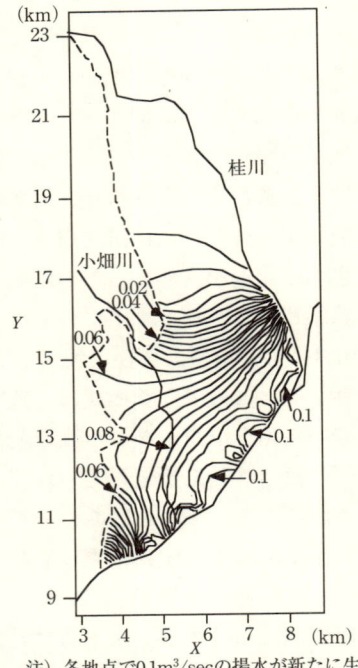

注）各地点で0.1m³/secの揚水が新たに生じた場合の桂川からの浸透量増加を示す。

単位：m³/sec

図-6.8 地下水汚染ポテンシャルマップの例

6.2 地圏環境の持続可能型利用と今後の展開

$$R(i, j) = \exp(-r_{ij}/L)$$

ここで，$R(i, j)$：第 i 地点と第 j 地点での土壌汚染濃度の相関係数，r_{ij}：第 i 地点と第 j 地点間の距離，L：相関スケールと呼ばれる定数．

この L の大きさによってその汚染サイトにおける土壌汚染の広がり具合や散らばり具合が表現されることになる．この L の値を推定するためには，十分な数の観測データを必要とするが，この十分な数のデータを実測することが予算的にも技術的にも困難な場合も多い．このような観測データの不足は汚染濃度の3次元分布を推定しようとする場合にとくに顕著である．このため，土壌汚染のメカニズムを考慮したモデルと統計的手法を融合することによって，観測データの不足を補う試み等が行われる[32]．このような観測データの不足を補ってパラメータ値を推定する方法として，他に過去の別の汚染サイトにおける経験から得られたデータを使用する方法がある．この方法では「事前分布」という形でパラメータ値の確率的分布をあらかじめ想定し，これに追加データという形で現地での観測データを加え，ベイズ統計手法を用いてパラメータ値の推定値の信頼性を上げていく方法である．図-6.9 は環境省が報告している土壌汚染サイトの広がりの大きさ[33]を疑似的な相関スケールと考えた時の，その疑似相関スケール（m 単位）の常用対数値の正規分布プロットである．プロットがほぼ直線に乗っていることから，疑似相関スケールの対数値の分布が正規分布で表されることを示している．ここでの汚染サイトの広がりの値は，相関スケールとは異なるが，相関スケールについてもこのような分布が報告されていれば，相関スケール L の事前分布として，対数正規分布を仮定することが妥当となり，これに実際に L の値を推定したいサイトから得られた実測データを加えることにより，L の推定値をより精度良く推定することが可能となる．このような事前分布の推定においては，単なる統計的分布だけでなく，その分野の複数の専門家による経験に基づいた主観による判断も用いられることがある．しかし，主観的情報の利用については細心の注意を必要とし，主観的情報の利用自体が批判的評価を受ける場合も多い．少なくとも主観的情報を利用するためには，主観的情報の利用をできるだけ客観的に行って，パラメータの推定，そして汚染分布の推定や，浄化効果の推定へと結び付けていくために，さまざまな主観的，あるいは客観的情報をきちんとした確率論的論理体系の中で融合させていくための，エキスパートシステムの開発等が必要となると考えられる．

また，同時にさまざまな過去の汚染データ等を整備し，**図-6.9**のような統計解析を行えるだけの経験情報のデータベース化が望まれるところである。このようなデータベースの整備とエキスパートシステムの構築は，新しい汚染サイトが発見された場合の浄化対策を決定するうえできわめて有益であると考えられる。

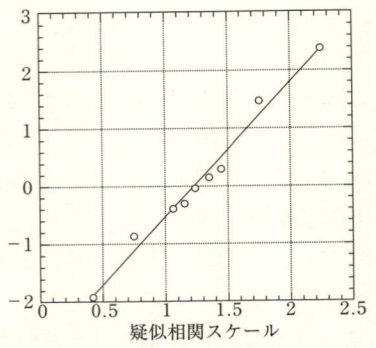

図-6.9 汚染の広がり（疑似相関スケール）の常用対数値の正規分布プロット

なお，汚染サイトの情報の整備，および浄化対策の検討においては，今後，帯水層単元という概念を導入する必要があると考えられる。現在の『土壌汚染対策法』で推奨されている汚染濃度等の測定法は地層や帯水層の構造を考慮しない無単元調査法である。この方法による測定では，誰でもがマニュアルどおりに測定すれば良いという点でのメリットは大きい。一方，地層や帯水層の構造を考慮する単元調査法では，地層構造等についてのかなりの専門的知識を必要とするため，観測データを得ること自体が少数の専門的機関や会社でないとできないといったデメリットがある。しかし，帯水層単元の構造を無視して観測データを得るためのボーリングを行ったため，かえって汚染領域を広げてしまったという例も報告されており，地下水汚染対策を検討するうえでは，無単元調査法ではなく，単元調査法を採用すべきであるといった声も大きい[34]。いわば，無単元調査法は，単なる統計的解析により土壌・地下水汚染をとらえようとする方法であり，単元調査法は汚染のメカニズムを考慮したモデルに基づいて土壌・地下水汚染をとらえようとする方法である。もちろん，単元調査法に地球統計学等の統計的解析手法を導入していくことも可能である。今後，より精度の高い土壌・地下水汚染対策を進めていくためには，データベースの整備，エキスパートシステムの開発等と併せて，標準的手法を無単元調査法から単元調査法へ移行させていくことも必要ではないかと考えられる。

6.2.4　土壌汚染は健康リスクから生態リスクへ

現在（そして今後も），環境政策を考えるうえでリスク評価は欠かすことがで

きないものである。これまでのリスク評価はヒトの生命・健康を対象とした健康リスクを対象として行われてきた。しかし前節においても触れたように，今後はヒトのみでなく，生態系のさまざまな種の生存や健康を維持することが重要視されるようになり[35]，リスク評価においても生態リスク評価が大きなウェートを占め始めると予想される。生態リスク評価はすでに水系の環境基準に亜鉛の基準値が設定されたように水系での評価が先行しているが，土壌環境の評価においての生態リスク評価研究は非常に遅れているといわざるを得ない。ここでは，とくに土壌環境を対象として健康リスクと生態リスクの違いを概観しながら，土壌環境における生態リスク評価の可能性について検討する。

健康リスク評価と生態リスク評価の違いの第一は，その目的の違いである。健康リスク評価においては，人間の命・健康を守ることが絶対条件となるが，生態リスク評価においては健康リスク評価の場合ほど，目的がはっきりしていない。通常言われる生態リスク評価の目的としては，例えば種が絶滅すると，種の利用ができなくなるとか，なんらかの種が絶滅することは，生態学的連鎖によってより上位の生物（例えば人間）にも影響を与える可能性があり，なんらかの抑圧因子に対しより弱い種で評価する必要がある，といったものであるが，その他に宗教的，倫理的理由から生態リスク評価が必要であるという意見等もあり，まだすべての研究者，あるいは社会全体で意見の統一をみているといった段階にはない。

次の違いは健康リスク評価と生態リスク評価の手順の違いである。ヒトの健康リスク評価は，通常，次のように進められる。

① 危険性の同定：ヒトの健康に対し，悪影響を及ぼす可能性のある因子を明らかにする。
② 曝露量評価：健康に対する悪影響の原因となる物質あるいは事象への曝露量を明らかにする。
③ 量-反応関係評価：曝露量と悪影響発現の可能性あるいは強度との関係を明らかにする。
④ リスクの総合評価：上記の情報を総合して，リスクの大きさを判定する。

上記で，②と③はどちらが先に行われてもよい。これに対して，生態リスク評価は，次のように進められる[36]。

① 問題の定式化：生態系に対して何が問題なのかを明らかにする。

② 曝露の特性描写：何を生態系への曝露と考えるかを明らかにする。
③ 生態学的影響の特性描写：どのように生態学的影響が発現するかを明らかにする。
④ リスクの総合評価：上の情報を総合してリスクの大きさを判定する。

このように，健康リスク評価と生態リスク評価は，およそ対応したプロセスを経て実施されるが，大きな違いは生態リスク評価においては，まず何が悪影響なのかがはっきりしないということである。この傾向は保護すべき生物の特定が困難な土壌環境においてはとくに著しい。例えば，なんらかの化学物質がある土壌微生物の活性を衰えさせるとしても，それが生態系にとっての悪影響なのかがはっきりしない。無数とも言える微生物が存在するといわれる土壌圏においては，数種の微生物の活性が衰えると，それに代わって別の微生物が活発に活動するようになる場合もあり，これがかえって他の動植物にとっては好都合となるという場合も考えられる。さすがにほとんどの微生物が死滅するような状況では土壌圏に対する悪影響が存在すると判断できるだろうが，そのような状況となるまでリスクを評価できないとすると，たいていの場合は手遅れである。このため手順1の問題の定式化においては，評価対象と測定対象とを明らかにする必要がある。ヒトの健康リスク評価の場合にはこれらははっきりしており，評価対象は人体への悪影響であり，測定対象は人体のなんらかの反応である。生態リスク評価の場合，水系での生態リスク評価における評価対象の例としては，種の構成と存在比，個体群数を維持するのに十分な，ある動物の存在率や成長率や生殖率，持続して存在し続けるための魚類の多様性と存在量といったものがあり，測定対象の例としては，底生大型無脊椎動物の群集解析，銅に曝露された時のある魚類の生存率と成長率，対象サイト近傍の魚類の群集構造，といった例があげられる。土壌環境においても，何をリスクの評価対象として，その大きさを明らかにするために何を測定すべきかを，今後明らかにしていく必要がある。

何を曝露と考えるかについても違いがある。健康リスク評価においては，通常，有害物質のリスクを評価する場合が多いため，放射線や電磁波への曝露を除けば，有害物質の摂取量を曝露と考える場合が多いが，生態リスク評価の場合には，温熱環境の変化等，さまざまな物理的環境因子によっても影響を受けるため，曝露「量」ではなく，「抑圧因子」を評価する必要が生じる。ただし，

6.2 地圏環境の持続可能型利用と今後の展開

温暖化等による人間の損失余命も考えられるため,人間についても「量」のみでなく,他のさまざまな「抑圧因子」を評価すべき時代に入ったと考えるべきかもしれない。

　リスク評価に基づいて守るべき基準を設定するうえでも違いがある。健康リスク評価においては,基準とは個々の人間の生命・健康を守るための尺度であるべきであり,人間一人のみを対象としてもリスクを表現できなければならない。この時,人間はあらゆる場所に移動し得ると考えると,日本,あるいは世界全体に適用すべき,統括的基準の適用も妥当であると考えられる。例えば近年,サイトの特性を考慮して,サイトごとに基準値を決定するRBCAの考え方が適用される場合もあるが[37],この場合でも,健康リスク評価という点では,例えば人間の発癌確率といった統一基準が採用されていると考えることができる。しかし生態リスク評価の場合は,基準とは個々の生物を守るための尺度ではなく,群集を守るための尺度であるべきであり[38],生態系がサイト特有のものであるため,日本,あるいは世界全体に適用するような統括的基準の適用は不適当と考えられる。ある一つの種の動物が通常生存しているサイトを,その種の一匹がそのサイトを離れ,環境が変化したために死亡したとしても,それは生態リスクとは考えられないであろう。このような意味で生態リスク評価においては,各サイトのタイプ指定が不可欠であり,各毒性物質の濃度等で基準を表現する場合は,その基準はそのサイト固有の基準値となると考えられる。またそのような各サイト固有の基準値を統一的に表現するためには,生態リスクの当量的表現手法が必要となってくる。このように,生態リスク評価においては,リスク管理のための基準値の設定においても,人間の健康リスクの場合とは大きな違いがある。

　上記のリスクの当量的基準の必要性という点では,人間の健康リスク評価の場合には,このような統一的表現方法はとくに必要とされていない。これは損失余命や発癌率等のさまざまな基準で評価しても,種が人間に統一されているので,さまざまなリスクの比較が可能であるからである。しかし生態リスク評価の場合には,例えば期待存続時間等で評価すると,種やサイトの特性の違いのため,リスクの比較を行うことが困難である。リスクの大きさの比較が行えないと,リスクの制御には応用できない。このため生態リスク評価のための統一的基準の開発も研究されつつある。中村らは絶滅までの時間の減少と同じリ

スクをもたらす生息地の当量損失によって,生態リスクを統一的に表現しようとする試み等を行っており[39],今後の発展が期待されるところである。

　一方,複合影響の評価といった観点からは,生態リスク評価の方が健康リスク評価よりも進んでいると考えられる。例えば,金子は未知の汚染物質による生態リスクとしての複合影響の尺度として,半数影響濃度の減少量を用いる方法を提案している[40]。生態リスクの場合には,ミクロコスモスにおける生態連鎖等も考慮したうえでの,このような種の絶滅への余裕度で表現する複合汚染の毒性スケーリングが可能となると考えられるが,人間の健康リスクの場合には,死や発癌等の評価対象となる事象が発現するまでの距離を人間を用いて実験的に測定することが不可能であるため,現在のところ,有効な複合影響の評価方法は提案されていない。

　土壌汚染対策という観点から見た場合,浄化対策の選択方法においても健康リスク評価をもとにするか,生態リスク評価をもとにするかによって違いが生じる。健康リスク評価の場合には,リスク評価の対象となった有害物質への人間の曝露量を基準値以下にすればよかった。ここでは,浄化された土壌の生物の生息環境としての有効性は評価されていない。このため,汚染浄化の過程で,土壌から細粒土を除き酸洗浄することによって,生態系を維持する能力は著しく減少したとしても,土壌環境に問題が生じたとは考えない。しかし生態リスク評価を元にして土壌の浄化対策を考える場合には,汚染浄化の結果,得られる土壌は生態学的に見て健康な土壌,あるいは健康な土壌に比較的短期間に回復可能なものでなければならないと考えられる。このため,浄化処理された土壌の持つバイオマス生産能力等の定量的評価が行われるべきであり,現在の浄化技術の選定基準の変更や,浄化技術自体の改良や再検討が必要とされるようになると考えられる。

　以上のように,生態リスク評価には,一つの種に対する一つの影響といった単独のリスク評価ではなく,サイト固有の総合的リスク評価といった,健康リスク評価とは異なったリスク評価手法が必要とされる。このため生態リスク評価は人間の健康リスク評価に比べ各段に複雑なものとなるが,総合的リスク評価手法という点では,人間に対する総合的リスク評価へも応用される可能性を持っており,この点で,将来は健康リスク評価よりも生態リスク評価の方が重要視されるような可能性さえ持っていると考えられる。事業の戦略的アセスメ

6.2 地圏環境の持続可能型利用と今後の展開

ント等においては，生態リスク評価が不可欠なものとなっていることから見ても，地圏環境の持続可能型利用のために，人間活動の結果としての土壌汚染の評価において今後生態リスク評価が取り入れられていくのではないかと考えられる。生態リスクの評価方法が，今後の汚染浄化技術の開発方向を左右する可能性も考えられ，土壌汚染や土壌環境の劣化に対する生態リスクの評価方法確立を急ぐ必要があるのではないかと考えられる。

◎参考文献

1) 環境省ホームページ http://www.env.go.jp/water/report/h16-05/03.pdf 等．
2) 森澤眞輔（編著）：土壌圏の管理技術，コロナ社，2002．
3) 地下水・土壌汚染とその防止対策に関する研究集会講演集，第1回（1991），第2回（1992），第3回（1994），第4回（1995），第5回（1997），第6回（1998），第7回（2000），第8回（2002），第9回（2003），第10回（2004），第11回（2005）．
4) 森澤眞輔：地圏環境管理のための研究展望，土木学会論文集，No.776/VII-33, pp.17-26, 2004.
5) 例えば，Hirata, T., & Nakasugi, O.: Surface soil gas survey for identifying pollutant source and existing form of organochlorines in subsurface environment, IAH Selected Papers on Environmental Hydrology, Vol.4, pp.39-49, 1993.
6) 例えば，佐藤健他：植物による鉛汚染土壌の浄化，地下水・土壌汚染とその防止対策に関する研究集会講演集，Vol.10, pp.427-430, 2004.
7) 例えば，高畑陽他：熊本市における MNA に関する研究，ガソリン汚染サイトでの実例，地下水・土壌汚染とその防止対策に関する研究集会講演集，Vol.10, pp.217-220, 2004.
8) 例えば，加納芳直他：各務原台地の地下水汚染，汚染対策後の水質の推移，地下水・土壌汚染とその防止対策に関する研究集会講演集，Vol.3, pp.195-200, 1994.
9) 例えば，榎本幹司他：透過反応壁（PRB）による汚染地下水処理技術，地下水・土壌汚染とその防止対策に関する研究集会講演集，Vol.8, pp.391-394, 2002.
10) 例えば，鈴木隆弘他：廃棄物による土壌・地下水汚染の修復技術選択方法のシステム化，地下水・土壌汚染とその防止対策に関する研究集会講演集，Vol.10, pp.621-624, 2004.
11) 米田稔：市街地土壌汚染の機構と監視，土壌圏の管理技術（森澤眞輔編著），コロナ社，2002．
12) 浦野紘平：地下水・土壌汚染の修復目標と修復品質保証，地下水・土壌汚染とその防止対策に関する研究集会講演集，Vol.8, pp.25-30, 2002.
13) 嘉門雅史：遭遇型地盤汚染対策への技術開発，土壌・地下水，Vol.19, No.6, pp.8-11, 2004.
14) 環境庁水質保全局：土壌・地下水汚染に係る調査・対策指針運用基準，1999．
15) 金子信博他：土壌汚染による土壌動物に関する生態リスクの解析，Edophologia, No.67, pp.1-14, 2001.
16) 例えば，大橋貴志他：油含有土壌の生態系への影響評価法の検討，地下水・土壌汚染とその防止対策に関する研究集会要旨集，Vol.11, p.136, 2005.
17) 森澤眞輔：化学物質による健康リスクの予見的評価，科学と工業，Vol.78, No.8, pp.400-405,

2004.
18) 例えば, Yoneda, M. *et al.*: Comparison of the effects of prior information on the time of liner leak for selecting groundwater remediation design in a heterogeneous aquifer, J. hydraulic Research, Vol.42, Extra Issue, pp.19-24, 2004.
19) 森澤眞輔：土壌汚染の特色と機構, 土壌・地下水汚染対策への技術開発, pp.13-14, 政策総合研究所, 2004.
20) 森澤眞輔：地下水・土壌汚染修復技術の展望, 環境技術, Vol.33, No.2, pp.50-53, 2004.
21) 森澤眞輔：土壌・地下水汚染の修復技術システムとその検証, 土壌環境センター, 土壌環境ニュース, No.31, pp.2-3, 2003.
22) 森澤眞輔：地下水・土壌汚染防止対策の課題, 地下水・土壌汚染とその防止対策に関する研究集会講演集, Vol.8, pp.45-51, 2002.
23) 森澤眞輔：地下水・土壌汚染防止対策の展望, 環境技術, Vol.31, No.10, pp.784-789, 2002.
24) 例えば, Klaus Toepfer : Environmental Science & Technology journal, January 1, 1999.
25) UNEP : Groundwater and its susceptibility to degradation : A global assessment of the problem and options for management, 2003.
26) UNEP : Global Environment Outlook-2000, Earthscan Publications, London, 1999.
27) 環境省：地下湧水等を利活用するヒートアイランド対策実証事業（クールシティ推進事業）に係る平成18年度実施案件の募集について, 2006.
28) 斉藤卓弥, 米田稔, 森澤眞輔：桂川右岸地下水の水質分布変化に関する研究, 環境工学研究論文集, 第42巻, pp.81-90, 2005.
29) 岸田拓郎, 米田稔, 森澤眞輔：数値地図情報を利用した地下水汚染ポテンシャルマップ作製の試み, 地下水・土壌汚染とその防止対策に関する研究集会第5回講演集, pp.277-282, 1997.
30) Matthew W. Gecker : Potential for Satellite Remote Sensing of Ground Water, Ground Water, vol.44, No.2, pp.306-318, 2006.
31) Journel, A. G. and Huijbregts, CH.J.: Mining Geostatistics, Academic Press, 1978.
32) 森澤眞輔他：土壌圏の管理技術, コロナ社, 2002.
33) 中央環境審議会：土壌汚染対策法に係る技術的事項について（答申）, 別紙2-3, 土壌汚染調査の試料採取地点の密度について, 2002.
34) 楡井久：これで良いのか土壌汚染調査法, ダイオキシン・環境ホルモン対策国民会議ニュースレター, 第35号, 2005.
35) The Board of the Millennium Ecosystem Assessment:Living Beyond Our Means - NATURAL ASSETS AND HUMAN WELL-BEING, Statement from the Board, 2005.
36) EPA : Ecological Risk Assessment Guidance for Superfund : Process for Designing and Conducting Ecological Risk Assessments, Interim Final, 1997.
37) 藤長愛一郎, 森澤眞輔, 米田稔, 吉岡昌徳, 直井彰秀, 笹本譲：土壌・地下水汚染の健康リスク管理手法, 土壌環境センター技術ニュース, No.10, 2005.
38) 例えば, 中西準子：環境リスク学－不安の海の羅針盤－, p.46, 日本評論社, 2005.
39) 中丸麻由子, 巌佐庸, 中西準子：DDTの生態リスク評価－ロングアイランドのセグロカモメの生態濃縮を例に, 第3回化学物質のリスク評価・リスク管理に関する国際ワークショップ, 2000.

Chapter 7

7　大気環境研究の変遷と今後の展開

大気環境年表──206

▶ 7.1　大気環境問題と現象解明研究の変遷──209
　　7.1.1　過去半世紀の大気汚染問題──209
　　7.1.2　大気汚染物質──212
　　7.1.3　まとめと今後の展開──218

▶ 7.2　大気環境保全対策の変遷と展開──220
　　7.2.1　はじめに──220
　　7.2.2　大気環境問題と対策の歴史的変遷──222
　　7.2.3　大気汚染対策の概要──226
　　7.2.4　歴史的教訓と今後の展望──230

大気環境年表

年代	社会背景	学会関連分野の動向	法律・行政	国際動向
1880〜1899	大阪市内のばい煙が問題化 足尾銅山鉱毒事件 東京・深川の浅野セメント工場の降灰問題		大阪で「旧市内には煙突を立てる工場の建設相成らず」の府令	ロンドンスモッグ発生
1900〜1919	工場排煙の降灰被害などの大気汚染が社会問題化	煤煙防止研究会発足	工場法	米国・煤煙防止協会発足
1920〜1939		東京市内で大気汚染調査 日本音響学会発足	大阪府煤煙防止規則	英国・Public Health Act ベルギー・ミューズ渓谷事件
1940〜1949	横浜ぜんそく患者発生		東京都工場公害防止条例	米国・セントルイス市煤煙防止条例 ロスアンゼルススモッグ発生 米国・ドノラ事件
1950〜1959		全国で大気汚染調査開始（東京都など） 大気汚染研究全国協議会発足	大阪府事業場公害防止条例 神奈川県事業場公害防止条例 東京都ばい煙防止条例	メキシコ・ポザリカ事件 ロンドンスモッグ事件 米国・Air Pollution Act 英国・Clean Air Act
1960〜1964	重化学工業等の操業が活発化 四日市ぜんそく患者多発		ばい煙規制法 横浜市と東京電力が全国初の公害防止協定 厚生省に公害課発足 沼津・三島の石油コンビナート予定地事前調査（政府による初の環境アセスメント）	米国・Clean Air Act
1965〜1969	四日市公害病患者が訴訟提訴 大阪国際空港周辺住民が騒音問題で訴訟提訴	悪臭公害研究会発足	公害防止事業団発足 公害対策基本法 厚生省に公害部発足 東京都公害防止条例 四日市で公害患者認定制度 大気汚染防止法 SO_2環境基準決定 騒音規制法	
1970〜1974	光化学スモッグによる初の被害（立正高校事件） 新宿区牛込柳町で鉛公害問題発生 四日市公害第一審判決で原告勝訴 第一次オイルショック 大阪空港公害訴訟一審判決、夜間発着禁止 名古屋新幹線訴訟 関東で酸性雨、「目が	国立公害研究所発足 南関東大気環境調査開始	公害国会で公害関係14法案可決成立 CO, SPM, NO_2環境基準設定 SO_2環境基準改訂 公害被害者救済制度 環境庁発足 悪臭防止法 騒音（一般、道路交通、航空機）の環境基準設定 本格的な自動車排ガ	第一回アースディ 米国・改正大気浄化法（マスキー法） 第一回国連人間環境会議（ストックホルム）：「人間環境宣言」 国連環境計画（UNEP）設立 ローマクラブ「成長の限界」 西欧：大気汚染物質長距離移動計測技術計

年代	社会背景	学会関連分野の動向	法律・行政	国際動向
	痛い」との訴え		ス規制を開始 公害健康被害補償法 化学物質審査規制法 SO_x 総量規制制度の導入	画を開始 フロンによるオゾン層破壊仮説
1975〜1979	千葉川鉄公害訴訟提訴 大阪空港公害訴訟控訴審判決で住民側勝利 大阪西淀川公害訴訟提訴 第二次オイルショック	環境庁総量規制マニュアル OECD 環境委員会, 東京で開催(アメニティの概念導入) 日本騒音制御工学会発足 「大気汚染研究全国協議会」が「大気汚染研究協会」へ	環境庁, 中央公害対策審議会に環境影響評価制度(アセスメント)について諮問 自動車騒音の許容限度告示 新幹線騒音に係わる環境基準設定 川崎市が日本初の環境影響評価条例 振動規制法 NO_2 環境基準緩和	イタリヤ・セベソ事件(農薬工場事故によるダイオキシン汚染) 米国・スリーマイル島原子力発電所事故 欧州・長距離越境大気汚染(LRTAP)条約を締結
1980〜1984	大阪空港公害訴訟最高裁判決で夜間飛行差止め却下 ゴミ焼却場からダイオキシン,水銀検出 川崎公害訴訟,倉敷公害訴訟提訴	日本音響学会の騒音・振動研究委員会発足 第1次酸性雨対策調査開始	東京都と神奈川県で環境影響評価条例 NO_x 総量規制制度の導入 環境影響評価法案,国会提出 環境庁「酸性雨対策検討会」発足 中央公害対策審議会答申「今後の交通公害対策のあり方」 環境影響評価法案が廃案 環境影響評価実施要綱を閣議決定	米国・酸性降下物法制定。酸性雨評価プログラム(NAPAP)開始 南極上空のオゾン量減少報告 国連人間環境会議10周年会議でナイロビ宣言 インド・ポパール事故(農薬工場から有毒ガス漏出)
1985〜1989	名古屋新幹線訴訟の和解成立 千葉川鉄公害訴訟判決 尼崎公害訴訟,名古屋南部公害訴訟提訴	「悪臭公害研究会」が「臭気対策研究協会」へ 第2次酸性雨対策調査開始	宮城県・スパイクタイヤ対策条例 公害健康被害補償法の一部改正(大気汚染地域指定の解除) 化学物質審査規制法を改正(規制対象物質の拡大) オゾン層保護法	人工衛星によってオゾンホール観測 ウィーン条約:オゾン層保護 ヘルシンキ議定書:硫黄排出量の削減(酸性雨対策) フィラハ会議:地球温暖化に関する初めての科学者世界会議 ソ連・チェルノブイリ原発事故 モントリオール議定書:特定フロンと特定ハロンを規制(オゾン層保護) 国連環境特別委員会の東京宣言:持続的開発 気候変動に関する政府間パネル(IPCC)設立

年代	社会背景	学会関連分野の動向	法律・行政	国際動向
				ソフィア議定書：窒素排出量の削減（酸性雨対策） トロント会議：2005年までにCO_2排出量20%削減 環境首脳会議，サミットで地球環境問題議論
1990〜1994		国立公害研究所が国立環境研究所に 第3次酸性雨対策調査開始 東アジア酸性雨モニタリングネットワークに関する専門家会合	地球温暖化防止行動計画 スパイクタイヤ粉塵発生防止に関する法律 六都県市共同の冬期自動車交通対策 自動車NO_x法 環境基本法 環境基本計画 アジェンダ21行動計画	第2回モントリオール議定書締結国会議：2000年までに特定フロンと特定フロンを全廃 IPCC第1次報告書 地球サミット（リオデジャネイロ）：リオ宣言，アジェンダ21，気候変動枠組条約など採択
1995〜1999	東京大気汚染訴訟提訴	「大気汚染研究協会」が「大気環境学会」へ	悪臭防止法の一部改正（臭覚測定法による規制方式を導入） 環境影響評価法 温暖化対策推進法 地球温暖化対策推進大綱 大気汚染防止法の改正 有害化学物質規制） 騒音の環境基準改正 ダイオキシン類対策特別措置法 PRTR法	先進国における特定フロンの生産全廃 気候変動枠組条約第1回締結国会議（COP-1, ベルリン）：拘束力のある削減目標 気候変動枠組条約第3回締結国会議（COP-3, 京都）：温室効果ガスを先進国で5.2%, 日本6%の削減 米国・PM2.5環境基準改訂
2000〜2004	三宅島噴火によりSO_2濃度上昇 尼崎公害訴訟和解 名古屋南部公害訴訟判決：排出差し止め，賠償命令 → 和解	「臭気対策研究協会」が「におい・かおり環境協会」へ	東京都，ディーゼル車規制 自動車騒音の要請限度を定める省令（改正） 自動車NO_x・PM法 環境省設置 新「地球温暖化対策推進大綱」 京都議定書発効 大気汚染防止法の改正（VOC規制）	IPCC第2次報告書，第3次報告書 世界気候変動会議（モスクワ） モントリオール議定書特別締結国会合
2005〜2006			アスベストによる健康被害 → アスベスト新法施行 京都議定書目標達成計画の閣議決定 チーム・マイナス6％運動	京都議定書発効

208

7.1 大気環境問題と現象解明研究の変遷

　日本における大気汚染問題の古代から近世に至る歴史的な経緯と研究事例に関しては既報[1]に詳しいので，ここでは，比較的最近の半世紀程度の期間に限定し記載したい。1950年代から2000年代の50年間程度に絞って日本における都市大気汚染研究の変遷を紹介したい。具体的には，年代に沿って10年程度を区切りとして時代的な背景を述べ，その時代における主なトピックを取り上げる。次いで，それぞれのトピックにおける代表的な大気汚染物質に焦点を当てて関連する研究内容を示す。

7.1.1　過去半世紀の大気汚染問題

　1950年代の大気環境問題は，急速な工業化に伴っての産業型大気汚染が中心であった。工業都市での大気汚染の代表例として，四日市喘息がある。これとともに札幌等では冬季の都市大気汚染も顕在化していた。大気汚染物質として代表的なものは，降下煤塵，浮遊粉塵，一酸化炭素，および二酸化硫黄であった。

　大気汚染研究課題としては，大気汚染物質測定や，単独煙源からの拡散が主に問題とされ，1950年代から60年代にかけて大気拡散研究が精力的に行われた。手法としては，トレーサ拡散実験，風洞実験，拡散モデル研究等であり，煙突気象学といわれる分野での研究が主流で，煙突からの煙上昇高さや，煙突出口周辺での拡散挙動（ダウンドラフトやダウンウオッシュ）が調べられた。単一煙源対策として，高い煙突を立てることが主流となり，その設計指針が詳細に研究された。この方法は，近傍大気汚染対策には効果があるが，広い範囲に汚染物を希釈・拡散することになるため，煙源が多数複合すると地域の環境に影響を及ぼす。このため地域における大気汚染物発生量を総合的に規制する手法の開発が課題となった。

　1960年代の大気汚染物質として代表的なものは，浮遊粉塵，一酸化炭素，二酸化硫黄，二酸化窒素であった。この間，固定発生源を中心として対策が進み，降下煤塵は大きく減少したが，濃度の経年変化には地域的な特徴が見られる。すなわち，都市域でのピーク出現年に少し遅れて地方都市でのピークが出現した。1967年には『公害対策基本法』が制定され，1971年に環境庁が発足した。

7 大気環境研究の変遷と今後の展開

環境基準を定め,これに基づく法的規制が実施された。1968年には『大気汚染防止法』,1971年には『悪臭防止法』が制定されている。

『大気汚染防止法』では,排出規制（K値規制）が採用され,単独煙源からの着地濃度が規制の対象となった。K値規制（K-value regulation for sulfur oxide）とは,『大気汚染防止法』に基づく硫黄酸化物の排出基準であり,

$$q = K \times 10^{-3} H_e^2$$

で示される。ここで,q：硫黄酸化物の排出量（m³/h）,K：地域ごとに定める定数,H_e：有効煙突高度（煙突実高度＋浮力・運動量による上昇高度）(m)。

K値が小さいほど厳しい規制となる。これを満たすために排煙脱硫や重油脱硫の技術が開発され,また,低硫黄燃料への切替えも進み,硫黄酸化物濃度は,1960年代の後半をピークに急速に減少した。

1970年の夏に千葉県と東京都において,日本で初めて光化学大気汚染による健康被害・植物影響が顕在化し,光化学オキシダント等の二次生成大気汚染研究が開始された。二次生成大気汚染とは,大気中で二次的に生成する大気汚染のことを言う。

この時期の大気汚染物質として代表的なものは,浮遊粉塵,二酸化窒素,光化学オキシダント,炭化水素であった。一般的に,大気汚染物質の出現には順番があり,光化学大気汚染は,一次大気汚染物濃度が高い時には高濃度とならない。これは,オキシダントができる反応と壊される反応が競合することによる。関東首都圏地域においてこの時期に光化学大気汚染が発生した背景には,降下煤塵や二酸化硫黄をはじめとする一次生成大気汚染対策が進んだことと,自動車の増加や固定発生源における重油消費量の増加,産業活動の増大等により窒素酸化物や炭化水素の発生が増大したことがあげられる。

一方,複合煙源汚染や都市型大気汚染が大きな問題となり,単独煙源の対策のみならず,総合的・総量的な対策の必要性が認識された。これに伴って総量規制の導入が図られた。総量規制には総量規制モデルが用いられる。このモデルでは,複数の煙源の重ね合わせにより,対象とする都市全域の年間平均濃度の平面分布が求められる。この情報をもとに環境基準を超えることがないように排出量の規制がなされた。1974年には硫黄酸化物総量規制制度が,1981年には窒素酸化物総量規制制度が導入された[2]。

また,この時期には,大気汚染の未然防止への取組みがスタートしている。

いわゆる，環境アセスメント制度が自治体主体で実施され始めた。

1980年代には汚染地域の広域化が進み，酸性降下物や光化学オキシダントの長距離輸送が顕在化してきた。大気汚染物質として代表的なものは，浮遊粉塵，二酸化窒素，光化学オキシダント，炭化水素，酸性降下物であった。自動車に関係する大気汚染物質の中で，一酸化炭素や二酸化硫黄，ダスト等の一次大気汚染物質は，その排出が大幅に改善されたが，二酸化窒素等の二次生成大気汚染の改善は進まなかった。二酸化硫黄は，燃料中に硫黄分の減少が環境濃度の減少にほぼ比例するが，一酸化窒素は，主に空気中の窒素が原因で発生するので，燃料組成に関わらず発生する。これが環境中でさらに毒性の高い二酸化窒素に変化するので，対策が難しい。

『環境アセスメント法』は1981年に国会に上程されたものの，1983年に廃案となり，1984年に実施要綱が閣議で了承されている。いわゆる閣議アセスと呼ばれた所以である。

1990年代には，都市域における窒素酸化物対策が大きな課題となった。1992年には，自動車NO_x法（『自動車から排出される窒素酸化物の特定地域における総量の削減等に関する特別措置法』）が公布され，2000年度末までに二酸化窒素に係る環境基準をおおむね達成することを目標として，対策が実施された。しかし，自動車交通量の増大等により，十分な成果は得られなかった。

1990年代には，都市域における広域大気汚染とともに，有害化学物質が大きな問題として取り上げられるようになった。大気汚染物質として代表的なものは，浮遊粉塵，二酸化窒素，光化学オキシダント，炭化水素，酸性降下物，ダイオキシン・ベンゼン等の有害化学物質であった。中でも，炭化水素成分は種類も多く，それ自身が毒性を有する物質もあり，反応性もさまざまなので，重要な物質と言える。

1993年に『環境基本法』が制定され，1997年に『環境影響評価法』が成立した。これまでの閣議アセスでは，画一的な方法が用いられることがほとんどであったが，『環境影響評価法』においては，地域の特殊性や事業の特性に応じたメリハリのある方法を柔軟に選択できるようになり，とくにスコーピングのプロセスが取り入れられた。スコーピングとは，環境影響評価の項目や手法案を計画の早い段階から検討・公開し，これに対する住民等の意見を踏まえ，環境配慮の検討を深める仕組みである。

2000年代では，深刻化する都市域の大気汚染対策が最優先に取り組まれた。中でも発癌性のおそれがあるディーゼル排気に由来する粒子状物質の削減を図ることを目的に，『自動車 NO_x 法』の一部改正がなされ，『自動車 NO_x・PM 法』が 2001 年に公布された。2010 年までに，対象地域における環境濃度が環境基準を満たすよう自動車からの大気汚染発生総量を削減するための各種施策が実施されている。対象地域は，東京首都圏，大阪・兵庫圏，愛知・三重圏である。総量削減と局所大気汚染対策技術の両立が課題である。対象地域外からの影響の低減等には，産業界の積極的な協力が不可欠であり，官民一体となった取組みが今後，ますます必要になるだろう。この法律は 2007 年 5 月に改訂され，流入車対策が盛り込まれた。

2000 年代には，途上国大気汚染が深刻化するとともに，地球的な問題として残留性有機汚染物質（POPs：Persistent Organic Pollutants）問題が取り上げられ，局地大気汚染，都市大気汚染，地域大気汚染，地球環境問題を相互に関連するものとして把握・解析・評価し，最適な対策シナリオを検討していくことが大きな課題となっている。

東京を中心とした大都市地域では，小規模焼却炉の使用停止や，『NO_x・PM 法』や，ディーゼル車の規制により沿道大気汚染対策が進み，1999 年を境に SPM 濃度は大幅に減少したが，最近の東京首都圏地域では光化学オキシダントの高濃度がふたたび出現している。これは，NO_x と VOC のバランスの変化や，気象条件の変化，広域的な大気汚染状況の変化を反映していると考えられる。

このように，大気環境問題の関心事は，時代とともに大きく変化してきているが，依然として多くの問題が未解決のままである。次節では，大気汚染物質に焦点を当てて，その実態をほぼ問題として認識された順に記載したい。

7.1.2 大気汚染物質
(1) 降下煤塵，粉塵

降下煤塵は，主に薪や石炭の燃焼，鉱工業生産プロセス等からもたらされる古典的な大気汚染である。降下煤塵の測定は，比較的，単純であることから最も古くから実施されてきた。降下煤塵は，薪，石炭から石油，ガスへの転換により改善された。降下煤塵濃度のピークは，東京都では 1963 年頃であり，その後，急速に減少した。

道路粉塵の問題としてスパイクタイヤ問題がある。スパイクタイヤは 1963 年に市販され，雪道の安全な走行には優れた性能を示したが，路面を削ることによる粉塵問題をもたらした。とくに，東北，北海道，新潟県，長野県等の寒冷な地域で大きな問題となったが，1986 年に宮城県で『スパイクタイヤ対策条例』が施行され，対策が進み，1990 年には『スパイクタイヤ粉塵の発生と防止に関する法律』が制定され，その後，解決を見た。スパイクタイヤ問題は，交通安全の確保と大気環境の悪化のトレードオフの一例である。

(2) 一酸化炭素 (CO)

一酸化炭素は不完全燃焼に伴って発生する。血液中のヘモグロビンと結合して，酸素を運搬する機能を阻害する毒性の強いガスである。

環境基準値は，1 時間値の 1 日平均値が 10 ppm 以下であり，かつ 1 時間値の 8 時間平均値が 20 ppm 以下であること，とされている。

東京（国設自動車排ガス局）では 1968 ～ 69 年に，名古屋（栄交差点）では 1971 年が年平均値で 5 ppm 以上のピーク濃度を記録したが，その後，濃度は低下し，1990 年以降は 1 ppm のレベルとなった[3]。

1960 ～ 70 年代には，沿道での汚染が深刻であったが，近年は改善され，2005 年度の環境状況は，一酸化炭素濃度の有効測定局 402 局［一般環境大気測定局（以下，一般局）：91 局，以下，自動車排出ガス測定局（自排局）：304 局］のすべてで環境基準を達成している。

(3) 二酸化硫黄 (SO_2)

二酸化硫黄は最も典型的な化石燃料起源の大気汚染物質である。日本において，粉塵問題が克服された後の主要な大気汚染物質である。人の呼吸器への影響を及ぼすばかりではなく，酸性降下物の主要因でもある。

環境基準値は，1 時間値の 1 日平均値が 0.04 ppm 以下であり，かつ 1 時間が 0.1 ppm 以下であること，とされている。

二酸化鉛法による測定結果では，東京，横浜，川崎地域では 1965 ～ 67 年，名古屋地域では 1969 年にピーク濃度を示した。その後，環境濃度は 1960 年代に比べて著しく改善した後，近年では横ばい傾向にある。固定発生源からの二酸化硫黄は，脱硫や低硫黄重油の使用により改善された。移動発生源からの二

酸化硫黄の発生源はデイーゼル軽油含有物が主原因であったが，数次にわたり含有硫黄分が低下し沿道や一般環境での濃度も低減した。

2005年度の環境状況は，二酸化硫黄濃度の有効測定局1404局（一般局：1319局，自排局：85局）のほぼすべてで環境基準を達成しているが，火山ガスの影響で濃度が高くなることもある[4]。

(4) 二酸化窒素（NO_2）

窒素酸化物の多くは化石燃料の燃焼に伴って発生する。高濃度では，呼吸器に影響を及ぼす。また，光化学オキシダントや酸性降下物の原因物質の一つである。

環境基準値は，1時間値の1日平均値が0.04 ppmから0.06 ppmまでのゾーン内またはそれ以下であること，とされている。NO_x（NOとNO_2濃度の合計値）濃度は，東京都では1970〜1971年にピークを示した。

最近のNO_2の環境濃度は横ばい傾向にある。2005年度の環境状況は，二酸化窒素濃度の有効測定局1861局（一般局：1424局，自排局：437局）のうち，一般局では99.9%，自排局では91.3%の局で環境基準を達成している。

一次大気汚染物質である二酸化硫黄や一酸化炭素は，発生源対策技術により低減したが，二酸化窒素は燃焼過程で発生し，環境中で二次的に生成するので，対策が難しい。とくにデイーゼル車からの排出抑制は大きな課題である。近年では，『NO_x・PM法』が施行され，東京湾，大阪湾，伊勢湾周辺の大都市地域での濃度は低減しているが，都市周辺地域では濃度の広域化が見られ，光化学オキシダント等の二次生成大気汚染の広域化の一要因となっている。NO_2は，冬季を中心に濃度が上昇するが，関西地域では春季にも高濃度が出現する[5], [6]。

(5) 光化学オキシダント（O_x）

光化学オキシダントは，1945年頃からアメリカで顕在化した二次生成大気汚染である。大部分がオゾンである。日本では1970年に，光化学オキシダントによると考えられる健康被害が東京首都圏地域で初めて報告された。光化学オキシダントの大部分はオゾンである。高濃度では，粘膜を刺激し，呼吸器に影響を及ぼす。また植物被害，農作物収量の減少等の影響もある。

環境基準値は，1時間値が0.06 ppm以下であること，とされている。環境濃

7.1 大気環境問題と現象解明研究の変遷

度は近年では悪化の傾向にある。2005年度の環境状況は，光化学オキシダント濃度の有効測定局1184局（一般局：1157局，自排局：27局）の，ほとんどで環境基準を達成していない。年平均値は，日本の多くの測定地点で増加の傾向にあり，光化学注意報の発令レベルである0.12ppm以上が出現する日数も増加している。とくに，2000年以降，東京地域では夏季の高濃度が増加している。この背景には，気象要因の変化，地域における発生源要因の変化，広域的な発生源分布の変化等の原因が考えられる。

対流圏でオゾンができる反応は，二酸化窒素の光分解による反応が唯一の生成原因である。これに炭化水素（VOC）が作用すると，オゾンを消費することなしに効果的に二酸化窒素ができるので，オゾン濃度が上昇する。光化学オキシダントの生成・持続，地域分布には，日射量，気温，気温の立体分布，混合層高度，風向・風速，局地気流等の気象条件と窒素酸化物濃度や炭化水素濃度と成分等の化学反応条件が同時に，同程度に影響を及ぼすし，立体的・広域的な現象なので，1970年以降，多くの調査・研究が行われてきた。常時監視モニタリングデータの解析研究，航空機等を用いた立体分布観測研究が行われ，現象解明研究が進んだ。また光化学オキシダントの生成と発生源である窒素酸化物・炭化水素の発生量との関係は非線形現象なので，数値モデルも用いた研究も行われており，発生源と環境濃度の関連性解析が行われている[7), 8)]。

(6) 浮遊粒子状物質（SPM）

SPMの定義は，動力学的直径が10μm以下の大気浮遊微小である。測定時における粒径カット特性の違いから，いわゆるPM10と同じではない。PM10と同じ尺度で見た場合には，日本のSPMはPM7〜7.5程度である。

多くは化石燃料の燃焼に伴って発生する。大都市地域では，大気中でガス状物質が粒子化してできる二次生成粒子の寄与も大きい。大気中に長時間滞留し，高濃度で肺や気管等に沈着し，呼吸器に影響を及ぼす。

SPMに関してもNO_xと同様に地域大気汚染濃度の予測手法が研究され，「浮遊粒子状物質汚染予測マニュアル」として取りまとめられた[9)]。

SPMの中でも，とくに，PM2.5の言われる動力学的直径が2.5μm以下の粒子の影響評価研究がアメリカにおいて精力的に実施された。また，酸性降下物の原因物質の一つである。

環境基準値は，1時間値の1日平均値が 0.10 mg/m³ 以下であり，かつ，1時間値が 0.20 mg/m³ 以下であること，とされている。

環境濃度は近年では改善傾向にある。2005年度の環境状況は，二酸化窒素濃度の有効測定局 1 891 局（一般局：1 480 局，自排局：411 局）のうち，環境基準の達成率は一般局では 96.4%，自排局では 93.7% である。

日本における広域的な SPM 大気汚染に黄砂が影響を及ぼす例も多い。とくに春季に日本の西部の地域でその影響が顕著であるが，年変動が大きい。

最近の大きな関心事としては環境ナノ粒子問題が上げられる。自動車排出ガス規制の強化により，近年，自動車排出 PM（粒子状物質）の重量排出量は著しく低減しているが，排出対策が高度になるに伴って排出粒子の粒径が微小化する傾向にある。ヨーロッパでは，健康影響の観点から，微小粒子の排出規制が検討されるなど，微小粒子数への関心が高まっている。日本においても重要な検討課題と認識されている。しかし，微小粒子の排出特性は，エンジン形式や燃料の種類，運転条件，測定時の希釈条件等により大きく異なるので，測定法に関しては，発生源および環境濃度ともに今後検討すべき点が多い[10], [11]。

(7) 揮発性有機化合物（VOC）

環境大気には 100 種類以上の VOC が存在する。日本では非メタン炭化水素（NMHC：Non Methane Hydro Carbon）としてトータル量がモニタリングされている[12], [13]。

VOC は光化学大気汚染の原因物質であるとともに，それ自身が人の健康に有害な物質もある。それ自身が有害である物質としてベンゼン等について，環境基準が決められているが，考え方として，生涯曝露のような長期的な期間が対象となっており，年平均値が基準として定められている。一方，光化学大気汚染の原因物質として NMHC の大気環境指針が午前 6 〜 9 時の平均値が 0.20 〜 0.31 ppm-C 以下と，短時間の値が定められている。

VOC の成分によってはオゾンを生成する能力に差があるので，反応性の高い成分が重視されているが，環境中でのオゾンの濃度をどのような尺度で評価するかによって考え方が異なる。すなわち，局所高濃度を問題とするなら，反応性が重要とあるが，地域全体の濃度レベルを問題とするならば，反応性の低い物質の寄与も大きい。各 VOC 成分の反応性と存在量の積を総合的に減らしてい

くべきである。この観点からVOC削減に当たっては，炭化水素総体としての削減取組みが提案されている。

　日本では，移動発生源からのVOC対策は進められてきたが，固定発生源からの対策は遅れていた。しかし，ようやく2004年5月の『大気汚染防止法』の改定に伴って固定発生源対策が2006年4月からスタートした。このための測定方法として，FIDとNDIRの2つの方法が示された。FID法（非分散赤外線吸収法）では，試料ガスを触媒で酸化分解し，発生した二酸化炭素を非分散赤外線吸収法で測定する。NDIR法（水素炎イオン化検出法）では，試料ガスを水素ガスで燃焼し，発生する炭素原子を電気的に検出する。発生源の炭化水素測定は，安全の面からバッグ捕集を基本にすることとし，各種の手法が検討され，本方法が提案されている。提案された時点では市販の測定装置は存在しなかったが，2006年の実施に向けて，2005年秋には複数のメーカから試作機が発表されている。

　また，規制対象除外物質の検討に当たってはMIR（Maximum Incremental Reactivity：VOC成分単位重量当たりのオゾン生成能）の考え方が使われた。この方法は，VOC成分ごとのオゾン生成能力をシミュレーションモデルにより評価するものであり，日本の発生源状況や気象条件をもとに検討がなされ，メタンのオゾンMIRよりも値が小さいVOC成分は規制の対象から除外されている。

　VOC対策は，二次生成大気汚染の防止を主たる目的としているが，塗装工場等の中小工場では，臭気対策としての炭化水素対策が行われてきた施設が多い。また，メッキ工場ではジクロロメタン（塩化メチレンとも言う）とトリクロロエチレン等の塩素系溶剤は，脱脂洗浄，仕上げ洗浄で広く利用されている。これらは，有害化学物質としての対策が主である。

　先にも述べたが，日本ではオキシダント濃度が増加の傾向にあり，光化学注意報の発令回数も増加している。粒子状物質の環境基準も未達成の地点が残されている。これには，VOCの寄与も大きいと考えられる。このため，2004年5月に日本の『大気汚染防止法』が改正され，VOC規制が導入された。この規制では，法による規制と事業者による自主的削減を組み合わせたベストミックス案が初めて導入されている。具体的な規制内容の検討に当たっては，産業界からの専門家が多数参加しており，日本の環境政策の決定過程において初めての

試みがなされた。目標として，2000年の排出量である185万tを10年後の2010年度には30％削減しようとしている。

(8) 悪臭問題

悪臭問題に関しても他の大気汚染問題の推移と同様に工場・事業所からの漏洩や事故による苦情から，生活公害型の苦情へと時代的な変遷が見られる。これに伴って悪臭を評価する尺度も変化しつつある。

『悪臭防止法』では，「臭気指数規制」または「特定悪臭物質濃度規制」を選ぶこととされている。「特定悪臭物質濃度規制」では22の特定悪臭物質が対象となっているが，実際には，100種類以上の臭い物質が混合している。発生源からの悪臭要因化学成分が特定される工場排出ガス等とは違い，日常生活に起因する悪臭問題には多くの化学物質が複合していることが多いので，悪臭を総合的に評価できる臭気指数規制を用いる自治体が増加しつつある。臭気指数は，

$$臭気指数 = 10 \log （臭いが感じられなくなるまでの希釈倍率）$$

で定義される値であり，臭いが感じられなくなるまでの希釈倍率を臭気濃度という。例えば，臭気濃度100の時の臭気指数は20である。この指標を用いることにより複合した化学物質の影響評価が可能となる。近年，大都市を中心とした地域で，臭気指数が規制の基準として用いられ始めている。手法としては，三点比較式臭袋法が用いられる。

7.1.3 まとめと今後の展開

最近の50年という比較的短い期間に，日本の都市大気汚染は，単独煙源対策→総量規制，産業型→都市型，局地→広域へと大きく変化し，物質も一次大気汚染から二次生成大気汚染へとシフトしてきている。これに伴って現象解明研究や対策手法も複雑化・多様化している。

都市大気汚染対策の施策検討に当たっては，より組織的・体系的な現象解明研究と，これに基づく対策シナリオ評価が今後の大きな課題である。大気汚染の面的な広がりを踏まえ，発生源の把握やモニタリング等の分野での国際協力が重要になってきている。とくに，光化学オキシダント，酸性降下物，有害化学物質，都市大気汚染問題への新たな対応，地球環境問題と都市大気汚染問題に関する総合的な取組み等が必要である。

7.1 大気環境問題と現象解明研究の変遷

(1) 光化学オキシダント

光化学オキシダント濃度は，今後，東アジアスケールで一層，増加することが予測される。重大な環境問題となるであろう。人への健康問題のみならず，農業にも甚大な影響を及ぼすことが懸念される。

光化学オキシダント濃度上昇の未然防止対策の立案に当たっては，発生源と環境における正確な情報の把握が必要である。原因物質であるNOやNO$_2$，VOCの発生源と環境における正確な情報を収集・解析し，モデルを用いた因果関係の解析評価を行う必要がある。この結果をもとに対策効果評価の研究がなされなければならない。モニタリングの実施に当たっては，測定方法を共通にし，相互比較ができるようにしなければならない。

実態把握のためには，機器の校正方法やメンテナンスが重要である。また，アジア地域の広域大気汚染問題としてのオゾンのモニタリングネットワークを早急に構築する必要がある。

(2) 酸性降下物

酸性降下物汚染は，顕在化している広域的な現象であり，アジア地域全体での動態把握と対策立案が必要である。このためには，モニタリングネットワークデータの活用が期待される。二次生成粒子の影響に関しては，光化学大気汚染モデルとリンクさせた解析が必要である。

(3) 有害化学物質

大気汚染項目の中では詳しく紹介しなかったが，日本においては，1997年にベンゼン，トリクロロエチレン，およびテトラクロロエチレン，1999年にダイオキシン類，2001年にジクロロメタンについての大気の汚染に係る環境基準が設定された。これらの物質，およびこれ以外の残留性有機汚染物質（POPs）については，長期にわたってのモニタリングと評価が必要である。

(4) 都市大気汚染研究の新たな展開

大気汚染発生源情報の正確な把握が大気汚染対策の前提となる。日本においては，工場・事業所や自動車からの大気汚染物質排出削減対策が進行するに伴って従来の発生源把握の枠組みから漏れている部分の寄与がクローズアップさ

7 大気環境研究の変遷と今後の展開

れてきている。

具体的には，船舶・港湾施設，航空機，重機・工事車両・建設関連機器や車両・農業関連機器や車両等からの未規制群小発生源等からの大気汚染排出把握ができていない。リアルワールドにおける発生源情報の把握と利用が課題である。一方，アスベスト問題等，身近な大気汚染問題に関しても課題が多く残されている。

(5) 地球温暖化問題と都市大気汚染問題

地球環境問題と都市大気汚染問題は密接に関連している。最近の都市大気汚染に及ぼす地球規模の気象・気候変化の影響は無視できない。日本においては，気温の上昇や日射量の増加等が地域の局地気象に変化を及ぼすことが観測されており，このことが光化学オキシダント濃度上昇の一要因であるとも考えられる。

また，大都市地域ではヒートアイランド日数の増加が顕著である。このことが都市の大気汚染の悪化にもつながっている。

エネルギー問題や都市計画の課題とリンクさせ大気環境質の問題が議論されなければならないだろう。都市大気質の確保に向けての対策計画策定に当たっては，地球と都市の視点を併せ持った大気環境アセスメントの理論と技術を構築することがきわめて重要であると考える。

7.2 大気環境保全対策の変遷と展開

7.2.1 はじめに

大気環境保全対策の歴史的変遷を振り返り，そこから得られる教訓をもとにして，今後の対策の展開について論じる。なお，本節で取り上げる対象範囲は，① 地域スケールの大気汚染（公害問題としての大気汚染），② 地球スケールの大気環境問題（地球温暖化，酸性雨等），および③ 悪臭・騒音・振動，であるが，紙面の都合上，①を重点的に取り上げる。

戦後の大気環境保全対策の歴史を整理すると，3つの領域に大別することができる。

(1) 産業型・都市型大気汚染の防止

日本における大気環境保全対策は，1950年代以降の急速な工業化によって生

じた産業型大気汚染への対応から始まった。四日市喘息のような大きな社会問題が発生し，この汚染防止が最大の課題であった。

発生源対策を強力に進めることにより1970年代以降，産業型大気汚染は改善に向かうが，それに代わって光化学スモッグに代表される都市型大気汚染が深刻な問題となった。産業型大気汚染の発生源が大規模工場であるのに対して，都市型大気汚染の発生源は工場・事業所，自動車，家庭，船舶等の多種に及ぶため対策が難しい。

1967年に『公害対策基本法』が制定され，1971年に環境庁が発足したことにより，環境政策が強力に推進されることになる。この頃の環境行政の基本は，環境基準を設定して大気汚染や水質汚濁，騒音等の公害防止を目指す規制行政であった。大気・騒音・振動関係では，1968年に『大気汚染防止法』と『騒音規制法』，1971年に『悪臭防止法』，1976年に『振動規制法』が制定され，国による発生源規制が開始された。

(2) 大気汚染の未然防止

1960年代の深刻な公害問題への対応とアメリカにおける『国家環境政策法』(National Environmental Policy Act；1970年施行；アメリカにおける環境アセスメントの根拠法) の誕生に影響され，1970年代初頭から環境アセスメント制度の導入が検討され始めた。1976年に川崎市が日本で初の『環境影響評価条例』を制定し，東京都，神奈川県等の地方自治体がこれに続いた。国の法案は1983年に廃案となり，翌年1984年に実施要綱が閣議決定された。法案成立は，『環境基本法』制定 (1993年) 後の1997年になる。環境アセスメントは環境問題を未然防止することが目的であり，それまでの規制行政からの転換を意味する。また，大気環境保全のうえでも有用な仕組みであり，道路や工場・事業場の新設時に大気汚染の予測・評価が実施される。しかし，現行の環境アセスメント制度には多くの問題・課題があるのが実状である[14]。

(3) 地球環境問題への対応

1980年代後半から，世界的に地球環境問題への関心が高まってきた。1992年にリオ・デ・ジャネイロで開催された地球サミットでは，Sustainable Development (持続可能な発展) の概念が国際的に合意された。大気環境分野においても，地

7　大気環境研究の変遷と今後の展開

球温暖化や成層圏オゾン，酸性雨といった地球スケール・大陸スケールの問題に対する対応が重要な課題となり，今日に至っている．

7.2.2　大気環境問題と対策の歴史的変遷

ここでは，大気環境問題と対策の歴史的変遷を概説する．なお，1989年頃までの変遷については，『大気汚染学会誌』の創立30周年記念号[15]を参考にした．

（1）局地的煙害の発生（1950年以前）

明治初期から，足尾，日立，四阪島等の鉱山・精錬所から排出された有害な大気汚染物質による局地的な被害が発生した．また，1900年頃から工場排煙の降灰被害が社会問題化した（東京・深川の浅野セメント工場等）．**図-7.1**は，日本の硫黄酸化物（SO_2），窒素酸化物（NO_x）排出量と熱消費量の経年変化を示す[16]．SO_2排出量は1935年頃に最初のピークに達している．このように，戦前においてもさまざまな形で大気汚染問題が発生し，市民の関心も高まったが効

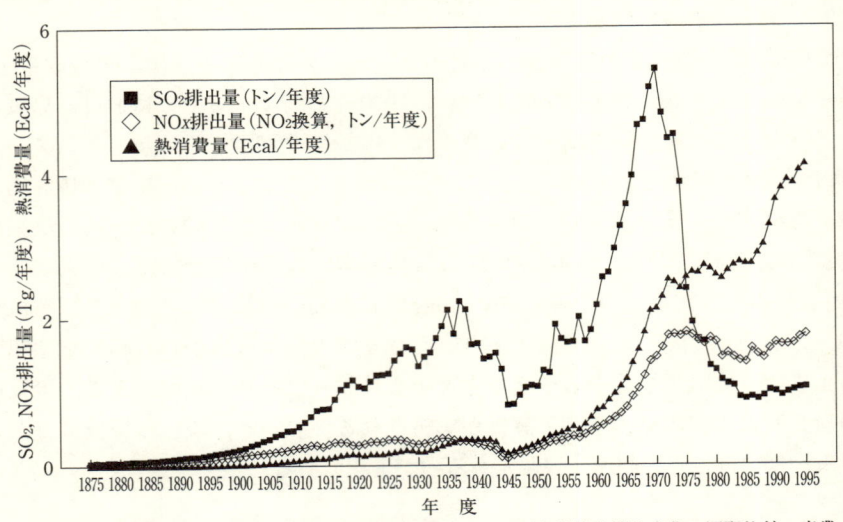

［出典］　外岡豊：大気汚染排出構造に関する研究その11，歴史的排出構造変化の国際比較～産業社会の発展との関係付け，日本建築学会大会学術講演梗概集(1990)を延長再推計したもの

図-7.1　日本のSO_2，NO_x排出量と熱消費量の経年変化［1974～1995年（昭和49～平成7年）］
　　　　　［環境庁地球環境部：酸性雨（1997）[16]より引用］

果的な対策はとられなかった。

(2) 工場の石炭燃焼に伴う煤塵汚染の発生（1950年代）

1950年の朝鮮戦争を契機として工業活動が盛んになり，石炭燃焼によって発生する煤塵（粉塵）による大気汚染が日本各地で問題となった。問題が発生した地域の地方自治体では，東京都工場公害防止条例（1949年），大阪府事業場公害防止条例（1950年），神奈川県事業場公害防止条例（1951年），東京都ばい煙防止条例（1955年）等を制定し対策を開始した。1960年頃に煤塵汚染のピークに達するが，1962年の『ばい煙規制法』の施行に伴う煤煙対策（集塵装置の設置，高煙突化，石炭から石油への燃料転換）の実施により，その後，徐々に汚染が改善された。

(3) SO_2汚染の拡大と交通騒音・振動問題の発生（1960年代）

1960年代に入ると，工場の煤塵汚染は徐々に改善するが，それに替わって，高度経済成長に伴う重化学工業の活発化および煤塵対策のための石炭から石油への燃料転換のためSO_2濃度が急激に増加し，高濃度汚染地域が拡大した。このような状況の中で鉄鋼・電力・石油化学等の工場周辺で喘息患者が多発し，四日市の住民が裁判を起こした（1982年の地裁判決で原告全面勝訴）。1968年に『大気汚染防止法』が制定され，環境基準の設定，排出規制（K値規制），土地利用の適正化，汚染防止技術の開発，調査研究体制の整備に向かった。地方自治体でも，東京都公害防止条例の制定や横浜市・東京電力間の公害防止協定の締結等が進められた。排煙脱硫や重油脱硫のような対策技術が研究・開発され，1970年以降，急速に普及した。これらの強力な対策により，SO_2排出量は1968年頃にピークに達した後，その後10年間で1/4程度にまで減少した（図-7.1参照）。

また，1960年代初めに高速道路，新幹線，空港等の交通網が整備されるに従って交通騒音・振動に対する苦情が急増した。このため，1968年に『騒音規制法』が制定された。また，1969年には大阪国際空港の周辺住民が航空機騒音問題で国を提訴した。

(4) 産業型大気汚染の改善と都市型公害の深刻化（1970年代）

1970年代には，工場からの煤塵やSO_2による産業型大気汚染に替わって，都市域のさまざまな発生源による都市型大気汚染が深刻な社会問題となった。同時に，悪臭問題も多発した。さらに，幹線道路，新幹線，飛行場周辺の騒音・振動も大きな問題となった。このため，多数の大気汚染や騒音・振動に関する公害訴訟が提訴された（千葉川鉄公害訴訟，大阪西淀川公害訴訟，名古屋新幹線訴訟）。

① 産業型大気汚染の改善：大気汚染防止法に基づく排出規制（K値規制），大都市工業地帯での総量規制（1974年），石油の低硫黄化，排煙脱硫装置の設置等によりSO_2汚染が改善した。

② 都市型大気汚染の深刻化：首都圏や京阪神の大都市域において，工場・事業所，自動車，家庭，船舶等の発生源から排出される汚染物質（主として石油燃焼・蒸発による排出）に起因する大気汚染，とくに二酸化窒素NO_2と光化学スモッグが問題となった。光化学スモッグは，発生源から直接排出される物質でなく，排出物質が大気中で化学反応して生成される物質であるため，発生量と汚染との関係が複雑となり対策をとりにくい。この頃の対策には，『公害健康被害補償法』の制定（1973年），自動車排出ガス規制の強化，NO_x総量規制の導入（1981年）等があげられる。また，自動車の三元触媒（1977年），排煙脱硝（1973年頃）等の発生源対策技術が開発・実用化され普及した。

③ 騒音・振動問題：騒音規制法に基づき，一般騒音および道路交通騒音，航空機騒音，新幹線騒音に対する環境基準が設定され対策が推進された。振動に対しては，『振動規制法』が制定（1976年）され，特定工場等と特定建設作業に対する規制，道路交通振動の要請限度，新幹線振動対策指針値等が定められた。1974年，名古屋の新幹線周辺住民が新幹線騒音・振動問題で国鉄（当時）を提訴した。

④ 悪臭問題：生活環境の質的向上が求められたことや悪臭発生源の市街地への拡大・分散が進んだために『悪臭防止法』が制定（1971年）され，特定物質（1993年までに22物質を指定）に対する濃度規制が実施された。

7.2 大気環境保全対策の変遷と展開

(5) 公害問題から新たな環境問題へ (1980 年代)

大きな社会問題であった大気汚染や騒音・振動が改善に向かう替わりに，新たな環境問題として地球環境問題が世界的にクローズアップされてきた。しかし，大気汚染問題は依然として多くの地域で残り，各地で公害訴訟が提訴された。また，環境影響の未然防止のための環境影響評価（環境アセスメント）制度が国および地方自治体でつくられた。

① 地球環境問題に対する取組み：地球温暖化，オゾン層破壊，酸性雨等の地球環境問題が提起され，国際的な取組みがスタートした。オゾン層保護のためのモントリオール議定書を的確・円滑に実施するため，『オゾン層保護法』が制定された。また，地球環境問題に対する調査研究が本格的に始まった。

② 環境影響評価（環境アセスメント）制度：川崎市（1976 年），東京都，神奈川県（ともに 1980 年）等の地方自治体において環境影響評価に係る条例や要綱等が制定された。1981 年には環境影響評価法案が国会に上程されたが，1983 年に廃案となり，1984 年に閣議決定に基づく要綱を決定した。

(6) 地球温暖化問題と公害問題 (1990 年代)

1990 年以降，地球温暖化問題に対する取組みが本格化する一方，従来型の環境問題である大気汚染や騒音，あるいは化学物質による汚染問題に対する対策が強化された。さらに今日では，都市温暖化（ヒートアイランド），花粉，アスベストといった大気環境問題が生起している。

① 地球環境問題に対する本格的取組み：地球温暖化問題に対する国内取組みが本格化し，地球温暖化防止行動計画，アジェンダ 21 行動計画，さらには気候変動枠組み条約およびその第 3 回締結国会議（COP-3）の経過を踏まえて地球温暖化対策の推進に関する法律（『温暖化対策推進法』）が 1998 年に制定され，『新地球温暖化対策推進大綱』が 2002 年に決定された。

② 公害問題に対する対策強化：大気汚染，騒音や悪臭の問題に対処するため，各種法令（『大気汚染防止法』，『悪臭防止法』，『騒音規制法』等）が改正された。また，粒子状物質・NO_x汚染を改善するために，国レベルでは『自動車NO_x・PM 法』が 2001 年に制定され，地方自治体レベルでは東京都をはじめとする 8 都県市でディーゼル車規制が 2003 年にスタートした。

さらに，浮遊粒子状物質と光化学オキシダントを低減するために揮発性有機化合物（VOC）の排出規制が2004年から始まった。
③ 有害化学物質対策の推進：『大気汚染防止法』の改正や『ダイオキシン類対策特別措置法』の制定（1999年）により有害化学物質対策が進められた。

7.2.3 大気汚染対策の概要
(1) 対策の種類
　大気汚染現象は，「発生源から大気中に排出された汚染物質が，大気中を移動し，人や植物等のリセプターに影響を及ぼす現象」と定義することができる。大気汚染対策は，これらのどの過程で対策を講じるかによって，① 排出量を少なくする発生源対策，② 排出量を減らさずに環境大気中の濃度を低くする対策，③ 人や植物等への影響を抑えるリセプター対策，に大別することができる。
　① 排出量を少なくする発生源対策：大気汚染対策の基本は，「汚染物質をできるだけ出さないこと」（発生源対策）であることは言うまでもない。発生源対策としては，
　・単位燃料消費当たりの排出量を少なくするテールパイプ対策（燃料の低公害化，燃焼方法の改善，汚染物質の除去等），
　・燃料消費量を少なくして排出量を減らす省エネルギー対策（工場・事業所の省エネルギー化，低公害車の導入・普及や自動車燃費の改善），
　・工場の立地規制等の産業立地対策，
などがある。また，自動車交通を制御することによって環境改善を図ろうとする交通量・交通流対策も発生源対策の一種と考えることができる。交通量・交通流対策には，
　・自動車交通需要に働きかけて交通をコントロールする交通需要マネージメント（利用時間変更，経路変更，効率的利用，交通手段の変更），
　・自動車交通を円滑にすることによって排出量を低減する交通流対策，
　・交差点改良等の道路整備，土地利用規制や都市の最適配置等の自動車交通量を低減するまちづくり・都市構造の見直し，
　など，さまざまな種類の対策が提案もしくは実施されている[17]。
　② 環境大気中の濃度を低くする対策：発生源からの排出量を低減せずに，環境濃度を低減しようとする対策もある。一つは，工場の煙突や道路の換

気塔を高くすることにより拡散しやすくする方法である。1968年に開始された硫黄酸化物のK値規制（排出高度に応じて排出許容量を規定。排出高度が高いほど排出量を多く出せる）はその考え方に基づくが，汚染の広域化を招くといった問題がある。いま一つは，環境中の汚染物質を除去する方法である。例えば，土壌通気，電気集塵，高活性炭素繊維や光触媒等を用いた環境大気の浄化技術が開発されているが，性能やコストパフォーマンス等の点で問題・課題が多いのが実情である。

③　リセプター対策：人や植物等への影響をできるだけ回避する対策であり，受動的対策と言える。例えば，光化学スモッグ発生時に注意報や警報を発令・広報して住民への被害を回避する措置，花粉飛散時の予報やマスク装着の啓蒙等がこれに当たる。

(2) 大気汚染防止技術

日本のSO_2，NO_x排出量は，図-7.1に示したように高度経済成長期の燃料（熱）使用量の急激な増大を反映して急増した。しかし，SO_2排出量は発生源対策を推進することにより1970年頃から急減し，SO_2汚染は克服された。一方，NO_x排出量は1977～1987年に減少傾向に転じたが，その程度はSO_2に比べて小さく，その後，燃料消費量が増加したこともあって1970～90年代の変化はほぼ横ばいに近い。このように，SO_2とNO_xの変化に違いが生じた原因を大気汚染防止技術の視点から見てみよう。

SO_2の汚染対策が効果的に進められた理由として2点をあげることができる。一つの理由は，石炭から石油への転換と重油の低硫黄化が可能であったことである。いま一つの理由は，主要な発生源が工場・事業場等の大規模固定発生源であり，脱硫技術を導入しやすかったことである（図-7.2）。重油の低硫黄化と排煙脱硫装置の使用によって，SO_2排出量を急速に削減することに成功した（図-7.3）。

一方，NO_xの削減がSO_2ほど進まなかった理由はいくつか考えられる。第一に，工場・事業場の排出削減が大きくなかったことがあげられる。これらの発生源では脱硫装置と同時に脱硝装置の使用も進んだが，1987年以降（1995年まで）は，燃料使用量の増加に排出削減量が追いつかず排出量が微増している[18]。第二の原因として，工場・事業場以外に自動車や船舶等の多様な発生源からの

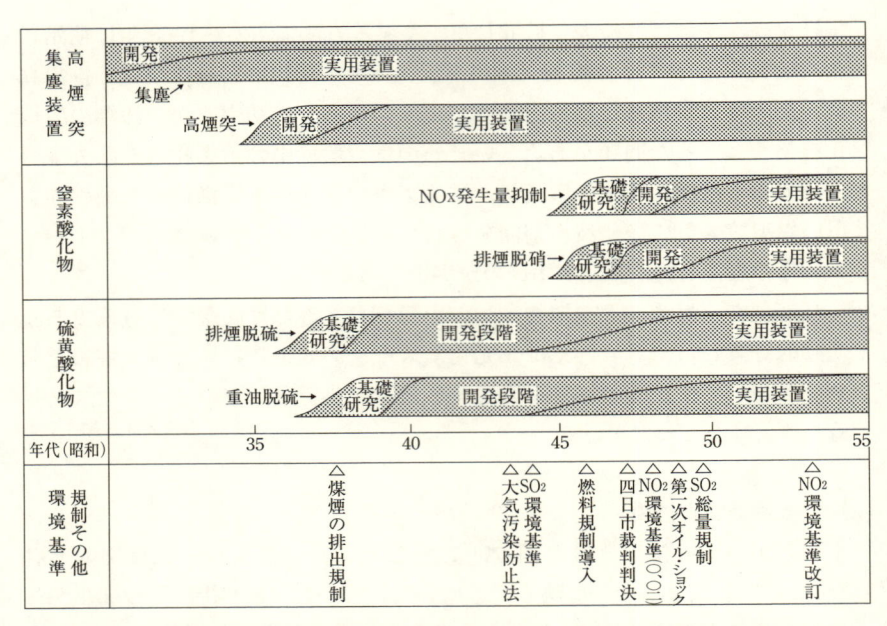

7 大気環境研究の変遷と今後の展開

図-7.2 主要な固定発生源対策技術の発展段階の流れ［加藤：豊かな都市環境を求めて (1986)[20] より引用］

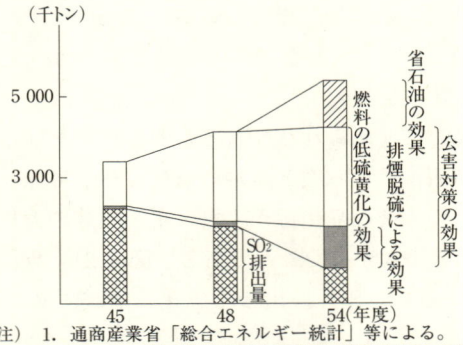

図-7.3 硫黄酸化物（SO_2 換算）排出量変化とその要因（試算）［環境庁：環境白書（昭和56年版）[21] より引用］

注) 1. 通商産業省「総合エネルギー統計」等による。
2. 省エネルギー効果は石油消費が48年度以降も48年度と同じGNP単位あたりの石油消費量で推移した場合と，現実の消費量から石油の節約量を求め，それに硫黄含有率をかけることによって求めている。
3. 公害対策の効果は，硫黄含有率の変化と排煙脱硫装置の処理能力から求めている。

寄与が大きいことがあげられる。例えば，1990年における国内のNO$_x$排出量構成は，工場が約50%，自動車が約40%，その他（船舶，航空機，民生等）が約10%である[16]。自動車排出ガスの低減は，燃料の低公害化（軽油の低硫黄化等），除去技術の開発（三元触媒等），燃焼方法の改善［エンジン改良やEGR（排ガス循環システム）等］によって進み，国の排出ガス規制も段階的に強化された（**図-7.4**）。しかし，自動車の普及が急速に進んだために，1980年と1990年の自動車NO$_x$排出量はほとんど変化していない［文献16）と19）の比較より］。さらに，小規模なコジェネ装置，建設作業現場等で使われている輸送車や重機類，港湾船舶等の未規制の群小固定発生源からの寄与が大きいことも削減が進まない原因と考えられる。

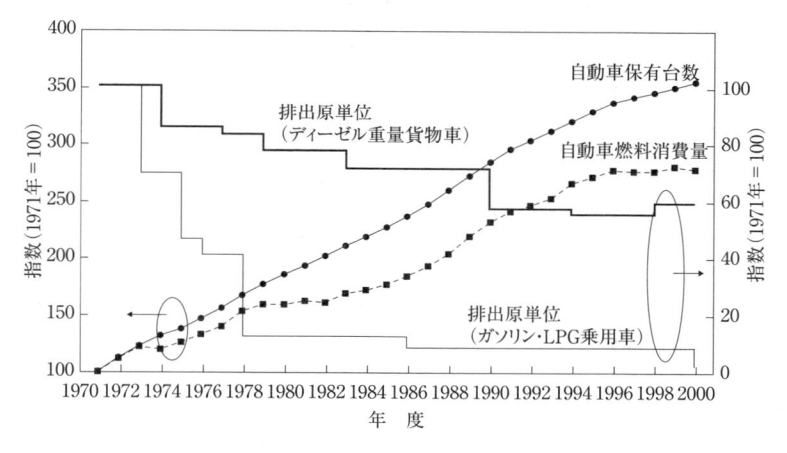

図-7.4 自動車の保有台数，燃料消費量および自動車排出ガス規制による排出原単位の経年変化［大気汚染法令研究会監修：平成13年版日本の大気汚染状況[22]，数理計画：平成16年度環境省委託業務結果報告書「自動車排ガス原単位及び総量算定検討調査」(2005)[23]より作成］

(3) 国の大気汚染対策

国や地方自治体では，環境基準や排出基準の設定とそれに基づく発生源規制，公害による健康被害の救済，公害紛争処理，公害防止計画の策定，公害防止協定の締結，監視測定，行政指導・取締まり等の多様な施策を行っている。ここでは国の大気汚染対策の概要を整理する。

7 大気環境研究の変遷と今後の展開

　国は『大気汚染防止法』に基づいて各種の大気汚染対策を実施している。『大気汚染防止法』では，一定規模以上の工場・事業場を「ばい煙発生施設」として定め，これらの施設から排出される大気汚染物質について，物質の種類，施設の種類・規模ごとに排出基準を設定している。

　硫黄酸化物に対する排出規制は，主要発生源である工場・事業場のみを対象として行われてきた。その方法は，施設単位に排出基準を定める方法（K 値規制）を中心として，高濃度汚染地域（総量規制指定地域として 24 地域を指定）に対してはさらに工場単位に総量規制基準を設定する方法が併用されている。そのほか，都市中心部における季節的な高濃度汚染や総量規制指定地域内の小規模工場・事業場に対し，石油系燃料の硫黄含有率に関わる燃料使用基準が定められている。

　一方，窒素酸化物に対する排出規制は，煤煙発生施設と自動車排出ガス（図-7.4 参照）に対して行われている。煤煙発生施設に対する排出基準は，硫黄酸化物と同様に施設単位に排出基準を定める方法と総量規制指定地域内（東京都特別区等，大阪府大阪市等，神奈川県横浜市・川崎市等の 3 地域）の工場単位に総量規制基準を設定する方法が併用されている。ただし，施設単位の排出基準は，硫黄酸化物とは異なり，施設種類・規模ごとに既設・新設別に設定されている。

　また，2004 年に『大気汚染防止法』が改正され，浮遊粒子状物質（SPM）および光化学オキシダント対策の一環として揮発性有機化合物（VOC）に対する排出抑制制度がスタートした。この制度は，規制対象施設の排出規制と事業者の自主的取組みを柱とする。排出規制施設は，一定規模以上の 9 種類の排出施設であり，施設種類ごとに排出基準濃度が設定されている。

7.2.4　歴史的教訓と今後の展望
（1）光化学オキシダント問題が教えること

　2004 年度に光化学オキシダント（O_x）の環境基準が達成された測定局は 1 190 局中わずか 2 局であり，20 年間以上にわたり同様の水準で推移している。しかも，その平均濃度は 1990 年以降，全国的に上昇傾向にあり，とくに東京では 2000 年以降，夏季に高濃度が発生しやすくなっている[24]。

　光化学 O_x の主要成分であるオゾンは，大気中での VOC と NO_x の光化学反応によって生成される。また，オゾンの寿命は長いため，ある地域のオゾンは，

7.2 大気環境保全対策の変遷と展開

そこで生成したオゾン以外に，国内外の他地域で生成されたオゾンや成層圏から沈降したオゾンの影響を受ける。このように，光化学O_xの生成メカニズムは複雑であるため，対策をとるのが難しい。東京都の調査結果[24]によれば，東京でO_xが上昇している要因として，① NO_xとVOCのバランスの変化，② 東アジアからの越境大気汚染の影響，などが考えられている。このことは大気環境対策を考えるうえで重要な教訓を提供しているので，以下，順に説明する。

① 1996年以降，オゾンの原因物質であるNO_xとVOCはともに低減した。しかし，NO_xの排出削減が自動車対策等によって進んだのに対して，VOCの排出削減がそれほど進まず，このために1996年以降，VOC/NO_xの濃度比が増加した。この濃度比が増加したことによってオゾンの生成速度が速まり，発生源地域近くで高濃度が出現しやすくなったために東京地域のO_x濃度が上昇したと考えられる。このことは，光化学O_xばかりでなく，二酸化窒素（NO_2）や浮遊粒子状物質（SPM）等の大気中での二次生成が多い物質を低減しようとする場合には，原因物質の排出量と汚染濃度との関係を定量的に評価したうえで有効な対策を講じることが重要であることを意味する。

② 日本の大気質は，アジア大陸からの越境大気汚染の影響を強く受けている。中国をはじめとするアジア域では，近年の急速な経済成長によって大気汚染物質排出量が著しく増加し，例えば，1980年から2000年の20年間で中国のNO_x排出量は約3倍になったと推計されている[25]。このため，アジア大陸の排出物質によって生成したオゾンが風によって日本に運ばれ，光化学O_x上昇の原因となっていると考えられる。このことは，国内都市域の光化学O_xが空間スケールの異なる複数の生成機構に支配され，このために国内対策とともに国際的な対策が必要であることを意味している。

以上のように，さまざまな大気汚染物質は異なる時空間スケールにおいて相互に複雑に影響するため，それに応じた総合的な大気環境保全対策が必要である。すなわち，さまざまな大気環境問題を，マルチスケール（局地から地球までの多様なスケール），マルチスピーシーズ（多様な大気汚染物質），マルチソース（人為・自然起源の多様な発生源）といった視点からの総合的な対策アプローチが重要性を増している。

(2) 今後の展望

最後に，今後の大気環境保全対策を展望するにあたり重要と考えられる4つの点を指摘し，本稿のまとめとしたい。

① 問題の広がりに対応可能な総合的対策：大気環境問題は近年，時間的・空間的スケールの広がりとレンジの拡大が著しい。また，酸性雨や地球温暖化に象徴されるように，大気環境問題は水，土壌，生物等の環境問題と密接に関係している。このような大気環境問題の広がりに対する総合的な対策が今後ますます重要になる。

② 対策要素のベストミックスによる総合化：現在の自動車排出ガス対策には，テールパイプ対策，燃料対策，交通流・交通量対策，局地対策等のさまざまな対策（技術）要素が存在している。燃料電池車のような革命的技術が普及するまでのしばらくの間は，このような複数の対策要素を組み合わせて総合的な対策効率をあげることが重要となろう。この例のように，今後10～20年間程度の大気環境保全対策は，さまざまな対策（技術）要素の組合わせによるベストミックス型対策に依拠せざるを得ないと予想され，要素の複合化・総合化が重要なポイントになる。

③ 先見性と総合的な対策評価に基づく大気環境マネージメント：将来の大気汚染構造は，地球温暖化や越境大気汚染，新たな対策技術の普及等によって大きく変化する可能性があるため，先見性を持った対策検討が必要である。この場合，将来の環境像を明確に描くことはできないので，複数の将来シナリオとレンジを持った将来予測結果をもとに対策の必要性や妥当性を検討することになる。

　　一方，大気環境問題の多様性，他の環境問題との密接な関係，影響の複雑性等を鑑みると，大気環境保全対策を評価するためには，ライフサイクルアセスメント（LCA）や統合型モデル，システム分析，リスク評価等の方法論を駆使した総合性が求められる。

④ 問題解決指向型の組織体制づくり：多面的に広がりつつある環境問題に対して，従来型の分野別組織で対応するには自ずから限界がある。このことは行政組織だけでなく調査研究組織にも言えよう。大気圏・水圏・地圏・生物圏，地域環境と地球環境，多様な学問分野，研究と行政，国内と海外といった間での有機的な結合を可能とする問題解決指向型の組織体制づくりが必要である。

7.2 大気環境保全対策の変遷と展開

◎参考文献

1) 大気環境学会史料整理研究委員会編集：日本の大気汚染の歴史Ⅰ, Ⅱ, Ⅲ, 公害健康被害補償予防協会〔公健協会〕, p.1085, 2000.
2) 窒素酸化物検討委員会：窒素酸化物総量規制マニュアル（新版）：公害研究対策センター, p.422, 2000.
3) 大気環境学会史料整理研究委員会編集：日本の大気汚染の歴史Ⅰ, 公害健康被害補償予防協会（公健協会）, pp.69-103, 2000.
4) 雲物理過程を伴う列島規模大気汚染に関する研究, 国立環境研究所特別研究報告, SR-7-'91, p.61, 1991.
5) 都市域における冬期を中心とした高濃度大気汚染の予測と制御に関する研究, 国立環境研究所特別研究報告, SR-18-'94, p.34, 1994.
6) 環境負荷の構造変化から見た都市の大気と水質問題の把握とその対応策に関する研究, 国立環境研究所特別研究報告, SR-26-'98, p.94, 1998.
7) 西日本および日本海側を中心とした地域における光化学オキシダント濃度等の経年変動に関する研究, 国立環境研究所特別研究報告, R-184-2004, p.239, 2004.
8) Wakamatsu, S., Uno, I., Ohara, T. and Kenneth L. Schere：A study of the relationship between photochemical ozone and its precursor emissions of nitrogen oxides and hydrocarbons in the Tokyo area, Atmospheric Environment, 33, pp.3097-3108, 1999.
9) 浮遊粒子状物質対策検討会：浮遊粒子状物質汚染予測マニュアル, 東洋館出版社, p.398, 1997.
10) 大気中微小粒子状物質・ディーゼル排気粒子に関する研究の動向と今後の課題, 国立環境研究所研究報告, R-172-2002, p.135, 2003.
11) 大気中微小粒子状物質（PM2.5）・ディーゼル排気粒子（DEP）等の大気中粒子状物質の動態解明と影響評価プロジェクト（中間報告）, 国立環境研究所特別研究報告, SR-59-2003, p.64, 2003.
12) 都市域における VOC の動態解明と大気質に及ぼす影響評価に関する研究（特別研究）, 国立環境研究所特別研究報告, SR-42-2001, p.56, 2001.
13) VOC―揮発性有機化合物による都市大気汚染, 環境儀, No.5, p.14, 2002.
14) 原科幸彦：改訂版環境アセスメント, 放送大学教育振興会, 2000.
15) 大気汚染研究協会：創立三十周年記念号, 大気汚染学会誌, Vol.24, pp.311-506, 1989.
16) 環境庁地球環境部監修：酸性雨―地球環境の行方, 中央法規出版, 1997.
17) 交通と環境を考える会：環境を考えたクルマ社会―欧米の交通需要マネージメントの試み, 技報堂出版, 1995.
18) 大気汚染法令研究会監修：平成13年版日本の大気汚染状況, ぎょうせい, 2002.
19) 環境庁：環境白書（平成2年版）.
20) 加藤三郎：豊かな都市環境を求めて, 日本環境衛生センター, p.415, 1986.
21) 環境庁：環境白書（昭和56年版）.
22) 大気汚染法令研究会監修：平成13年版日本の大気汚染状況, ぎょうせい, p.885, 2002.
23) 数理計画：平成16年度環境省委託業務結果報告書「自動車排出ガス原単位及び総量算出検討調査」, p.95, 2005.

7 大気環境研究の変遷と今後の展開

24) 東京都環境局：光化学オキシダント対策検討会報告書，2005.
25) Ohara, T., Akimoto, H., Kurokawa, J., Horii, N., Yamaji, K., Yan, X. and Hayasaka, T. : An Asian emission inventory of anthropogenic emission sources for the period 1980-2020, Atmospheric Chemistry and Physics , 4419-4444, 7, 2007.

Chapter 8

8 環境工学の展開への新たな手法の可能性

- 8.1 環境シミュレーション──236
    - 8.1.1 はじめに──236
    - 8.1.2 生態系シミュレーション──236
    - 8.1.3 環境影響評価（環境アセスメント）モデル──240
    - 8.1.4 地球温暖化対策モデル──241

- 8.2 リスク評価手法──244
    - 8.2.1 リスク評価とリスクマネジメント──245
    - 8.2.2 リスク評価と不確実性の評価──246
    - 8.2.3 DALYを指標としたリスク評価──248
    - 8.2.4 微量汚染物質の管理に向けて──249

8 環境工学の展開への新たな手法の可能性

8.1 環境シミュレーション

8.1.1 はじめに

モデルを用いた環境シミュレーションは環境工学分野で基本手法となっている。世界的に見ると，有償，無償を問わずモデルのパッケージ化が進んでいて，さまざまな事業評価に利用される趨勢にある。しかし，日本では依然，環境シミュレーションが環境影響評価に十分に生かされていないのが現状である。また，地球環境問題においても，環境シミュレーションをベースとした対策案がそのまま実施される例は多くない。

環境工学委員会では『環境工学公式・モデル・数値集』[1]を2004年に出版した。この本の編集作業を進める過程で，とくに生態系の影響評価，人間-環境系のモデル化に未成熟な所が多く残されていることがわかった。このため，生態系評価モデル，環境アセスメントに使用するモデル，地球温暖化対策モデルをここでは取り上げ，それぞれの現状と問題点を整理し，その後で環境シミュレーションの今後を議論する。

8.1.2 生態系シミュレーション
(1) 生態系モデルとは

環境汚染予測のエンドポイントの一つとして，また大規模開発の是非を判断する評価項目として，生態系評価の重要性が増している。生態系とは，生物群集と無機的環境からなる物質系であり，生態系モデルとはこれら両者の動態をモデル化したものに他ならない。水質などの無機的環境の動態予測モデルでは，モデルによる予測結果としての無機的環境の変化が直接の興味の対象である人間やその他の生物にどのような影響を及ぼすかについては別途判断する必要があるのに対し，生態系モデルは，生物に対する影響を直接評価することができる。目的評価変数として生物の個体数を扱う個体群モデル，個体の大きさを扱うスペクトルモデル，エネルギーを扱うエネルギーモデル，生物を含めてある元素についての収支を論じる物質収支モデルなどがある[2]。

環境工学分野で生態系モデルが必要とされる典型的な例は，閉鎖性水域の水質汚濁の予測・解析の場であろう。現在ではよく知られているように，閉鎖性

8.1 環境シミュレーション

水域では陸域からのCODの流入だけでなく，窒素やリン等の栄養塩の流入によって植物プランクトンが増殖し，これが枯死することで水域中でCODが生産される。このため，陸域からのCOD負荷量を規制するだけではCODの環境基準を守ることができない。栄養塩の規制も含めた水質汚濁対策を立案するためには，水域中での植物プランクトンの動態を推定できる物質収支モデルが必要だと考えられた。このため，1970年代後半から1980年代を中心に，種々の低次生態系モデルが作成された[3)-5)等]。「低次」とは，植物プランクトン，動物プランクトン等の低次食物段階の生物を扱っていることを意味している。**図-8.1** に典型的な低次生態系モデルの例を示す[6)]。

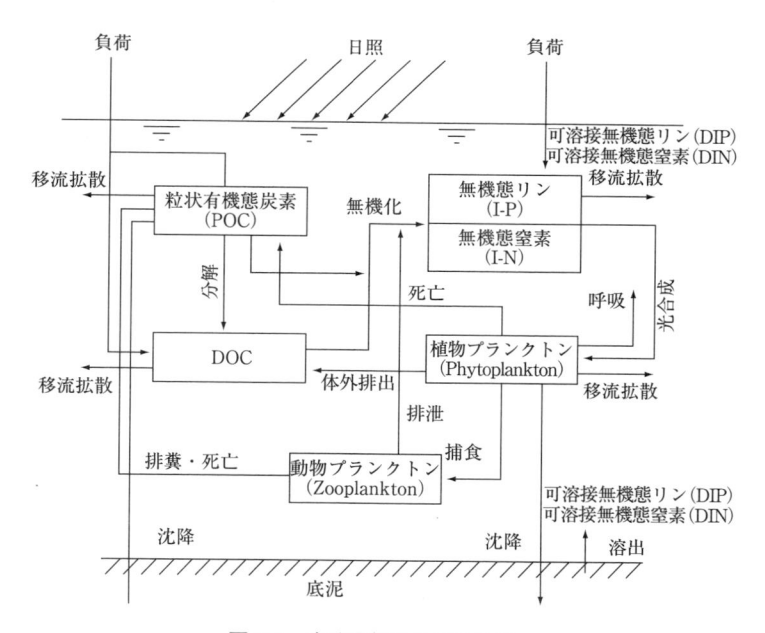

図-8.1 水域生態系モデルの例

実際には，水域の生態系を構成する要素は，**図-8.1** に示されているものがすべてではない。まず魚介類等の高次食物段階の生物が含まれていないし，植物プランクトンだけを考えても，高次食物段階の生物にとって良質の餌料となる珪藻や，赤潮被害を引き起こす渦鞭毛藻等の動態の異なる複数の種が存在する。このため，対象とする場や求める精度にあわせていくつかの要素をまとめたり，

分割したりしてモデル化する。これをコンパートメントモデルという。例えば，**図-8.1** ではリンと窒素が別々のコンパートメントとして扱われているが，リンと窒素のどちらかが豊富に存在する水域では，制限となる少ない方の栄養塩のみをコンパートメントとして扱えば十分である。また，**図-8.1** では1つの枠に記述されている植物プランクトンでも，赤潮被害を扱いたければ赤潮プランクトンとその他の植物プランクトンの2つのコンパートメントとして扱わなければならないかもしれない。また，POC（懸濁態有機炭素）の分解者としてのバクテリアのコンパートメントや，動物プランクトンの捕食者としての魚類のコンパートメントを加えることも多い。

(2) 生態系モデルの問題点
生態系モデルの問題点として，
① 生物が入ると計算が不安定になる，
② 生態学のモデルには幅広い現象に適用できる一般的法則がない，
③ モデルが複雑で簡単にはモデルの正当性が判断できない，
などが指摘されてきた[7]。これらの問題により，実際の管理や政策選択のために生態系モデルを使用するには信頼性が低い，という印象を意志決定者に与え，生態系モデルの実用化を阻んでいる。

①の計算の不安定さについては，生物の動態を表す数理モデルの研究が十分でないためであるという考え方と，生物の動態は本質的に不安定なのではないか，という考え方がある。このいずれが正しいかはいまだ明らかではないが，巌佐[7]は次のように述べ，モデルの結果の解釈が重要であることを指摘した。

「ある側面では不安定であっても別の側面ではモデルの予測が安定しているということがわかってくるだろう。例えば（中略）プランクトンの複数の種が季節とともに量を大きく入れ換わり種が交代するというとき，それぞれの種の出る順番や量などは大変不安定で，パラメータのわずかな違いによって影響を受けるかもしれない。しかし洗剤などの毒性化学物質にさらされることで，動物プランクトンのバイオマスが全体として低下し，植物のバイオマスが全体として増加することはかなり安定した結論なのである。そのようにモデルを用いるときに確実な結論ができる側面に焦点を当てて使用すればよいのである」。

このことは，前項で述べたコンパートメントの選び方とも関係する。上述の

例では，洗剤の毒性の影響を見るという視点では，植物プランクトンを複数のコンパートメントに分けたことが間違っており，一つのコンパートメントとしていたなら安定した結果が得られていたのかもしれない。しかし，もし一方の植物プランクトンが有用種であり，一方が有害種であった場合等，どうしても植物プランクトンを二つのコンパートメントに分割したくなるだろう。これがつまり，②の一般的法則の不在の一つの現れである。先述のモデルの不安定さもあり，生態系モデルでもコンパートメントの数やその数理モデルの複雑さは必要最小限にしたい。そこで，同じ場を対象とした場合でも，必要な精度や評価したい要素に応じて異なったコンパートメント構成のモデルを構築する必要が生じる。また，植物プランクトンの増殖時間は数時間から日のオーダ，バクテリアなら分，魚なら日〜月のオーダである。注目するコンパートメントが変わればモデルの時間スケールも変わる。つまり，目的に応じて「良いモデル」は変わるのである。

　さらに，コンパートメント構成やその数理モデルの複雑さをどのようにすれば最終的に知りたいコンパートメントの動態の計算に必要な精度が得られるのか，ということを調べる手順が明確になっていないため，必要最小限のコンパートメント構成自体を簡単には決められないことも多い。このことは，生物の成長や死亡に関わるモデルパラメータ値やモデルを検証するための生物のデータそのものの入手が困難な場合が多々あることとも関係している。このため，生態系モデルの作成者は新事実が発見されるたびにそれをモデルに取り込む傾向があり，③のモデルの複雑さを増幅させる。

　以上のような問題点を克服し，巖佐が指摘するようにモデル結果から有用な解釈を引き出すためには，モデル構造に全体的な調和が求められる。そのために留意すべき事項を楠田は以下のようにまとめた[2]。

・モデル構造がシステム構造変数と目的評価変数の間を必要十分の簡潔さでつなげうるようになっていること。
・モデルがデータ精度，計算精度と釣合う簡便さであること。
・モデル中のサブモデルの精度，複雑さがシステム全体の精度，複雑さと同程度になっていること。
・計算精度と計算効率が目的に関して適切な関係になっていること。

これらはモデル一般に重要な留意事項であるが，不安定性の強い生態系モデ

8 環境工学の展開への新たな手法の可能性

ルにおいてとくに意識しておくべきである。

(3) 生態系モデルの活用方向

物質収支に基づく水域の低次生態系モデルについては，その枠組みは現在ではほぼ固まっているといってよい。ただし，赤潮の出現時期や植物プランクトンの優占種の変遷を確実に予測できるとは言えない状況にある。魚や哺乳類等の高次食物段階の生物については，移動性が大きいということもあり，とくに生物量の把握という意味ではまだ研究段階である。個々の個体の移動をモデル化する個体ベースモデルなどが研究されている[8)-10)等]。

一方，政策上の意志決定等の目的には，少々パラメータ値に誤差があっても極端な結果を出さない「ロバスト」なモデルが求められる。また，リモートセンシング等の発展により植物の活性度等のある種のデータについては面的に詳細な検証データが得られるようになってきた。このため，最近の傾向としては，コンパートメント構成や数理モデルはできるだけ単純にし，代わりに面的な分布を GIS 的な精度で詳細に表現しようとするものが増えている。また，不安定性の強い物質収支モデルではなく，ニューラルネットワークやクラシフィケーション等のデータマイニング手法を活用した統計的モデル[11)]や，北アメリカを中心に実績のある HEP[12)] や PHABSIM[13)] 等，生物量を直接評価せず無機的環境変数から生息場のポテンシャルを評価する手法が改めて注目されている。さらに，こうした生息場ポテンシャルモデルから生物量評価モデルへのアプローチ[14)]もあり，生態系モデルに関する新たな展開が期待される。

8.1.3 環境影響評価（環境アセスメント）モデル

モデル技術の進展には，環境のさまざまな現象を解析・再現化し，環境への影響や各種の環境保全措置の効果を正確かつ客観的に示すという方向に加え，環境影響評価のコミュニケーションツールとしての機能を向上させるという方向がある。後者の方向は，市民の環境影響評価に対する関心度の向上を考えれば，単にわかりやすくするという視点にとどまらず，信頼性を高めるという視点も含まれる。以下にそれらの内容を示す。

a. 正確かつ客観的なモデル技術の進展
・モデルそのものの適用性，感度分析についての知見の充実。

8.1 環境シミュレーション

・予測技術の不確実性を踏まえた幅を持った予測手法の開発。
・年平均値ではない特定の季節・地域での予測を可能とするモデル（例えば，短期的な高濃度汚染や貧酸素水塊）。
・活用を支えるデータベースの充実（環境情報，利用実績，検証情報）。
・生態系個々の構成要素に関する予測から，生態系機能全体を解析するためのツールとしての技術の開発。
・代償措置等のプラス面・マイナス面を定量化する技術の開発。同様に自然再生事業への活用事例の蓄積。自然災害等のスケールの異なるものの影響を解析するための技術の開発。

b. コミュニケーションツールとしてのモデル技術の進展
・ユーザ（市民・行政・専門家）を意識した解説技術の充実（コミュニケーションツール）。
・予測結果が一人歩きをしないようにするための各種制約条件や不確実性を説明するための技術の充実。

また，事業実施段階の環境影響評価に加え，事業の構想段階のアセスメントやプログラムに対するアセスメント等のいわゆる戦略的環境アセスメントの実施が求められている。この段階では，事業や政策プログラムの詳細が決められていないことに加え，環境に関する情報も限られた状況にあることが一般的であると考えられる。このため，「より正確に」，「より詳細に」といった従来からの技術開発とは別に，幅を持った前提条件の設定や，そのような条件の中でのおおまかな予測を可能とする技術，その結果を正しく理解し伝えるための手法の開発が求められている。

8.1.4 地球温暖化対策モデル
（1）統合評価

地球環境問題，とりわけ地球温暖化に対処するためには，自然科学から社会・人文科学の広範囲な領域にまたがる科学的知見を統合し，問題の基本的な構造とその解決策を体系的に明らかにしなければならない。このため，統合評価と呼ばれる政策評価のプロセスが導入され，その中心的なツールとして学際的な大規模モデルが開発されてきた。このモデルは統合評価モデルと呼ばれ，科学と政策の相互関係を緊密にするための共通のプラットホームとして活用さ

(2) 地球温暖化対策統合評価モデルの歴史と現状

統合評価が政策決定プロセスに接近した最初の例としてあげられるのは，RAINSモデルである。これは1983～1995年にわたり国際応用システム分析研究所により構築されたもので，ヨーロッパの酸性雨問題，とくに『長距離越境大気汚染条約』の議定書策定に大きな貢献をした。

統合評価が本格的な研究領域として認識されてきたのは，1990年代に入ってからであり，地球温暖化問題の政策決定においてである。将来を予測するためには不確実性の扱いはさけて通れない。気候変動に関する政府間パネル（IPCC）では将来の排出量を予測するため，いくつかの将来シナリオを設定し，定性的なシナリオに基づいて定量的なシナリオを予測した（Special Reports on Emissions Scenariosの頭文字を取ってSRESシナリオと呼ばれている）[15]。IPCCSRESには六つの代表的なモデルが参加している。AIM，ASF，IMAGE，MARIA，MESSAGE，MiniCANMである。

地球温暖化に関する具体的対策の検討が進むにつれて，個々の対策の実現可能性を検討するため，より精度の高いコストの推定とともに，コスト削減の方策についての研究が進んでいる。また，対策のタイミングをどう適切に選ぶかについては，技術開発投資の効果，地球環境への影響，さらには世代間の公平性や人類の発展のあり方といった温暖化対策の本質に関わる議論を含むため，活発に検討されている。

(3) 統合評価モデルの役割

温暖化対策のための統合評価モデルは，地球規模での問題を対象としているが，その開発目的は必ずしも一致しているわけではない。目的には大きく分けて二つある。一つは，地球環境という巨大な現象の何が問題となるかについて問題自体を解明することである。他の一つは，いろいろな政策のオプションがどのように効果を発揮し，またどのような波及的影響を及ぼすかを推定することである。これらの目的に対応して，統合評価モデルは以下の4つに大きく分類できる。

・社会経済活動から気候変化，さらにはその社会経済的影響に至る過程を詳

細に分析する大規模なモデル。
・比較的詳細なモデルではあるが、気候変化に関する自然現象や気候変動に伴う影響や被害のメカニズムに焦点を当てたモデル。上記モデルのサブモデル的性格を持つ。
・地球温暖化の被害を考慮しながら、将来の対策のタイミングと経済成長の最適経路を分析するためのモデル。比較的シンプルな構造。
・モデル構造がさらにシンプルではあるが、政策担当者とのコミュニケーションを重視して、そのためのシステム開発に力点を置いたモデル。

(4) AIM モデルの構造と適用例

国立環境研究所が開発している AIM モデルは、とくにアジア太平洋地域を重点的に、温室効果ガス削減・気候変化影響の緩和を目的とした気候安定化の政策オプションを評価するための計算機シミュレーションモデルである[16]。

本モデルは、将来の温室効果ガス排出を推計し、その削減のための政策オプションを評価する温室効果ガス排出モデル (AIM/Emission)、大気中の温室効果ガス濃度を予測し、全球平均の気温上昇を推計する気候モデル (AIM/Climate)、アジア太平洋地域の自然環境・社会経済に対して気候変化が与える影響を推計する気候変化影響モデル (AIM/Impact) の3つのモデルからなる(**図-8.2** 参照)。

こうした統合評価モデルの今後の課題としては、① 自然現象、社会・経済事象そのものに対するより深い取組み、② 参加型統合評価モデルの開発、③ 他の分野のモデルとの統合、などがある。

(5) 環境シミュレーションの今後

以上を含めて、環境シミュレーションの今後の課題をまとめる。

a.モニタリングデータの活用システムの構築

国、地方自治体、国際機関はさまざまな環境項目のモニタリングデータを収集している。こうしたデータは、当然、現在の環境の状況把握のためではあるが、将来の環境変化の予測に活用されるべきものであり、そのため、① 予測項目の適切性、② 他のモニタリング計画と合わせての総合性、③ モニタリング項目に合わせてのモデル構築、④ 地理情報システム (GIS) への取込み、などを検討する必要がある。

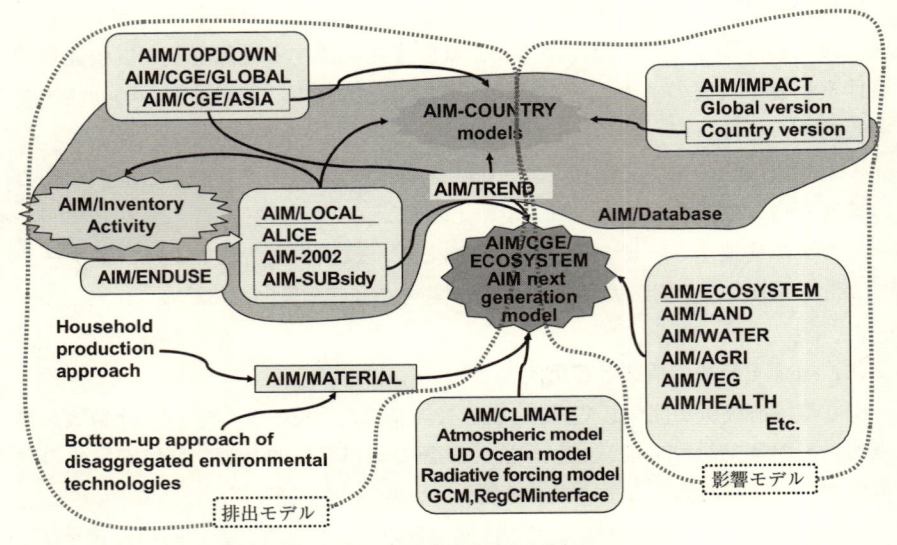

図-8.2　アジア太平洋統合評価モデル

b.モデル検証の仕組みづくり

モデリング技術の進展には目を見張るものがあるものの，モデルの複雑化に伴って計算項目およびパラメータも増加している。しかし，モデルに必要な計算項目の現場での採取方法，分析方法の標準化が遅れている。すなわち，パラメータを取得するための現場実験，室内実験についても実験手法の確立・標準化も急がねばならないだろう。

c.事業の事後評価とモデル技術の改良

日本ではこの50年間にさまざまな開発，あるいは環境対策事業が行われてきた。それら事業の開始にあたっては前もって予測がなされた場合も多い。また，30～100年といった長時間スケールでの環境変化に関する情報も集まりつつある。そうした変化をモデルは予測し得たのか，し得なかったとしたら何が原因であったのか，調べる必要があるだろう。

8.2　リスク評価手法

1994年にアメリカでリスク評価を基礎とした土壌浄化策の標準手法が開発さ

れ，また，米国の National Research Council (NRC)[23] より "Science and Judgment in Risk Assessment" が出版されて以来，「健康リスク評価」，「環境リスク」という言葉はさまざまな場所で用いられるようになっている。そして，いわゆるリスク評価とその結果を用いたマネジメントは行政活動の枠組みの中にまで組み込まれ，政策決定の道具として位置付けられているとすることができる。

本節では，人間の健康リスクに限定し，リスク評価を構成する 4 つの要素，不確実性の評価手法，そしてリスクと DALY の組合わせによる評価の順にリスク評価手法の展開を記述する。加えて，将来の方向として，微量汚染物質管理への対応についてふれる。

8.2.1 リスク評価とリスクマネジメント

リスクとは，「ある種の原因に曝露されることにより被る望まない影響を受ける確率」と定義される。そして，ある種の原因とは，化学物質，微生物，放射性物質，物理的な効果，自動車の運転のような種々の活動等をあげることが可能である。再生水の利用におけるリスクを例にとれば，「再生水を利用することにより，再生水中に存在する化学物質や病原性微生物に曝露されることによる生じる健康被害を受ける確率」とすることができる。リスク評価の目的はこのリスク値，すなわち，健康被害を受ける確率を推算することにある。また，リスク値の推算に加えてリスク値の推算値がどの程度信頼できるか，すなわち，現在の知識を用いてどの程度正確なリスク値を推算できるかを評価することも必要である。この不確実性の評価がリスク評価の二つ目の目的となる。

このリスク値とその不確実性を評価する過程は，米国の NRC から出版物[22]に示されている，① ハザードの特定，② 曝露量評価，③ 用量-反応評価，④ リスクの判定，という 4 つの要素からなっている。

リスク評価はリスクの期待値とその不確実性の推算を行う科学である。一方，リスクマネジメントは，リスクの推算値とその不確実性の評価をもとに行う意思決定作業である。リスクマネジメントの例として，再生水の水質基準の設定があげられる。水質基準の設定では，まず受容可能なリスクレベルを設定するという意思決定をした後，そのレベルに対応する水質レベルを定めるというリスク評価の結果に加え，現況の技術レベルや経済的な因子等，多様な要因を考慮して水質レベルが設定される。すなわち，リスク評価が最終的な目的ではな

く，多様な代替案の組合わせでリスクのマネジメント方策を決定するループの中でリスク評価が繰り返し用いられることとなる。なお，後述するように再生水水質基準策定では，受容可能なリスクレベルを，10^{-6}DALY loss per person per year (pppy) としている。また，リスクマネジメントでは，推算されたリスク値だけでなく，その不確実性の評価結果も重視される。すなわち，不確実性の大きなリスク推算結果はマネジメントに使用しないという意思決定もあり得るからである。

8.2.2 リスク評価と不確実性の評価

図-8.3 にリスク評価の流れを示す。このリスク値とその不確実性を評価する手法は，① ハザードの特定，② 曝露量評価，③ 用量-反応評価，④ リスクの判定，という4つの要素からなっている。リスク評価手法の適用にあって，環境工学分野では曝露量評価に重点が置かれるのが一般である。これは，空気や水といった曝露媒体中の化学物質や微生物濃度の環境中での変化や工学的プロセスによるこれらの物質の制御に注目し，曝露量のコントロールを目指す場合が多いからである。

このリスク評価のフレームにより，ハザードの特定のところで選択された要因に対して，健康リスクの推定値が計算されることになる。しかし，一般に，リスクマネジメントの実施担当者はリスク評価を構成する四つの要素の重要性や限界を認識することなくリスク評価結果をただちにリスクマネジメントに適用しがちであることが指摘されており[24]，リスクの推定値に加えて，推定値の不確実性の評価が重要という認識が一般的になり，次に示すような不確実性の解析も同時に行われる。

不確実さは二つの要因からなっていると認識されている。すなわち，曝露解析におけるパラメータの不確実さとモデルの不確実さである。パラメータの不確実性は，① 測定値の誤差（サンプリングに伴う誤差や，測定機器や測定法固有の誤差），② データの代表性の問題，③ 曝露評価に必要なデータが直接測定されない場合，実測結果をもとに推定する場合の誤差等である。一方，モデルの不確実性は，① 用量－反応モデルの作成にあたって，実測できる曝露量の範囲に比較してリスク評価に用いる曝露量はきわめて少なく，外挿による場合が多い事，② 曝露評価に用いるモデルはある程度実際の現象を簡略化している事，

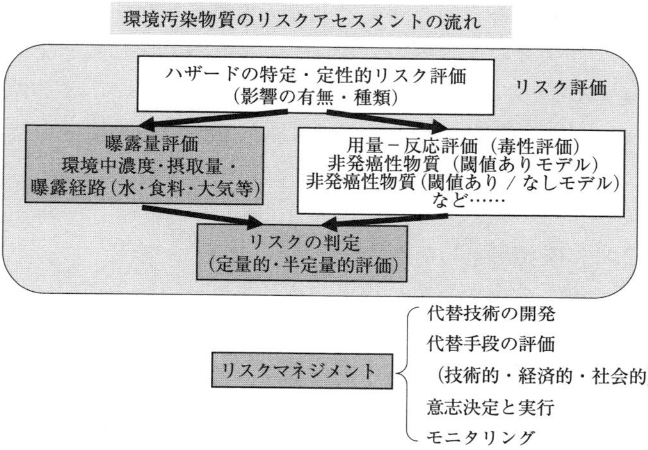

8.2 リスク評価手法

環境汚染物質のリスクアセスメントの流れ

- リスク評価
  - ハザードの特定・定性的リスク評価（影響の有無・種類）
  - 曝露量評価　環境中濃度・摂取量・曝露経路（水・食料・大気等）
  - 用量−反応評価（毒性評価）　非発癌性物質（閾値ありモデル）　非発癌性物質（閾値あり／なしモデル）など……
  - リスクの判定（定量的・半定量的評価）

- リスクマネジメント
  - 代替技術の開発
  - 代替手段の評価（技術的・経済的・社会的）
  - 意志決定と実行
  - モニタリング

［出典］大野浩一：環境工学委員会40周年記念シンポジウム「環境工学の新世紀」の研究集会企画「リスク評価研究の新しい可能性」発表用スライドより引用

図-8.3　リスク評価・マネージメントの流れ

等に起因する場合が多いとされている。

不確実さはリスク評価，とくに曝露量の推算過程で伝播する。この不確実性の評価には決定論的な方法と確率論的な方法がある[24]。決定論的な方法では平均値の最尤推定値と不確実さの指標としての標準偏差値を用いる。一方，確率論的な方法では，モンテカルロシミュレーションにより，確率分布を推定する。

誤差の蓄積（不確実さの伝播）は曝露分析のそれぞれの過程がどのように結び付いているかによって異なることになる。例えば，下水処理水中のウィルス濃度 C_{Re} は流入水中ウィルス濃度 C_0 と下水処理における総合的なウィルス除去率 Stot の積により次式のように書かれる：

$C_{Re} = C_0 \times \text{Stot} = f(C_0, \text{Stot})$

決定論的な方法では，C_0 と Stot の，標準偏差をそれぞれ σ_{C_0}，σ_{Stot} とすると正規性の仮定のもとでは C_{Re} の標準偏差 σ_{CRe} は次式のように与えられることになる。

$$\sigma^2_{CRe} \cong \left[\frac{\partial f}{\partial C_0}\right]^2 \times \sigma^2_{c_0} + \left[\frac{\partial f}{\partial Stot}\right]^2 \times \sigma^2_{Stot}$$

一方，確率論的な方法では，流入水中濃度 C_0 の変動を表現する確率密度分布

関数と処理システムの総合的な除去率 S_{tot} の変動を表現する確率密度分布関数を用意し、モンテカルロシミュレーションにより多くの乱数を発生させて、処理水中濃度 C_{Re} の変動を表現する確率密度分布関数を求める。決定論的方法、確率論的方法のいずれの方法を用いる場合にも、扱う変数の変動の統計的性質を求めることが重要となる。

8.2.3 DALYを指標としたリスク評価

一般に水・食料・空気の摂取に伴う健康リスクは単一の要因に起因するものではなく、これらの媒体に含まれるさまざまな化学物質や病原性微生物によって多様な疾病を引き起こすことが予想される。このため、受容可能なリスクレベルや種々の施策の優先度を定めるような意思決定においては、個々の要因に関する健康リスク評価を総合化する、一つの「ものさし」が必要となった。現在、さまざまな疾病に罹患し影響を受けることを総合的に評価する方法の一つにDALYsを指標とする方法が用いられている[26]。図-8.4に示した飲料水供給における流域管理・処理システム選択に関わる例を用いてDALYsを用いる利点を説明しよう。飲料水に起因する健康リスクは病原性微生物による下痢症に代表される急性影響と化学物質による発癌に代表される慢性影響が考えられる。とくに化学物質については、原水中に存在するものに加え、処理過程に生成する副生成物も重要となる。流域管理による原水水質の管理、処理システムによる除去性、そして消毒操作のすべてが病原性微生物による健康リスクと副生成物を含む化学物質の健康リスクの両者を規定することになる。この場合に、DALYsを用いることにより、それぞれの方策のリスク低減効果を総合的に評価でき、リスク-コスト解析のような意思決定への情報を提供できることになる。

病原性微生物や化学物質による健康影響といっても多様であり、かつ、その重篤さや影響を受ける期間が異なる。また、影響の程度は社会を構成するさまざまなグループによって異なるものとなる。このため、健康リスクを引き起こす種々の要因（飲料水の場合には多様な水中化学物質や病原微生物）について異なる健康リスク値、重篤さの違い、影響受ける期間の違いを考慮した「ものさし」の一つとして用いられているのがDALYs（Disability-Adjusted Life Years）である。WHO[25]によれば、DALYsは次のように定義されている。

DALYの基本的考え方は、それぞれの健康影響をその重篤さで0（通常の健

8.2 リスク評価手法

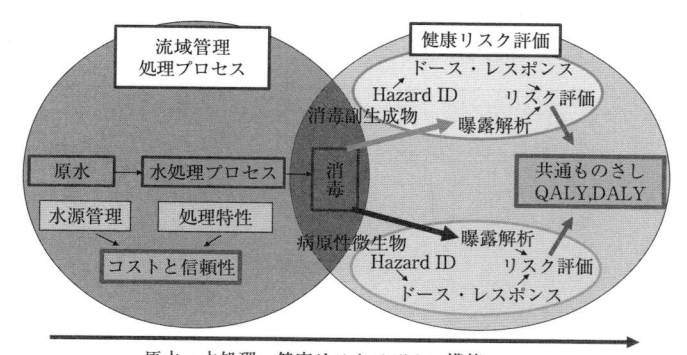

図-8.4 DALY を指標としたリスク評価

康な状態）と1（死亡）の範囲の値で重みを付けることにある。この重みはその影響が持続する期間を乗じられる。なお，死亡の場合にはその影響期間を平均余命とする。すなわち，DALYs は疾病によって失われた寿命（Years of Life Lost：YLL）と障害を持って過ごす時間（Years of Life Lived with a Disability：YLD）の和となる。

WHO は『飲料水質ガイドライン（第3版）』[25] の策定にあたって，「飲料水に起因する疾病による DALYs のロスを年間1人当たり 10^{-6} 以下とする」という方針を採用している。この値は従前用いられてきた生涯の発癌リスク 10^{-5} に相当するとガイドラインでは説明されている。

「年間の DALYs ロス」→「年間疾病リスク」→「浄水処理における病原性微生物の必要除去率」と進む推算例を WHO ガイドラインより Cryptosporidium の場合を引用して**表-8.1**に示す。**表-8.1**にあるように，年間 DALYs ロスと年間発症リスクは発症1回当たりの DALYs 値によって関連付けられ，「感染リスク」→「用量-反応関係」→「曝露量」へと続いていく。なお，リスク評価では逆向きに推算が進むことになる。

8.2.4 微量汚染物質の管理に向けて

循環型社会構築のための努力が進められている中，水をはじめとするさまざまな資源の循環利用が進むと，微量汚染物質の管理が重要となると予想される。例えば，医薬品は使用を制限することが難しいものの一つであるが，これらは

8 環境工学の展開への新たな手法の可能性

表-8.1 年間許容DALYsロスから出発した感染リスク,必要除去率の計算例[文献18) Table7.3より作成]

年間許容DALYsロス	1×10^{-6} (DALYs/年)
対象人口割合	100(%)
疾病1回当りのDALYsロス	1.5×10^{-3} (DALYs/case)
許容発症リスク	6.4×10^{-4} (1/年)
感染後の発症確率	0.7(−)
許容年間感染リスク	9.2×10^{-4} (1/年)
許容1日当りの感染リスク	2.5×10^{-6} (1/年)
用量-反応関係(クリプト1個当りの感染確率)	4.0×10^{-3} (−)
許容曝露量(1日当り)	6.3×10^{-4} (個)
非加熱の水摂取量	1 (L/日)
必要飲料水中濃度	6.3×10^{-4} (個/L)
原水中濃度	10(個/L)
必要除去率	99.994(%)

下水,表流水や地下水においても最大で,mg/Lのレベルで存在していることが確認されており,水道水中からの検出例もある。表-8.2に示すように,服用した医薬品のほとんどは抱合態または元の形態を保持したまま尿を通して排出されている。また,通常の下水処理過程における除去率は医薬品の種類によって大きな違いがあり,除去率の低いものの例としてDiclofenac(除去率17%),Carbamazepine(10%以下)等が報告されている[26]。

医薬品をはじめとする微量汚染物質については,リスク評価の① ハザードの特定,② 曝露量評価,③ 用量-反応評価のそれぞれの部分において,いまだその不確実性が大きいのが現状であり,データの集積をはじめとする研究の一層の進展が望まれている。また,個別の化学物質をそれぞれ管理していくにも限界が存在することとなる。

このような不確実性の大きな事象に対して,リスクマネジメントはどのような考え方で進める必要があるであろうか。その一つとして「予防原則」という考え方が提案されている。この予防原則にたったリスクマネジメントでは悪影響を引き起こす可能性の特定と実行可能な防止策の選定が議論されることになる。とくに悪影響を引き起こす可能性の特定においては,化学的/生物学的手法による混合毒性の評価が有用である。この方法は類似した毒性を持つ物質群をまとめて計測することにより,多くの未知の毒性物質の見落としを避けることが可能となり,かつ複合的な作用も考慮できることになる。ただし,感度や正確さが化学分析に劣ることが多く,直接リスクに結び付けることが難しいこと

8.4 リスク評価手法

表-8.2 医薬品の生体からの排出 [*3]

医薬品	摂取量(mg/日)	尿への排出率(%)	生体からの排出形態	
Tetracyline	1000～2000	80～90	Free[*1]	antibiotic
Amoxylline	750～2250	68	Free	antibiotic
Cephalexine	1000～4000	90	Free	antibiotic
Clofibrate	2000	95～99	Free & conj[*2]. Clofibric acid	antilipidemic
Chlorothiazide	500～2000	100		Diuretic
Atenolol	50～200	50	Free & conj.	β-blocker
Diclofenac	100～150	65	Conj.	Pain killer
Indomethacine	150～200	60	Free (26%) & conj.	Pain killer
ICM	Up to 200000	100%	Free	(not for medical treatment)

*1 Free：元の医薬品の形態
*2 Conj.：抱合態
*3 Sources：www.rxlist.com (Internet drug index), Khan, SJ: Chemosphere 54(2004)[21], Hirsch, R. et al :The Science of the total Env. 225(1999)[20]

などが今後の検討課題である。

謝辞 本節は環境工学委員会40周年記念シンポジウム「環境工学の新世紀」の研究集会企画「リスク評価研究の新しい可能性」における話題提供を参考にさせていただいた。3名の先生のお名前と話題提供題目を記して謝意を表する。
　大野浩一先生（北海道大学）：化学物質のリスク評価・管理に関する話題提供 ─ ヒ素のリスク関連研究を例として～
　片山浩之先生（東京大学）：病原性微生物を中心とした話題提供
　小野芳朗先生（岡山大学）：予防原則と曝露評価

8 環境工学の展開への新たな手法の可能性

◎参考文献

1) 環境工学委員会：環境工学公式・モデル・数値集，土木学会，2004.
2) 楠田哲也：水域生態系のコンパートメントモデル，生態系とシミュレーション（楠田・巌佐編），pp.10-30，朝倉書店，2002.
3) Beck, M. B.：Modelling of dissolved oxygen in a non-tidal stream, In Mathematical Models in Water Pollution Control (James, A. ed.), Wiley-Interscience, pp.137-166, 1978.
4) DiToro, D. M., Thomann, R. V., O'Connor, D. J. and Mancini, J. L.：Estuarine Phytoplankton Biomass Models-Verification Analysis and Prelimplications, In The Sea, Vol.6 (Goldberg, E. D., McCave, I. N., O' Brien, J. J. and Steele, J. H. eds.), Wiley-Interscience, pp.969-1020, 1977.
5) Kremer, J. N. and Nixon, S. W.：A Coastal Marine Ecosystem, Simulation and Analysis, Ecological Studies 24, Springer-Verlag, 1978.
6) 堀口文男，中田喜三郎：東京湾の水質のモデル解析，Journal Advanced Marine Science and Technology Society, Vol.1, pp.71-92, 1995.
7) 巌佐庸：生態系の見方とシミュレーション，生態系とシミュレーション（楠田・巌佐編），pp.1-9，朝倉書店，2002.
8) Rader, R. B. and LeRoy, P. N.：Development of an Individual-Based Trout Instream Flow Model, STREAM NOTES, USDA Forest Service, pp.5-7, 1999.
9) Rand, P. S., Scandol, J. P., Walter, E. and NerkaSim, E.：A research and educational tool to simulate the marine life history of Pacific salmon in a dynamic environment, Fisheries, Vol.22, pp.6-13, 1997.
10) 石川雅朗，足立恒，平野弘晃：個体ベースモデルによる魚類生息環境評価手法の構築，河川技術論文集，Vol.7, pp.315-320, 2001.
11) 例えば，Debeljak, M., Deroski, S., Jerina, K., Kobler, A. and Adamic, M.：Habitat suitability modelling for red deer (Cervus elaphus L.) in South-central Slovenia with classification trees, Ecological Modelling, Vol.138, pp. 321-330, 2001.
12) 日本生態系協会：環境アセスメントはヘップ（HEP）でいきる，ぎょうせい，2004.
13) アメリカ合衆国内務省/国立生物研究所（中村俊六，テリー・ワドゥル訳）：IFIM入門，リバーフロント整備センター，1999.
14) Bartholow, J. M.：Modeling Chinook Salmon with SALMOD on the Sacramento River, California, Hydroecologie Appliquee, Vol.14, pp.193-219, 2004.
15) IPCC：Special Report on Emissions Scenarios, Cambridge University Press, 2000.
16) Kainuma, M., Matsuoka, Y. and Morita, T. (eds.)：Climate Policy Assessment-Asia-Pacific Integrated Modeling, Springer, http://www.nies.go.jp/social/aim, 2002.
20) Hirsch, R. et al：The Science of the total Environment, Vol.225, 1999.
    Internet drug index:www.rxlist.com
21) Khan, SJ：Chemosphere, 54, 2004.
22) National Research Council (NRC)：Risk assessment in the Federal Government, National Academy Press, Washington, D.C, U.S.A., 1983.

8.4 リスク評価手法

23) National Research Council (NRC) : Science and Judgment in Risk Assessment, National Academy Press, Washington, D.C, U.S.A., 1994.
24) Sakaji, R. and Funamizu, N : Microbial risk assessment and its role in the development of wastewater reclamation policy, Wastewater reclamation and reuse (ed.by Asano, T.), pp.705-756, Technomic Publishing Co.Inc. Lancaster, U.S.A., 1998.
25) World Health Organization : Guidelines for Drinking-Water Quality 3rd edition, 2004.
26) Heberer, T.: Occurrence, fate and removal of pharmaceutical residues in the aquatic environment : a review of recent research data, Toxicology Letters, 131, 2002.
27) 大野浩一：環境工学委員会40周年記念シンポジウム「環境工学の新世紀」の研究集会企画「リスク評価研究の新しい可能性」発表用スライド.

Chapter 9

9 これからの環境工学の課題と展望

- 9.1 はじめに──256

- 9.2 理論水処理学へのアプローチ
  ──概念的構造モデルからの問題提起──257

  - 9.2.1 凝集フロックの密度と強度──258
  - 9.2.2 フロック状固形物の強度の推定──261
  - 9.2.3 フロックの構造と構成要素
    ──活性汚泥フロックにおけるバクテリア群の構成──264
  - 9.2.4 活性汚泥モデルにおける有機物分類の
    嫌気性分解への拡張に関わり生じる疑問──266

- 9.3 おわりに──269

9 これからの環境工学の課題と展望

9.1 はじめに

　本稿のテーマは環境工学分野のこれからの課題とそれに対する展望を求めるものである。筆者としては，このように大きな課題を与えられたことは，きわめて光栄なことであるとは考えるのではあるが，いざとなると，課題の重さに打ちひしがれて，どのような視点でどのような課題を整理するのが，編者の期待に沿うのかが定めにくいところである。何を書くべきか，何を書けるのかを考えることは苦渋に満ちた選択の問題でもあった。重要なテーマでも，新たに取り組むとなると時間のかかることになるし，最先端の研究成果について情報は得にくくなっている個人的事情を考慮すると，苦渋の程度はますます大きくなる。

　しかし，原稿の締切り時間を過ぎた現時点で，筆者として決断をするとすれば，やはり筆者が環境工学に関わるようになってから，40年を超える時間の中で考え続けてきた課題に返り，そのような課題への展望あるいは議論の叩き台を提供することに意味を求めて，本稿をまとめさせていただくこととした。筆者の論じたい課題は，土木系の環境工学を学問的科学のレベルにまで立ち上げるにはどうすればよいかという課題である。

　このような視点からの筆者の論考としては，『環境学』（岩波書店，2005年4月）[1]，「理論水処理理学の体系化と展望」（環境工学委員会40周年記念シンポジウム梗概 2003年1月）[2]，「蓄積される研究成果のためのモデルによる理論環境学の可能性」（学術会議第15回環境工学連合講演会論文集 2000年2月）[3]，「モデルによる計算環境工学あるいは理論環境工学の薦め──蓄積される研究成果のために」（土木学会論文集 1999年5月）[4] をあげることができる。本稿もこのような視点からの論考を進めることになることをお許しいただきたい。

　この時，学問的科学のレベルとはどのような内容のものかをまず論じなければならない。筆者の主張は，概念モデルが明確であり，数式的な表現が可能であり，ある程度の周辺条件の変化に対する予測が可能であり，さらに新たな情報の蓄積の結果が取り込まれる可能性を残しているモデルの提示は，学問的科学のレベルに達しているということになる。さらに例示的にいうなら，古くからのテーマである凝集プロセスについてはいまだにモデル化が不十分であるが，

近年開発が進み，応用の面においても実用化の目途がついてきた活性汚泥に関わる数学モデルは，その発展の過程を見るならば，学問的科学のレベルに達したモデルということができると考えている。

以下においては，このような視点から，環境工学が扱ういくつかの現象，プロセスに関わるモデル化の現状と課題を整理してみたい。そしてこのことを，本稿における「これからの環境工学の課題と展望」の内容としたい。基本的な枠組みとしては，環境工学委員会40周年記念シンポジウムに際して示した，個人的な疑問への回答としての問題の提起と同じ立場をとるものとなる。結果的には，個人の興味が優先するので，扱うテーマは限られたものとなるが，課題の立て方，考える方法においてはなるべく一般的な扱いとして発展性のある論点の立て方を志向しているつもりである。ご理解を頂ければ幸甚の至りとするところである。

9.2 理論水処理学へのアプローチ
―― 概念的 構造モデルからの問題提起

水処理の過程，すなわち浄水の過程であれば，主として懸濁性の微粒子を水中から取り除く過程において，あるいは下水・廃水の処理にあっては，主として水中の有機物の分解，窒素やリンの除去，有害物質の分解・除去を進める過程において，生じているいくつもの反応の過程をどのように説明するかが課題である。しかし，多くの実際のプロセスにおいては，経験的事実あるいは実験に基づくデータは，水処理の歴史の中で限りなく蓄積されてきており，水処理の実務に携わる専門家は，そのような経験的なデータの蓄積の中で，どのような水が水処理の対象になっているかを見ると，おおよそどのような処理法を適用し，どのように設計し，管理をすればよいかが経験的には見通すことができる。

そこでは，「何故か」はあまり明確ではないけれど，おおよそ間違わない解を与え，実用上はあまり問題を起こさない実績を上げていくことができる。このような事情は，水処理に関わる各種の設計指針において示されている範囲の数値を定めることで，おおよその実用上の用には供されることになっている。とくに公的な施設となる浄水施設や下水処理施設にあっては，税金によって支出されている公金の管理の趣旨から行っても，理論的な説明よりは，標準的な指

9 これからの環境工学の課題と展望

針に則っていることが優先される体質となっている。この体質は，じつは影響が大きくて，大学の基礎的な研究においても，ついにこの標準的な基準を前提とする研究が行われがちとなる。

しかし，このような経験的な解析に依存する限り，基本的に新しいアプローチは生まれてこない。経験を総括していく理論的な解析が当該分野の発展には不可欠である。以下においては，水処理の分野の研究を学問的科学のレベルへ引き上げるために必要となる理論水処理学に関わる基本的な現象またはプロセスのモデル化についての検討事項を整理してみたい。

9.2.1 凝集フロックの密度と強度

凝集フロックの密度と強度の問題は，簡単なようで案外難しい。フロックは固体状の形状をしているから，あたかも均質なコンクリートの供試体のような存在と想定されることになる。したがって，その強度はコンクリートの供試体の圧縮強度になぞらえて，単位面積当たりのせん断応力で表示することが直感的にはわかりやすい。

しかし，一方で小さいビーズ球，あるいはパチンコ玉のような，球体を敷き詰めた状態を考え，それを片側から定規で押し込むような力の掛け方を考えるなら，その押し込む力に対する球体群の抵抗力は，前記のコンクリート供試体が示すような形ではその強度（抵抗力）は現れない。すなわち，球体の詰まり方が疎（まば）らな時は，ぐずぐずと変形し，抵抗力（すなわち，球体群の強度）は生じないままに推移する。そして暫く後には，球体同士が直接に力を伝え合う状態になる時，押し込む力は抵抗を生み，球体群の示す抵抗力，すなわち強度が生じることになる。

この時，おそらく球体群の見かけは，均質な連続体としてのコンクリート供試体と同様に球体群が密着した状態となっているとしても，その強度の発現の機構はおいに異なることが想定される。それは，球体群の場合には，球体群のいくつかの構成要素である球体を取り除いても，同じ力に耐えることができる状態が存在する。これはあたかもコンクリートの供試体の内部に空洞を作った状態を想定することになるが，連続体としての供試体の強度は一部の欠損部分があれば極端に弱い強度を示すことになる。

このことは，球体群の集まりを想定する場合の見かけの強度は，球体群の内

9.2 理論水処理学へのアプローチ——概念的構造モデルからの問題提起

部に形成される部分的なアーチ構造によって生起されることになるので、そのアーチ構造の中では、球体の存在がなくてもその見かけの強度は変わらないことになる。ちょうど生卵の強度は外側の殻の強さで決まるもので、内部の強度は関係ないことにアナロジーされることになる。卵もゆで卵にするなら、殻を外してもある強度が生じることになるが、この状態は前述のコンクリートの供試体の強度と同じように考えることができる。

問題は、フロックの強度を粒子状物質の集合体として認識して、その強度はその内部に形成されるアーチ状の生卵の殻が強度の発生機構と考えるか、ゆで卵状態（ここでは黄身と白身は一体の構造体と考えることになるが）とアナロジーされるコンクリートの供試体のような強度の発生機構を想定するかによって、フロックの強度の考え方が大きく異なることが想定される。

このように、フロックの構造を粒子群の集まりと考えるならば、フロックの外側に形成される卵の殻状のアーチ構造の連続としてのシェル構造がフロック状物質の強度の発生機構と考えることになり、シェル構造の内部の粒子群の詰まり方は、必ずしもフロックの強度に関わりを持たないようなモデルを想定することができる。すなわち、フロックの強度を生卵の強度として認識するか、ゆで卵の強度として認識するかは、フロックの内部の粒子群の詰まり方、すなわちフロックの密度と強度の関係に大きな認識上の違いを生じることになる。

このようなフロックの強度と密度の関係については、フロックの強度は密度に依存せず、その大きさには依存する関係を想定することを可能にしてくれる。このように考えれば、大きなフロックはその密度に関わらず、変形への抵抗力は小さくなる関係を想定することができるようになる。経験的に観測される大きなフロックは壊れやすいという事実は、密度とは関係なく粒径が大きいがゆえに弱い抵抗力、すなわち強度を示すことになるという事実から説明することができる。このことは、フロックの密度はフロックの大きさによって決まるとする、いわゆる密度関数を定義する必然性への疑問を生じさせることになる。

もちろん実際のフロックの構造は、粒子状物質がビーズ玉やパチンコ玉のように均質に構造体を形成しているものではないので、大きなフロックは当然に内部に空洞部分を含む構造体となっていることは想像に難くないのではあるが、強度と密度を連動するものとして考えないでもよいということは十分に意味のあることと言える。このようなフロックの強度の発生機構については、すでに

9　これからの環境工学の課題と展望

土木学会論文集[5]において論じてきたところであるが，その一部を再録するならば，次のように示すことができる。

大きなフロックは密度が小さいから強度が弱くなるという考え方のフロックモデル（フロックモデルⅠ）は**図-9.1**のように示される。一方，密度はフロック径にはよらないとするモデルフロック（フロックモデルⅡ）は**図-9.2**のように示される。この時，モデルフロックⅡでは外側に形成される**図-9.3**のようなシェル構造が外力に抵抗する強度を示すことが想定される。そして，このシェル構造が抵抗できる応力（τ）は，シェル構造が示す見かけの界面力（S）とシェルの径（d）関数として，次式のように求められることになる。

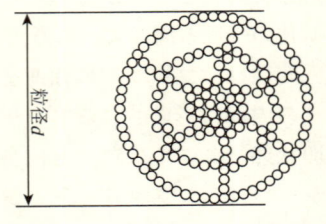

$$\tau = S/d \tag{1}$$

すなわち，τ は，乱れ等に起因する流体からフロックに作用する外力と考えると，この外力に抵抗する強度がフロックの強度として評価されることになり，そのことは，フロックの強度をシェル構造の示す一種の界面力として評価することを提案するものとなっている。これをコンクリートの供試体とのアナロジーで考えるなら，コンクリートの供試体の強度は kgf/cm² の応力の単位で表されるが，フロックの強度は界面力の単位である kgf/cm で表されることを示すことになる。S が凝集条件等によって決まるとすると，フロックの見かけの強度は，粒径に反比例して小さくなる特性が推測される。

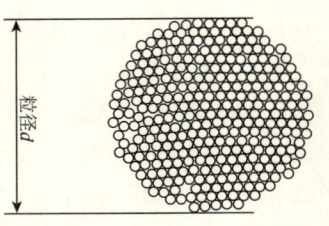

図-9.1　モデルフロックⅠの模式図[5]

図-9.2　モデルフロックⅡの模式図[5]

現実的なフロック強度は，沈殿地で沈降分離できるフロックの強度，さらには砂ろ過の過程でろ別できるフロックの強度に相当する強度を示す必要がある。そのような強度の範囲においては，界面力による評価が合理的であると考えるものである。次項においては，界面力によって評価したフロック強度が実際の沈殿速度と良

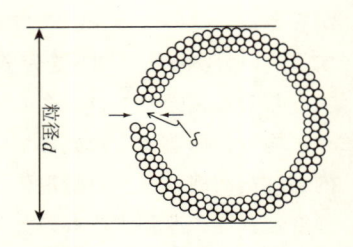

図-9.3　シェル構造の模式図[5]

い対応を示していることを示すことになるが，この事実は，界面力による強度の評価が実用上も意味のある値を与えてくれる可能性を示している。

9.2.2 フロック状固形物の強度の推定

水処理に関わるフロック状固形物の強度をどのように測定するかは実験技術上も非常に難しい問題である。水処理における代表的なフロック状固形物は，凝集フロックと活性汚泥のフロックである。これらの固形物は，その構成要素などの性状はかなり異なることが想像されるが，水の中で水との密度差が小さい中で形成され，ついたり離れたりしながらある大きさを保持し，かつ壊れやすい固形物である点においては同様な特性を持っている。ここでの課題は，このようなフロック状の固形物の強度をいかに推定するかについての方法の検討である。

この時の課題は2つ指摘できる。一つは，フロックはどのような力によって破壊されるのかが不明な点であり，もう一つは，前述のコンクリートの供試体の強度のように直接測定することが装置的にも不可能な点である。フロックを破壊する力はどのような力なのかを特定するのは難しいのではあるが，次のようなアナロジーを考えることは可能である。

第一に深海に潜る潜水艦のような構造物では，水圧に耐える構造壁，すなわち卵の殻に相当するシェル構造を持たなければ，水圧（等方的に働く圧縮力）によって破壊される。第二には，静止水中を沈降する物体には，抵抗応力が働く。抵抗力を小さくするためには，形状を流線型にする方が有利になるが，基本的には沈降速度の2乗に比例する抵抗力を受ける。この抵抗力は，あたかもコンクリートの供試体を押しつぶすような有効応力として物体に作用する。ただし，このような水中を沈降する相対速度が生じるためには，物体の密度が水の密度と異なる必要がある。物体が重ければ沈降速度として表されるし，軽ければ上昇速度として表される。ここで注意が必要なことは，もしも物体が水と同じ密度を持つものであるなら，中立に浮遊している状態であり，物体には有効な力は作用せず破壊は生じない。

第三には，たとえ中立状態で浮遊している物体でも，周辺の水がわずかにでも流動すれば，水と物体の間には相対的な運動が生じる。この相対的な運動は，じつは水は連続体として自由に変形していくことができるのに対して物体は形

9 これからの環境工学の課題と展望

を持つがゆえに水のようには自由に変形していくことができないので，その両者に相対的な運動が生じることになる。密度は等しくても，形を持つものと持たないものとの差が相対運動の原因となり，相対運動が生じる時，物体には摩擦抵抗力を作用させる。

これらの3つの物体へ働く力の要素は，水のような連続体の単位要素である流体粒子に働く力のバランスをとった基本的な運動方程式であるナビエ・ストークスの運動方程式によって表すことができる。ナビエ・ストークスの運動方程式は，水粒子相当の粒子に作用する，質量力，圧力，表面せん断力のバランスをとったものであるので，水と物体の圧縮性の違い，密度の違い，変形性の違いに基づく相対運動の発生に起因する固形物へ作用する力はまさに水粒子が受ける力として評価されることになる。

このようなナビエ・ストークスの運動方程式から，演繹される相対的な運動に基づく力の評価は，続水理学[6]においても示しているのでここでは省略するが，その密度が水にきわめて近いと想定される凝集フロックもかなりの大きさのせん断力が働くとして評価されることになる。しかし，これらモデル的強度評価の方式の検証においては，撹拌槽内に形成された凝集フロックの大きさと，乱流強度から求めたせん断力に相当するフロック強度は，そのフロックが静止水中を沈降していく際に受けるとみなせる有効応力に耐える程度の強度を推定することができなければならないことになる。

静止水中を沈降していく粒子に働く摩擦抵抗応力は，一般的には式(2)で評価され，とくにストークスの抵抗則が適用される領域においては，式(3)が適用される。また，その摩擦抵抗力に抵抗できるフロックの沈降速度は，式(4)式で求めることができる。

$$\tau = (k_f/2)\rho v^2 \qquad (2)$$

$$\tau = 12\mu v/d \qquad (3)$$

$$v = \tau d/12\mu \qquad (4)$$

ここで，τ：粒子の受ける摩擦抵抗応力，k_f：摩擦抵抗係数，ただし，ストークスの抵抗則を仮定すれば，$k_f = 24/Re$，Re：粒子に関わるレイノルズ数，ρ：流体の密度，v：粒子の沈降速度，μ：流体の粘性係数，d：粒子の直径。

筆者はかって ASCE の論文集に発表した論文への討議への回答[7]において，筆者の方法で求めたフロック強度と Parker 等の方法で求めたフロック強度の有

9.2 理論水処理学へのアプローチ――概念的構造モデルからの問題提起

表-9.1 式（4）を用いて Parker 等の方法で求めた強度から逆算されるフロックの沈降速度と松尾等の方法により求めた強度から逆算されるフロックの沈降速度の比較[7]

フロックの凝集条件	攪拌槽内のG値 (1/S)	Parker等の求めた強度からの沈降速度 (cm/min.)	松尾等の求めた強度からの沈降速度 (cm/min.)
凝集剤（アラム）の添加量　2.0mg/L	91	0.0242	2.89
	120	0.0466	3.94
	154	0.0462	4.28
	186	0.0366	4.21
	219	0.0482	4.88
凝集剤（アラム）の添加量　10.0mg/L	69	0.0365	3.02
	121	0.0965	5.04
	153	0.1463	6.25
	182	0.1261	6.31
	217	0.1911	7.69
凝集剤（アラム）の添加量　10.0mg/L とアルギン酸ソーダ 0.5mg/L	88	1.24	10.6
	120	1.33	12.1
	152	0.924	11.5
	184	1.62	14.9
	219	1.05	13.6

効性を，フロックが示すと考えられる沈降速度に換算して比較した結果は**表-9.1**として発表してきている。筆者の求めたフロックの強度（これは前節で提起したフロックの強度を界面力として評価する方法によって求めている）から推定した沈降速度の方がはるかに実際のフロックが示すであろう沈降速度に近いものであることは明らかである。ここでは実験の詳細を省略しているので，わかり難いかもしれないが，粒径を測り，沈降速度を測ることができればフロック強度の推定値を求められることは理解してもらえると考えるものである。

フロック周辺に形成されるシェル状の構造体がその強度の発生起源であると仮定した結果をもとにして，フロック強度を推定し，その強度のフロックの沈降速度を推定したものである。ここに得られている結果は，十分にフロック強度の推定値として有効な範囲にあることを示している。このことは，フロックの強度を密度の条件から開放し，フロックの密度から大きさとの関係を開放し，凝集条件と強度の関係を直接的に結びつけることを可能にした結果となっている。

水とフロックの関係をその力の伝達の基本に戻って考察したモデル化によって，フロック強度の定量化への道筋を考えたものである。実用的なレベルで言えば，フロックの密度を測ることは難しくても，フロックの強度はその大きさと沈降速度を測定することでおよその値を推定し比較することが可能なことになる。

9.2.3 フロックの構造と構成要素
　　　――活性汚泥フロックにおけるバクテリア群の構成

　水処理プロセスにおけるフロックの形成は，浄水の過程における凝集フロックにせよ，下水・排水の活性汚泥処理における活性汚泥フロックの形成にせよ，固形物を水の中から分離するためには非常に重要なユニットオペレーションであると言える。凝集フロックと活性汚泥フロックの構成要素はかなり異なるし，同一に論じることは必ずしも適当ではない部分もあるが，水の中での流動条件の影響を受けながら，集塊したり壊れたりしながらある種の大きさのフロックを形成し，沈降分離の過程で，水から除去するという点では同様な議論が可能な要素を含むことになる。

　凝集フロックの形成と活性汚泥フロックの形成が同様なプロセスによって形成されていると考えられる点は，両者がいずれも水の流動条件との関係で，フロック粒子は大きくなると破壊が起き，小さくなると集塊作用が起きて大型になるという物理的な作用の繰返しによって，その粒子の大きさが決まっていると考えられる点にある。ただし，凝集フロックは凝集剤の添加によりコロイド粒子が大型になることによって形成されていくのに対して，活性汚泥フロックにあっては，汚泥を構成する凝集性のバクテリアが増殖することによりそのフロックの構成要素が形成されていく点は異なることになる。さらに，バクテリアの種類は，水処理の水質条件によっても基本的に変化するから，活性汚泥フロックの集塊条件は凝集フロックとは異なる可能性もある。

　しかし，再度，フロックの形成が集塊と破壊の繰返しの中で，ある大きさのフロックが形成される物理的なプロセスの要素に限って，水の流動条件（攪拌強度とも定義される）と形成されるフロックの構成要素を考えてみることは興味ある論点となる。すなわち，凝集フロックにおいては，フロックの密度はフロックの大きさにどのように関係する可能性があるのかといった課題が提示され，活性汚泥フロックに対しては，活性汚泥を構成するバクテリアの種類がフロックの内部と外部では異なるような構造を考えることがどの程度に妥当なのかといった課題が提示される。

　凝集フロックの大きさと密度の関係は，すでに9.2.1項において若干の考察を行っている。そこでは，小さな粒径のフロックが集塊し大型のフロックが形成し，大型のフロックが壊れて小さいフロックを形成し，しかもフロック径は連

9.2　理論水処理学へのアプローチ——概念的構造モデルからの問題提起

続的な分布を持つ粒径群として形成されるというダイナミックなフロック形成のプロセスを想定するなら，フロックの密度や構成がその粒径によって異なると考えるよりは，フロックを構成する粒子群の構成は粒径にはよらないほぼ均質な構造として想定することが適切と考えられることを示してきた。

さて，このようなフロックの形成条件を活性汚泥フロックの形成条件として想定するならどのようなことが考えられるのであろうか。活性汚泥の模式的な構成として，直感的な説明として利用される構造は，密度的には均質な状態であるが，フロックの内部は酸素の供給が少なくなるので，嫌気的な状態が支配し，外側に行くに従い好気性のバクテリアが支配的になる2重構造を想定することが抵抗なく受け入れられてきているように思える。ここでの疑問は，活性汚泥フロックが凝集フロックと同様な集塊，破壊を繰り返す過程を経て形成されるのであるなら，内部は嫌気的，外部は好気的という2重構造が果たして維持可能な条件なのかという疑問である。

すなわち，大きなフロックで，前述の嫌気，好気の2重構造が形成されていたとして，それが破壊すれば，内部の嫌気的な部分は直接酸素に触れる可能性が高まるので，いつまでも嫌気的な条件を保つことができるとは限らないことになる。さらに，バクテリアの増殖速度とフロックの破壊，集塊の頻度を考えてみると，バクテリア数が2倍になる世代交代時間は速いもので20〜30分の時間がかかると想定されるのに対して，フロックの破壊，集塊の頻度は明らかにこの増殖速度よりは速い速度で生じていると推定されるので，生物にとっての環境条件はかなりの速度で変化していると考えるのが適切である。このように考えるなら，活性汚泥フロックの内部と外部で，支配的なバクテリアの構成が異なるとするモデルは不自然なモデルであると言わざるを得ないことになる。

この時の課題は，このような均質な生物的な環境においてさえ，かなり多様なバクテリア群が活性汚泥を構成しているという事実である。この多様なバクテリア群を維持し続ける機構の解明は，前述の流体運動とフロック形成のメカニズムを考慮に入れつつ，さらに検討が必要な分野と考えられる。とくに，活性汚泥法においては，バルキングと言われる最も重要な問題の解明は残されたままになっている状態にある。活性汚泥の支配的な構成バクテリアがどのように決定されていくのか，その原因バクテリアがどのようにしてその系に加えられてくるのかは，残された課題である。

9 これからの環境工学の課題と展望

実は，活性汚泥を構成する生物の比増殖速度と汚泥滞留時間の関係を数式的に論じた計算例は，筆者らがすでに発表[8]してきたところである。多様な比増殖速度の生物群を単一の汚泥滞留時間の運転条件で維持することは不可能なことは明らかで，多様な生物群を維持するためには何らかの供給源が必要であることを論じているが，ここではそのことについての論述は省略する。

本項のテーマは，破壊，集塊を繰り返すフロック状の粒子は，その内部の構造的構成は凝集フロックにおいても，活性汚泥フロックにおいて均質的構成を考えることが適切なのではないかという論点にある。この論点から出発した時のこれまでのフロックに関する説明は，どのように見直していく必要があるのかを今後の課題として提起したい。

9.2.4 活性汚泥モデルにおける有機物分類の嫌気性分解への拡張に関わり生じる疑問

IAWQあるいはIWAのタスクグループにより開発されてきた活性汚泥の数学モデルについての詳しい説明は，味埜俊等の成書[9]に詳しいので，モデルについての説明は避けるが，生物処理のメカニズムに関連して，最近興味ある解析例が報告されているので，そのことについて触れてみたい。その解析例は，安井等の報告[10]によるもので，生物処理に関わる有機物の分類手法が，好気的な処理法である活性汚泥に対する分類手法とほぼ同様な手法で，嫌気的な生物反応である，メタン発酵のプロセスに対しても応用できるとするものである。

活性汚泥モデルにおいても，嫌気分解に関わるモデルでも，じつは有機物の形態と量をどのような指標によって表すのが適切なのかについては，必ずしも定説が定まっているとは言えない状況にある。もちろんこれら生物反応に関わる生物量をどのような指標で表すかについても議論が残されているのであるが，ここでの議論は，生物反応によって分解の対象となる有機物の形態と量に関する指標をどのように記述するべきかの論点である。

有機物の量は多くの場合，BODかCOD（ここでは重クロム酸のCODを対象としている）で表すことになるが，これらの有機物がどのように微生物（ここでは一義的にはバクテリアを対象とする）による分解を受けていくかによって，その成分を分画して説明することが行われる。活性汚泥モデルにおいては，CODの成分を溶解性成分［さらにその内部を易分解性有機物（S_S）（このS_Sは

9.2 理論水処理学へのアプローチ——概念的構造モデルからの問題提起

さらに発酵可能な易分解性有機物 (S_F), 酢酸等の発酵生成物 (S_A) に分画して説明されることもある), 溶解性不活性有機物 (S_I) に分画している] と浮遊性成分 [さらにその内部を浮遊性不活性有機物 (X_I), 遅分解性有機物 (X_S), 従属栄養生物 (X_H), 硝化菌 (X_{AUT}) (この硝化菌に関する項はあまり大きな存在にはならないと仮定されることが多い) に分画している] に分けてそれぞれの関係を定式化している。

しかし,これらの区分が明快な測定法によって規定されているかというと,必ずしもそうではないことは,味埜らによる解説書においても繰返し説明されているところである。そして,これらの各有機物成分の代表的な測定法は,実質的には,生物反応における酸素収支に現れた結果として,定められることになる。その測定方法の概要は,**図-9.4** に示されるような方法がとられる。そして,生物反応に関わる有機物量が分画され,推定され,反応過程が記述されていく。

前述の安井等の研究成果は,このような有機物の区分の方法が嫌気的な反応の過程においても当てはめることが可能であること,そしてメタン生成に関わる過程を酸素利用量を測る方法とほぼ同様な方法で測定することで,嫌気的な反応においても活性汚泥モデルと同様な易分解性の有機物と遅分解性の有機物に分画が可能であることを示すものである。このとき,注目する視点は,いわゆる餌になる有機物を取り込むバクテリアの増殖過程とは基本的にどのようなものなのかという素朴な疑問に返るものである。

すなわち,生物反応は,細胞の内部の酵素反応で支配されると考える時,有機物は細胞壁を通過しなければならない。そして細胞壁を通過するためには,分子量がかなり小さな成分にまで分解されていなければならない。したがって,前述の X_S とか X_H と記述された成分は,細胞の外部において加水分解されて,分子量の小さい成分に分解されていなければならない。この加水分解には時間かかり,S_S とされる分解されやすい成分に比べるとはるかに分解が遅れて,遅分解性の成分となって評価されると説明される。

ここでの素朴な,しかし基本的な疑問は,加水分解の過程の意味と想定されるバクテリアの関与の仕方に関わるもので,次のようにリストアップできる。

① 好気的な条件でも嫌気的な条件でも加水分解酵素を体外に出すバクテリアが同様に存在するのか。

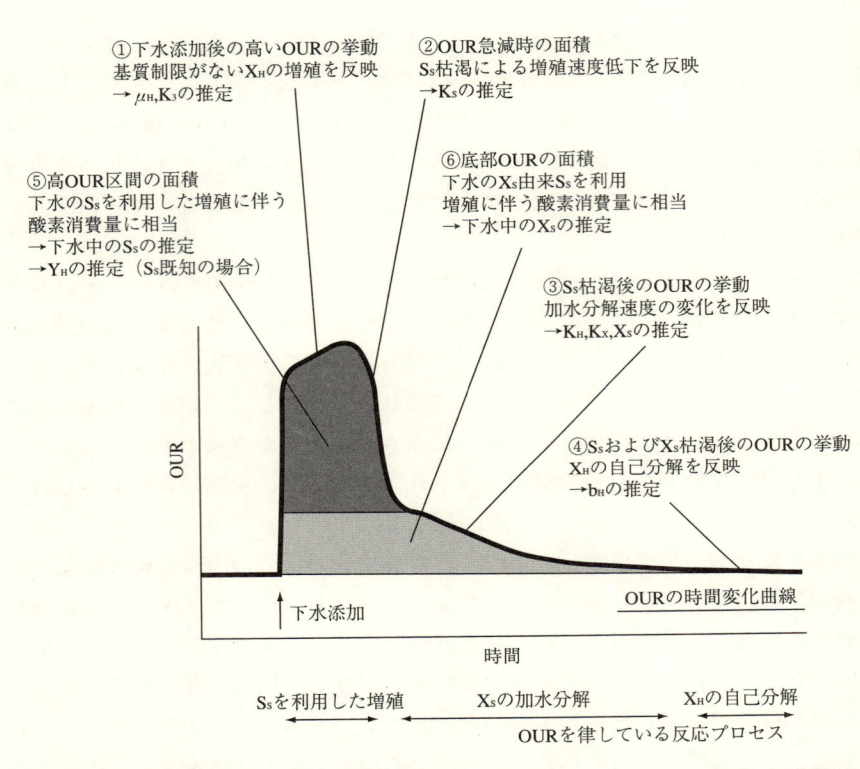

9 これからの環境工学の課題と展望

①下水添加後の高いOURの挙動
基質制限がないX_Hの増殖を反映
→μ_H,K_sの推定

②OUR急減時の面積
S_s枯渇による増殖速度低下を反映
→K_sの推定

⑤高OUR区間の面積
下水のS_sを利用した増殖に伴う
酸素消費量に相当
→下水中のS_sの推定
→Y_Hの推定（S_s既知の場合）

⑥底部OURの面積
下水のX_s由来S_sを利用
増殖に伴う酸素消費量に相当
→下水中のX_sの推定

③S_s枯渇後のOURの挙動
加水分解速度の変化を反映
→K_H,K_x,X_sの推定

④S_sおよびX_s枯渇後のOURの挙動
X_Hの自己分解を反映
→b_Hの推定

OUR

↑下水添加

時間

S_sを利用した増殖　　X_sの加水分解　　X_Hの自己分解
OURを律している反応プロセス

OURの時間変化曲線

図-9.4 活性汚泥に下水を添加した時の典型的なOUR測定結果とASM1/2に基づく解析例[10]

② 加水分解酵素を出すバクテリアと出さないバクテリアが存在するのか。
③ この加水分解酵素を出すバクテリアは，いつからその働きを示すのか。周辺の餌になる溶解性の基質がなくなると作用を始めるのか，それとも当然に溶解性の基質（S_s）の存在とは無関係なのか。
④ 加水分解酵素は死んだバクテリアにのみ作用するのだろうか。当然に生きているバクテリアにも作用すると考えられるのであるが。
⑤ バクテリアの生死の定義はどうなるのであろうか。そして，バクテリアの自己分解とはどのようなことなのか。
⑥ 加水分解酵素を出せないバクテリアは，生存競争には向いていないように思われるが，どんな条件の下で生き残っていけるのであろうか。
⑦ バクテリアが生存のために形成するといわれる芽胞には加水分解酵素は

作用しにくいのだろうか。
⑧ 加水分解酵素の有効な時間といったものがあるのだろうか。
⑨ 加水分解酵素自体が他の加水分解酵素のターゲットとなる可能性はどうなのであろうか。

といった疑問が次々湧いてくるのである。

とくに，嫌気性反応における酸生成反応は，加水分解を進める反応として理解されることが多いが，加水分解反応自体はエネルギー生産には関わらない反応なので，酸生成バクテリアにとっての加水分解反応の意味は，どのような意味を持つのかも興味ある疑問点である。バクテリア群が示す複雑な生態系のシステムは，その基質の条件についてもまだ解明の著についてばかりとも言える。生物反応に関わるモデルはさらに複雑化して発展していくことが期待されるのであろう。さらに言えば，生物反応の比較，規格化においては，餌の条件，すなわち基質の条件を揃えておくことの重要性を教えてくれていると考えるものである。生物処理の研究が，積み上がりの少ない研究になっている理由は，このあたりに原因があるように思える。

9.3 おわりに

本稿は，個人的な関心にこだわることをお許しいただきながら，水処理に関わる研究の積み上げが，より基礎的な関係に戻った関係から積み上げられていくことの必要性を例示してみたものである。今回の出版企画の中にあって，私の与えられた章の意図は何処にあったのかまだ十分には理解できていない面があることをお断りしなければならないのではあるが，本書編集責任者の東北大学西村修先生，本章編集担当者の武蔵工業大学長岡裕先生には，ご理解を得て，このような章を与えていただけたことに感謝している。

ただし，この章の意味として，「環境工学の新世紀」と題するきわめて膨大でしかも総括的な出版の企画にあって，新世紀への提言として，「理論水処理学」というキーワードを残せたことは重要な役割を果たせたと考えるものである。これはまさに，筆者の主張でもあるのであるが，理論と実験の組合わせがうまく噛み合うことによって，初めてその分野は学問的な科学として成立していくと考えることによっている。

9 これからの環境工学の課題と展望

　環境工学は，何も水処理の分野だけが対象ではないことを考えれば，当然ではあるが，他の広い分野においても，理論的な研究が合わさって始められなければならない。例えば，「理論環境経済学」，「理論環境生態学」，「理論環境社会学」，「理論環境水理学」，「理論環境水文学」等のいくつもの「理論」の分野が開発されていかなければ，環境工学は2流の学問分野で終わってしまうことが心配されるところである。

　現在の各種の研究費の投入のされ方を見ていても，問題解決型を標榜するあまり，また大型の予算を提示するあまり，本当に大事な理論を考える時間がなくなっているとすると，大きな問題を残していることになる。学会の論文集等も，理論だけの論文も受け付けるようにしてみてはいかがであろうか。実験の結果がないと，理論が証明されていないからといって，没にしてしまうことのないような扱い方を考えていくことも必要なのではないかと考えるものである。

　理論を闘わせる研究の風土の定着を願うものであり，若い研究者は，自らの素朴な疑問に自信を持ち，わからないことはわからないと明言し，それをわかるように自らが新しい説明モデルを提示する勇気を持たなければならない。多くの先輩は，そんなことはすでにわかっているとか，自分がすでに何年も前にやっているというかもしれないけれど，それは所詮限られた知識の中だけであり，全部がわかっている訳ではないのである。未熟はけっして恥ずべきことではなくて，未熟から成熟への過程にこそ新しい知識が創成されていく過程がある。若い研究者の遠慮のない疑問を大事にする研究環境の整備が「環境工学の新世紀」への課題であるといえよう。筆者が本稿において示してきたいくつかのモデルに対しても当然の疑問が生じるであろう。どうか，果敢なモデル論争が提起されることを願っている。

◎参考文献

1) 松尾友矩：環境学，岩波書店，2005.4.
2) 松尾友矩：理論水処理学の体系化と展望，土木学会環境工学委員会40周年記念シンポジウム概要集，2003.1.
3) 松尾友矩：蓄積される研究成果のためのモデルによる理論環境学の可能性，学術会議第15回環境工学講演会論文集，2000.2.
4) 松尾友矩：モデルによる計算環境工学あるいは理論環境工学の薦め－蓄積される研究成果のために，土木学会論文集，No.622/VII-11，1999.5.

5) 松尾友矩：フロックの破壊機構と強度に関する研究，土木学会論文集，No.229，1974.9.
6) 松尾友矩：7.3章 水処理の水理，続水理学（本間仁・林泰造編），丸善，1980.6.
7) Tomonori Matsuo and Hideaki Unno : Forces Acting on Floc and Strength of Floc, Closure to the discussion paper by M. M. Clark and D. S. Parker, ASCE, Vol.109, No.1, 1983.2. この文献は1981年に松尾と海野がASCEのProc. Paper 16300, ASCE, Vol.107, No.EE3, pp.527-545, 1981.7, として発表した同表題の論文に対して，ClarkとParkerから討議があり，それへの回答として発表したものである。関心のある方は，原著に当たっていただきたい。
8) T. Matsuo and F. Kurisu : Observation and model analysis for the bacterial community structure of activated sludge, Advances in Water and Wastewater Treatment Technology (Ed. T. Matsuo, K. Hanaki, S. Takizawa, and H. Satoh), Elsevier, 2001.
9) 味埜俊（監訳）：活性汚泥モデル ASM, ASM2, ASM2D, ASM3, 環境新聞社，2005.1.
10) 安井英斉，杉本美育，小松和也，ラジブ・ゴエル，李玉友，野池達也：活性汚泥モデルを用いた嫌気性消化加水分解過程における余剰汚泥の成分分画，環境工学研究論文集，Vol.42, 2005.

索　引

■あ行

悪臭　218
悪臭防止法　210
アジェンダ21行動計画　225
足尾鉱毒汚染　140
足尾鉱毒事件　179
アスベスト　225
有明海　146
安定型処分場　119

硫黄酸化物　210
硫黄酸化物規制　114
硫黄酸化物総量規制制度　210
石綿セメント管　37
イタイイタイ病　142, 179
一元化下水道　87
一次生成大気汚染　210
1日耐容曝露量　46
一酸化炭素　209
一般騒音　224
移動発生源　213
インターフェロメトリックSAR　196
飲料水水質ガイドライン　45

埋立処分場　190

衛生工学研究　3
衛星リモートセンシングデータ　195
エコスラグ　118
エコテクノロジー　164
越境大気汚染　231

エネルギーの使用の合理化に関する法律　83
塩化水素排出規制　114
鉛管　38
塩素　44
塩素系溶剤　217
塩類処理　127

汚染解析モデル　193
汚染修復技術　182
オゾン　214
オゾン生成能　217
オゾン層破壊　225
オゾン層保護法　225
汚泥処理　76
汚物掃除法　107
温暖化対策推進法　225

■か行

科学的自然減衰　186
閣議アセス　211
ガス化溶融　110
活性汚泥フロック　264
活性汚泥モデル　266
家電リサイクル法　111
カドミウム汚染　186
カネミ油症　118
花粉　225
カルシウム　124
環境アセスメント　222, 240
環境アセスメント制度　211
環境アセスメント法　211

273

索　引

環境影響評価条例　221
環境影響評価法　211
環境影響評価モデル　240
環境基準　213
環境基本法　14, 211
環境工学と環境科学の融合　20
環境工学の課題　18
環境システム　12
環境シミュレーション　236
環境庁　209
「環境と開発」会議　13
環境容量　7
環境リスク　192
乾電池　110
管理型処分場　119

気候変動枠組み条例　225
規制行政　221
揮発性有機化合物　216
凝集フロックの密度と強度　258
局地的煙害　222

グリーン購入法　111
群小固定発生源　229

K値規制　210
下水処理施設　70
「下水道施行令」の改正　81
下水道法　68
「下水道法」の改正　83
健康リスク　192
建設リサイクル法　111

広域大気汚染　211
公害　2
公害健康被害補償法　224
公害国会　109, 142
公害対策基本法　8, 209
光化学オキシダント　210
光化学スモッグ　221

光化学大気汚染　210
降下煤塵　209
高規格下水道　85
好気性埋立　109, 120
航空機騒音　223, 224
交通需要マネージメント　226
交通騒音・振動　223
交通流対策　226
交通量・交通流対策　226
鉱毒被害　179
高度浄水処理　41
高度処理　73
合流式下水道での雨天時放流　82
国連環境と開発に関する世界委員会　13
国連ミレニアムプロジェクト　32
湖沼水質保全特別措置法　74
国家環境政策法　221
固定発生源　209, 213
個別分散処理型　93
コンポスト型トイレ　94

■さ行

最終処分場　121, 122
再生資源利用促進法　110
産業型大気汚染　209, 221
産業廃棄物不法投棄事件　179
産業立地対策　226
三元触媒　224
酸性雨　222
酸性降下物　211
産廃特措法　111
残留性有機汚染物質　212

市街地土壌汚染　180
市街地土壌汚染問題　194
事前分布　197
持続可能な開発　14
自動車交通量　211
自動車NOx法　211

索　引

自動車 NOx・PM 法　212
自動車リサイクル法　111
尿尿温熱処理法　112
し尿処理　4
し尿分離型トイレ　94
地盤上昇問題　194
地盤沈下　194
遮水工　110, 123, 125
遮水シート　110
遮断型処分場　119
臭気指数規制　218
臭素酸　53
重油脱硫　210
主観的情報　197
循環型社会　130
循環型社会形成推進基本法　111
循環資源化　129, 131
準好気性埋立　120
浚渫　160
省エネルギー対策　226
浄化技術　227
浄水施設　39
植生浄化　162
食品リサイクル法　111
新幹線騒音　224
新幹線騒音・振動問題　224
人口干潟　166
浸出水処理施設　123
新地球温暖化対策推進大綱　225
振動規制法　221, 224

水銀　110
水源施設　35
水質マトリックス　42
水生植物帯　168
水生動物　149
水道事業ガイドライン　59
水道施設設計指針　39
水道施設の技術的基準を定める省令　39
水道法　32

水面埋立　120
スケール生成　124
スコーピング　211
スパイクタイヤ問題　213

成層圏オゾン　222
清掃法　108
生態系モデル　236
生態リスク　191, 199
生態リスク評価手法　194
全連続燃焼式　113
全連続燃焼式機械炉　109

騒音規制法　221, 223
騒音・振動　224
相関スケール　197
総量規制　210

■た行

耐塩素感染性生物　51
ダイオキシン類　50, 115, 116, 117, 119
ダイオキシン類対策特別措置法　226
大気汚染物質　209
大気汚染防止技術　227
大気汚染防止法　114, 115, 210
大気汚染マネージメント　232
大気汚染問題　209
大気環境保全対策　220
大気環境問題　209
帯水層単元　198
多自然型河川　165
炭化水素　210
単元調査法　198

地下水汚染　179
地下水汚染ポテンシャルマップ　195
地下水環境基準　180
地下水資源管理　194

275

索　引

地下水・土壌汚染とその防止対策に関する
　研究集会　182
地球温暖化対策統合評価モデル　242
地球温暖化対策モデル　241
地球温暖化防止行動計画　225
地球温暖化問題　220
地球環境時代　18
地球環境問題　128, 129, 220
地球サミット　13
地球統計学　193
地球統計学的手法　196
地圏環境　179
地圏環境汚染　179
地圏環境管理　180
窒素酸化物総量規制制度　210
窒素酸化物対策　211
地方公営企業法　33
直接浄化技術　159

低硫黄燃料　210
低硫黄比　227
ディーゼル廃棄　212
低床堆積物　150
テールパイプ対策　226
鉄化石　113
伝染病　107

透過反応壁　187
東京ごみ戦争　109
道路交通騒音　224
道路粉塵　213
特定悪臭物質濃度規制　218
都市温暖化　225
都市型公害　224
都市型大気汚染　209, 221
土壌汚染　179
土壌汚染エキスパートシステム　196
土壌汚染対策法　190
土壌汚染濃度の空間的相関　196
土壌汚染リスクの診断システム　190

土壌環境管理士　191
土壌環境基準　180
土壌・地下水汚染修復技術システム　186
土壌・地下水汚染に係る調査・対策指針運
　用基準　190
土壌流亡　194

■な行

内分泌攪乱化学物質　144
ナノ粒子　216
ナノろ過膜　57
難分解性物質　144

二酸化硫黄　209
二酸化窒素　209
二次生成大気汚染　210
二次生成粒子　215
「人間環境」国連会議　6

NOx総量規制　224

■は行

ばい煙規制法　114, 223
排煙脱硝　210, 224
ばい煙発生施設　230
バイオレディエーション　186
排ガス処理　114
排気ガス規制　229
廃棄物学会　110
廃棄物研究財団　110
廃棄物資源化　128
廃棄物処理法　108, 109, 110, 126
煤塵　223
廃熱ボイラ　112
ハエ　109
爆発する環境問題　6
ハセップ　50
発癌リスク　53

索　引

曝気　161
発生源規制　221
発生源対策　226
バッチ燃焼式　112

ヒートアイランド　225
微生物資化性有機物質　45
被覆型最終処分場　111
非メタン炭化水素　216
表面遮水工　122, 124

富栄養化防止条例　74
富栄養化問題　8
不確実性の評価　246
覆蓋型最終処分場　125
覆砂　160
不動産市場における障害　190
浮遊煤塵　209
浮遊粒子状物質　215
ブルントラント委員会　13
粉塵　223

ベイズ統計手法　197
ベストミックス　217
ヘドロ　142

ポリ塩化ビニル　118

■ま行

膜ろ過　51

水環境の定義　139
水に関わる時空間スケール　154
水辺植生　149
水輸送施設　36
水俣病　141

無単元調査法　198

目標値　46
藻場の造成　167

■や，ら行

有害化学物質　211
夢の島　109

容器包装リサイクル法　111, 129
溶融スラグ　118, 129
溶融炉　110, 116
抑圧因子　200
四日市喘息　209

陸上埋立　120
リスク評価　245
リスクマネジメント　245
リセプター対策　227
流域マネジメント　156
流動床式焼却炉　110, 113
粒子状物質　212

礫間接触酸化　163
連続燃焼式　112

漏水検知　124
六価クロム鉱滓事件　179

■欧　文

3R　112, 130

adaptation（適応）　158
AOC　45

CO　213

DALY　248

Geostatistics　193

277

索　引

HACCP　50

ISO14000s　192

K 値規制　210
Kuznetz 曲線　145

MIR　217
MNA　186

NMHC　216
NO_2　214
NOx 総量規制　224

Ox　214

PCB　118
PCB 特別措置法　119

PM2.5　215
POPs　212
PRTR 法　192
PTV　46

SO2　213
SPM　215

TDI　46

VOC　216

環境工学の新世紀		定価はカバーに表示してあります。
2008年2月25日　1版1刷発行		ISBN 978-4-7655-3421-5 C3051
編　者		社団法人　土木学会
発行者		長　　滋　　彦
発行所		技報堂出版株式会社
	〒101-0051	東京都千代田区神田神保町1-2-5 （和栗ハトヤビル）

日本書籍出版協会会員
自然科学書協会会員
工学書協会会員
土木・建築書協会会員

電　話　営　業（03）（5217）0885
　　　　編　集（03）（5217）0881
　　　　Ｆ Ａ Ｘ（03）（5217）0886
振替口座　00140-4-10
　　　　　http://www.gihodoshuppan.co.jp

Printed in Japan
© Japan Society of Civil Engineers, 2008　　装幀 ストリーム　印刷・製本 技報堂

落丁・乱丁はお取り替えいたします。
本書の無断複写は，著作権法上での例外を除き，禁じられています。

◆小社刊行図書のご案内◆

河川の水質と生態系
－新しい河川環境創出に向けて－

大垣眞一郎 監修／河川環境管理財団 編
A5・262頁

【内容紹介】河川における生態系と水質の相互的な関係に関する研究をとりまとめた書。河川生態系からみた有機物・栄養塩の動態把握に関する提言，毒性物質の影響評価に関する提言，河川環境のモニタリングに関する提言部分と生物指標の必要性に関する提言，および停滞水域における生態系機能を利用した水質浄化に関する提言。この4つの提言に向けて，生態系と水質の相互関係について，できる限り新しい知見に基づき，河川環境の新しい創出への応用も考慮に入れて，研究した成果をまとめる。

水供給
－これからの50年－

持続可能な水供給システム研究会 編
B6・202頁

【内容紹介】普及率97％を超え成熟期を迎えた水道事業も，ユーザーの意識低下，水質や環境，技術者の世代交代，グローバルな水バランスなど，様々な問題を抱えている。本書は若手技術者が中心になって，これら「閉塞感からの脱却」を原動力に4年間の討議をかさね，「まちづくり・コミュニティー・消費者」「流域」「世界」の3つの空間的視点から50年後を見通したロードマップを作成しつつ，水供給システムのあるべき姿を示した書。

都市の緑はどうあるべきか
－東京緑地計画の考察から－

真田純子 著
A5・206頁

【内容紹介】「緑」には環境改善の役割が期待され，1970年代初めには法制化も行われ，都市内の緑地の確保や緑化が義務づけられました。しかし,その中で「緑」は無条件に良いものと見なされ,いかに増やすかといった量的側面だけが課題となっています。本書は，実現しなかった「東京緑地計画」の考察を通じて，緑は単に存在すれば意義があるのではなく，その自然の楽しみ，行楽の楽しみ，また風景として捉えることの重要さを論考します。

水道工学

藤田賢二 監修
B5・954頁

【内容紹介】水道事業は，他業種と同様に市場開放，規制緩和，国際規格化の最中にあるが，水道技術は水源水質汚染，水資源の逼迫など今まで幾多の問題を乗り越え，確固たるものを確立している。本書は，その集成である。水道現場（計画，設計，建設，維持管理，更新改造）に対応する的確な実務書であり，かつ環境問題，対外援助問題の絶好の参考書である。

技報堂出版　TEL 営業 03(5217)0885　編集 03(5217)0881
FAX 03(5217)0886